装备科技译著出版基金

功能梯度梁和板的振动

Vibration of Functionally Graded Beams and Plates

［印度］斯内哈希什·查克拉瓦蒂
（Snehashish Chakraverty）
卡兰·库马尔·普拉丹
（Karan Kumar Pradhan）

著

舒海生　李秋红　卢家豪　黄璐　译

国防工业出版社

·北京·

著作权合同登记　图字:军-2020-028号

图书在版编目(CIP)数据

功能梯度梁和板的振动/(印)斯内哈希什·查克拉瓦蒂,(印)卡兰·库马尔·普拉丹著;舒海生等译. —北京:国防工业出版社,2021.7

书名原文:Vibration of Functionally Graded Beams and Plates

ISBN 978-7-118-12402-6

Ⅰ.①功…　Ⅱ.①斯…　②卡…　③舒…　Ⅲ.①建筑结构-振动　Ⅳ.①TU311.3

中国版本图书馆 CIP 数据核字(2021)第 138451 号

※

图防工華出版社出版发行

(北京市海淀区紫竹院南路 23 号　邮政编码 100048)

三河市腾飞印务有限公司印刷

新华书店经售

*

开本 710×1000　1/16　插页 10　印张 14¼　字数 252 千字

2021 年 7 月第 1 版第 1 次印刷　印数 1—1500 册　定价 99.00 元

(本书如有印装错误,我社负责调换)

国防书店:(010)88540777　　书店传真:(010)88540776

发行业务:(010)88540717　　发行传真:(010)88540762

译　者　序

　　本书主要阐述的是功能梯度型梁板结构物的振动问题。近年来,功能梯度复合材料的研究受到了学术界和工业界的广泛关注,它们具有一系列非常优良的功能特性,在力学和热学等领域都有着重要的应用潜力,特别是在航空、核电、汽车等现代工业领域中表现出了极为突出的应用价值。自问世以来,在很短的时间内功能梯度复合材料与结构得到了广泛重视和快速发展,涌现出了一系列研究成果。功能梯度梁板结构物是上述重要领域中最为常见的应用形式,与之相关的振动问题是人们最为关心的一个主题,这些高性能结构物的振动行为将直接关系到它们的实际应用。因此,有必要对功能梯度梁板结构物的振动问题进行全面而深入的剖析。有鉴于此,本书较为全面地论述了这一方面的相关工作,使得人们可以更为系统地掌握功能梯度梁板结构振动分析方面的最新发展,从而能够更充分地利用其各种优越性能,为航空、核电、汽车等国防军事以及民用工业领域提供有力的支撑。

　　在实际应用问题中,各类功能梯度梁板结构的振动分析主要依赖于数值分析技术,为此本书在内容的安排上有意识地侧重于数值方法的阐述,从功能梯度材料与结构的历史发展和基本概念开始,逐次展开介绍了功能梯度梁和功能梯度板结构的振动分析内容与相关技术手段,同时还进一步将一系列重要而复杂的因素考虑了进来,例如弹性基础、热环境以及压电性等,从而显著拓宽了所讨论的主题内容。

　　全书共分为9章。第1章简要讨论了梁板类结构元件以及与此相关的复合结构件,阐明了功能梯度型复合结构件的概念与分类,同时也介绍了一些相关的振动分析基本理论。第2章回顾了功能梯度复合材料的发展历程,讨论了相关的应用领域,介绍了功能梯度梁和功能梯度板的概念及其材料特性的变化情况,并在此基础上对已有的一些剪切变形梁(板)理论进行了阐述,同时也给出了一些新的变形梁(板)理论。第3章主要讨论的是与功能梯度梁和板的振动问题有关的高阶偏微分方程(组)的求解,在简要回顾了各种解析方法和数值方法之后,针对功能梯度梁和板的振动问题介绍了可行的解析分析方法和瑞利－里茨法的数值求解过程。第4章基于各种剪切变形梁理论进行了功能梯度梁(材料特性沿着厚度方向以幂律形式连续变化)的自由振动分析,阐明了瑞利-里茨法数值过程的实现,以及由此得到的广义特征值问题,较为详尽地讨论了各类边界条件下基于不同类型剪切变形梁理论所得到的振动特性。第5章基于经典板理论对功能梯度矩形薄板的自由振动问题进行了分析,考虑了各种可能的边界条件以及幂律型和指数律型的功能梯度分布情况。在自由振动的分析中主要借助的是瑞利-里茨法,由此导出了广义特征值问题,这一方法能够轻松地处理任何边界条件组合类型。此外,本章还介绍了不同边界条件下各向同性矩形厚板的振动问题。第6章基于经典板理论分析了功能梯度椭圆板和圆板在各种边界条件下的固有频率和模态形状。第7章考察了各种边界条件情况下功能梯度三角形板的自由振动问题,给出了自由振动本征频率和对应的三维模态形状。这些研究主要都是借助瑞利-里茨法完成的,其计算效率相当高,并且可以很轻松地处理任意边界状态。第8章主要阐述了各种复杂环境条件下功能梯度板的自由振动问题,分析了温克勒和Pasternak型弹性基础上的幂律型功能梯度矩形板的振动特性,并考察了热环境中的指数型功能梯度板的振动特性。分析中主要也是基于瑞利-里茨法来导出相应的广义特征值问题,进而得到了相关结果。前面各章侧重于理论和数值方面的研究,第9章进一步介绍了相关问题的实验研究工作,针对各向同性和功能梯度结构件振动特性方面的已有研究,侧重讨论了具体实现和实验分析方面的若干内容。

　　本书主要面向的读者群包括高等院校和研究所的从事功能梯度材料结构以及振动噪声控制等方面的研究人员。

　　在本书的翻译过程中,第1章至第4章是由舒海生同志完成的,第5章至第9章是由李秋红同志完成的,卢家豪和黄璐两位研究生进行了图表处理和录入整理等工作。在翻译过程中,为了尽量保持原文的风格和科学的严谨性,部分语句难免有直译的痕迹,同时限于译者水平,书中也难免出现一些不妥或错误之处,敬请读者批评指正。

译者

2021 年 2 月

于哈尔滨工程大学

目　　录

第1章 概　　论

　　本章主要介绍梁和板等结构元件,并对与此相关的复合结构件做一简短的讨论。在此基础上,我们将进一步阐述功能梯度型复合结构件的概念与分类,同时也将给出一些相关的振动分析基本理论。在本章的最后,还将针对梁板类结构的振动问题,讨论以往文献中经常采用的一些相关术语,这些术语一般涉及梁板振动理论和边界条件等重要方面。

1.1　梁结构和板结构

　　在一般的实际应用问题中,动力系统往往可以区分为两种类型,即离散系统和连续系统,后者也称为分布系统。对于离散系统而言,它们一般是通过一组仅依赖于时间的变量来刻画的,而对于连续系统来说,则一般需要借助一组既依赖于时间又依赖于空间的变量来描述。正因如此,离散系统的运动方程通常是可以表示为常微分方程(组)(ODE)的,而连续系统的运动情况一般就需要通过偏微分方程(组)(PDE)来刻画。通常,对于机械系统或结构系统中存在的一些结构元件,例如绳索、梁、杆、缆、板以及壳等,它们的质量和弹性应当视为分布式的(在特定空间域内),因此这些结构元件也就应当属于连续系统或分布系统了。从这一角度来看,我们有必要将这些结构元件处理为具有无限个自由度(DOF①)的连续体,显然描述它们的相关变量既与时间有关,同时也与空间坐标有关。

1.2　复合结构的概念与背景

　　一般而言,工程材料可以划分为三种主要类型,分别是:①金属与合金材料;②陶瓷与玻璃材料;③聚合物材料。在各类结构与工程应用场合中,金属与合金材料以及聚合物材料要比陶瓷与玻璃材料的应用更为广泛一些。当然我们也注

---

　　①　自由度数一般定义为完整描述一个系统的运动所需的独立变量的最小个数。

意到,近30年来陶瓷材料也已经得到了科研人员的极大关注。

金属和金属合金材料具有较高的抗拉强度和较高的韧性(有利于抵抗裂纹扩展),并且具有良好的切削加工性,能够制成各种不同几何形状的零件。陶瓷和玻璃材料也有一些优越性能,例如高耐热性(可以承受高温)、高温下的强度保持性、高熔点,以及良好的力学性能(硬度,弹性模量,抗压强度等)等。聚合物材料的主要优点则表现在它们具有较低的密度和较高的柔性,能够制成不同的几何形状和尺寸。相比较而言,由于陶瓷材料所表现出的多种特殊性能,因此在高温结构应用场合以及各种摩擦学应用领域中(对硬度和抗磨损的要求较高),这种材料具有相当可观的应用前景。

Basu 和 Balani[1]曾经指出,通过将上述三种主要材料类型所具有的不同优越性能组合起来,可以开发出全新的材料种类,也就是复合材料。一般而言,复合材料是由两种或更多种微结构组分紧密结合而构成的。这一方面的研究目的是希望获得优于组分材料性能的相关特性。根据所包含的金属、陶瓷或聚合物的体积百分比是否超过50%,人们进一步将复合材料区分为对应的金属基复合材料(Metal Matrix Composite,MMC)、陶瓷基复合材料(Ceramic Matrix Composite,CMC),以及聚合物基复合材料(Polymer Matrix Composite,PMC)。值得特别关注的是,近年来在 CMC 中,一种所谓的功能梯度复合材料(FGC)展现出了突出的价值,其原因在于该材料具有非常优秀的耐热性能,在温度变化非常显著的应用环境中这一点显然是极为有益的。

1.3 基本振动理论概述

正如 Kelly[2]曾经指出的,振动是指机械和结构系统在某个平衡位置附近往复的运动。吉他弦的运动,(行驶在颠簸路面上的汽车内的)乘客所感受到的运动,高层建筑物在地震作用下产生的摆动,以及不稳定气流中飞机的运动,都属于非常典型的振动实例。在外部能量的作用下,如果惯性元件偏离了其原有的平衡位置,那么振动也就产生了。在一定的假设条件下,系统的振动往往可以通过简单的简谐运动来描述。这种简谐运动可以表示成物体(或连续系统)围绕其平衡位置(平衡构型)的周期性振荡。偏离平衡位置所达到的最大位移一般称为振幅,在简谐运动中这一般是一个常值。

机械或结构系统中的振动常常可以划分为如下一些类型[3]:

(1)无阻尼振动:这一类型的振动中不涉及阻尼,或者说,在系统振动过程中不考虑能量的损失或耗散(一般来自于摩擦或其他形式的阻抗)。

(2)有阻尼振动:如果系统中包含了阻尼元件或阻尼机制,那么就会出现能量耗散,此时系统的振动也就应当视为有阻尼振动这一类型。尽管在忽略阻尼效应的前提下我们可以轻松而方便地获得系统的动力学特性,但是应当注意的是,如果系统工作在共振频率附近,那么考虑阻尼的影响就是极为重要的。

（3）自由振动:如果某个系统的振动仅仅是由初始的扰动所导致的,那么称该系统处于自由振动状态。在初始扰动过后(或者说零时刻以后)不存在外力的作用。

（4）强迫振动:如果某个系统的振动是由外力作用导致的,那么称该系统处于强迫振动状态。

（5）线性振动:如果某个振动系统中的基本元件(质量元件、弹簧元件和阻尼元件)都可视为线性的,那么所形成的振动一般称为线性振动。进一步,线性振动系统的运动方程一定可以表示为线性微分方程(组)。

（6）非线性振动:如果某个振动系统中的任何一个基本元件的行为是非线性的,那么系统的振动将属于非线性振动。此时的运动方程一般是非线性微分方程(组)。

（7）自激振动:这种类型也是一种周期性和确定性的振动行为。一般而言,此时系统受到的激励力是运动变量(位移、速度或加速度)的函数,因此激励力是与它所产生的振动相关联的。摩擦导致的振动(车辆离合器和刹车装置中,车辆－桥梁的相互作用中),流致振动(圆形木锯工作中,CD 和 DVD 的加工中,输流管线中)以及飞机机翼的振动等,这些都是自激振动的典型实例。

梁板结构振动问题的研究是十分重要的一个领域,这是因为这些结构元件具有非常广泛的应用。正是由于此类元件往往是结构系统的重要组成要素,因此工程技术人员非常有必要认识和掌握它们的振动行为特性,这样才有利于完成最终的结构系统设计。特别值得关注的是,在诸多工程应用领域中,我们往往会遇到具有不同形状与不同边界条件的梁板类结构件,例如航空工业、汽车工业、电信行业、机械设计、核反应堆技术、海洋工程结构以及地震防护结构等均是如此。与此相应地,我们往往需要借助一些解析分析技术和多种不同的数值分析技术来考察梁板类结构件的振动特性。

众所周知,宇宙的法则是可以借助数学语言来描述的。对于大量静态问题来说,利用代数学一般是足以解决的,然而对于大多数包含有变化过程的重要自然现象而言,我们往往需要借助带有变化量的方程或方程组来描述和分析,这些方程或方程组通常是以微分形式出现的[4]。与此相似,结构件的振动问题也是通过偏微分方程形式描述的,一般是高阶偏微分方程(组)。我们应当注意的是,此类问题并不总是能够获得解析形式的解。正因如此,人们往往还需要借助一些数值分析方法来进行计算求解。尽管已经出现了可以处理这些偏微分方程

(组)的各种数值方法,但这些方法有时是依赖于所考察的问题类型的,它们可能难以处理所有形式的边界条件,尤其是在包含一些复杂因素的条件下。关于各种结构件的力学理论描述,读者可以参阅现有的一些文献,例如 Timoshenko 和 Woinowsky – Krieger[5],Wang 等人[6],Reddy[7],Rao[8],Bhavikatti[9],Chakraverty[10],以及这些文献中所引述的相关文献,其中都给出了简要的论述。

过去的几十年中,各向同性结构件和复合结构在各种工程应用、结构设计以及建筑设计中已经起到了相当重要的作用。与此相对应地,在这些应用领域中,人们也开始逐渐认识到功能梯度型结构件的耐热性能变得越来越重要了。从文献[11]中可以很容易注意到,功能梯度板的行为是类似于匀质板的,后者不需要采用特别的分析工具来研究它们的力学行为。类似地,我们也有必要建立一套通用的数值分析方法,使得我们可以以一般性的过程来进行功能梯度板的分析。为此,现有研究人员在各种数值分析过程的基础上,已经开展了功能梯度梁板类结构件的振动建模研究,并进一步推导建立对应的广义特征值问题。

1.3.1　梁理论和板理论

一般而言,在振动问题中,变形后的梁或板的位移场可以利用剪切变形梁或板理论来确定。在现有的大量研究文献中,除了经典梁理论或板理论之外,我们还可以看到各种不同形式的变形梁或变形板理论分析。经典梁(板)理论一般忽略不计横向剪切变形效应,这也是出现多种剪切变形理论的一个主要原因。实际上,在 Reddy[12]和 Aydogdu[13]所给出的若干假设基础上,我们并不难导出剪切变形理论的各种形式。

在 Wang 等人的文献[6]中,已经针对各向同性结构元件列出了一些变形梁和变形板理论。Reddy[12]还曾针对简支板给出了一种精化的非线性理论,它可以用于处理 von Karman 应变,进而确定出精确解。Aydogdu[13]在逆解法中采用三维弹性弯曲解,给出了一种新的高阶剪切变形分层复合板理论。Xiao 等人[14]曾考察了均匀弹性厚板的尤限小变形,采用了无网格 Petrov – Galerkin(MLPG)方法和高阶剪切与法向变形板理论。此外,Reddy[15]还曾借助虚位移原理提出了与微结构相关的非线性欧拉 – 伯努利与铁摩辛柯梁理论;Grover 等人[16]针对反三角剪切变形理论进行了一般性的分析,目的是考察分层复合板与三明治板的结构响应。Qu 等人[17]为研究分层复合梁在经典与非经典边界条件的任意组合条件下所具有的自由和瞬态振动特性,提出了一种通用的高阶剪切变形理论。近期,Thai 等人[18]还给出了一种反正切剪切变形理论,并将其应用于分层复合板和三明治板的静态、自由振动以及屈曲等问题的分析之中。类似于上面提及的这些研究工作,还有很多相关文献也对剪切变形理论进行了研究和讨论,例如

4

Sina 等[19]、Xiang 等[20]、Simsek[21]、Thai 和 Vo[22]、Simsek 和 Reddy[23]、Qu 等[17]、Vo 等[24] 以及这些文献中所引述的更多研究工作。

1.3.2　边界条件

在求解连续系统的偏微分控制方程(组)的解时,我们往往需要知道相关参变量在多个点或边界处的取值(很可能还包括其导数值)。此类问题通常也被称为边值问题(BVP)。本书中主要考虑三种经典而基本的边界情况,也即固支边界、简支边界和自由边界,与之对应的条件要求分别如下:

(1) 固支边界:在这一类型的边界处,要求位移和斜率(或转角)必须为零值;

(2) 简支边界:在这一类型的边界处,要求位移和弯矩必须为零值;

(3) 自由边界:在这一类型的边界处,要求弯矩和剪力必须取零值。

除此之外,方程求解过程中一般还需要引入一些特定的假设,同时往往也依赖于形函数(或试探函数)的合理选择。形函数的选择往往取决于所考察的系统的物理特征,所选定的形函数必须满足问题所涉及的特定边界条件。一般地,我们可以将边界条件区分为两种类型,分别称为基本(或几何)边界条件和自然(或动力)边界条件,它们的定义如下:

(1) 基本边界条件:主要表现为物体边界处的位移或斜率要求,也称为 Dirichlet 边界条件;

(2) 自然边界条件:主要表现为边界处的弯矩和剪力的平衡要求,也称为 Neumann 边界条件。

在上述分类基础上,边值问题也就可以相应地划分为三种,即 Dirichlet 型、Neumann 型以及二者混合型。Dirichlet 型边值问题是指问题中所有的边界条件都属于基本边界条件,而 Neumann 型边值问题则是指所有的边界条件均为自然边界条件。如果在问题的边界上同时需要满足基本边界条件和自然边界条件,那么也就构成了所谓的混合型边值问题。

第 2 章 功能梯度结构元件的起源和相关基础知识

本章首先将简要介绍功能梯度复合材料的发展历史,并对它们在若干领域中的应用做一讨论。随后将给出功能梯度梁和功能梯度板的概念及其材料特性的变化情况,在此基础上对以往所提出的一些剪切变形梁(板)理论进行阐述。我们不限于只采用已有的一些理论来分析,同时也给出了一些新的变形梁理论,当然,它们也是建立在某些特定的基本假设基础上的。除此之外,本章也将通过引入相关变形理论来考察功能梯度梁板构件的控制方程(组)。

2.1 功能梯度复合材料的发展历史与应用

功能梯度材料(FGM)这一概念最早形成于 1984 年,是由日本的一个材料研究团队提出的,他们在一个航天飞机项目中设计了一种热障材料,该材料能够在非常薄的横截面上承受极高的温度波动(Koizumi[25];Loy 等[26])。从那时开始,功能梯度材料作为一种先进的热障材料在各种工程应用和制造工业中都受到了极大的关注,其中包括了宇航、核反应堆、汽车、飞行器、航天器、生物医学以及钢铁工业等领域。功能梯度材料最初是作为热障材料设计提出的,主要针对的是航天结构和聚变反应堆(Hirai 和 Chen[27])。当前,复合材料和功能梯度材料方面的研究热点则包括了如何对材料性能进行改进、如何为结构的优化设计提供支撑、如何持续地降低制造成本以及如何增强服役过程的可靠性(Udupa 等[28])等。

在功能梯度复合材料中,可以有两种不同的渐变行为(Shen[29]),分别是:

(1)从一个界面到另一个界面,两种不同的材料组分均呈现连续的渐变;

(2)材料组分的变化是以不连续的方式或者分段方式呈现的,也称为分段功能梯度材料。

正是由于材料特性的渐变及其良好的热阻行为特性,因而在很多不同的场合中这些材料都得到了十分广泛的应用(Miyamoto 等[30]),举例如下。

(1)汽车领域:燃烧室(SiC – SiC),发动机气缸套(Al – SiC),压缩天然气储存罐,柴油机活塞(SiCw/Al 合金),刹车盘,钢板弹簧(无碱玻璃纤维/环氧树脂),驱动轴(Al – C),摩托车驱动链轮,皮带轮,变矩器,缓冲器(SiCp/铝合金),散热器端盖等。

（2）水下场合:推进器轴(碳纤维和玻璃纤维),柱状耐压壳体(石墨/环氧树脂),声纳罩(玻璃/环氧树脂),复合管路系统,潜水气瓶(Al – SiC),浮筒,船壳等。

（3）商用和工业用场合:压力容器,燃料罐,切削刀片,电脑包,风机叶片,电动机,消防气瓶,人工韧带,核磁共振扫描仪低温管,轮椅,髋关节植入物,眼镜框,三角照相架,乐器,钻井动力机的轴,钻具套管,起重机部件,高压液压管路,X 射线台,心脏瓣膜,头盔,坩埚,横梁等。

（4）航空航天设备与结构场合:火箭发动机喷管(TiAl – SiC 纤维),热交换器面板,发动机零件(Be – Al),风洞叶片,航天器桁架结构,反光镜,太阳能电池板,相机外壳,哈勃太空望远镜测量桁架组件,涡轮(工作在转速 40000r/min 以上),导弹和航天飞机的前盖与前缘等。

（5）航空领域:机翼,旋转发射器,发动机外壳和活塞环(Al$_2$O$_3$/Al 合金),驱动轴,推进器叶片,起落架门,反推装置(碳纤维/双马来酰亚胺),直升机的转子轴、天线安装座、主转子叶片(碳/环氧树脂)等。

（6）体育领域:赛车(自行车)车架(SiCw/6061),赛车(汽车)车架等。

2.2　材料特性的变化

功能梯度材料通常是由陶瓷和金属制备而成的复合物,其材料特性在厚度方向上从一个界面到另一个界面连续地发生变化(以特定的数学形式),因此不存在界面效应问题,并且减小了热应力集中。由于较低的热导性,陶瓷组分能够提供高温热阻,而韧性金属组分可以防止由应力导致的裂纹(源于非常短时间内的高温梯度),从而我们也就能够获得更好的机械性能了。

对于功能梯度梁或板,其材料特性如果以幂律方式作连续变化,那么可以定义为(Aydogdu 和 Taskin[31];Simsek 和 Kocaturk[32];Sina 等[19])

$$P(z) = (P_c - P_m)\left(\frac{z}{h} + \frac{1}{2}\right)^k + P_m \tag{2.1}$$

如果是以指数律方式变化,那么可以定义为(Aydogdu 和 Taskin[31];Simsek 和 Kocaturk[32])

$$P(z) = P_c e^{-\delta\left(1 - \frac{2z}{h}\right)} \tag{2.2}$$

在上面这两个式子中,P_c 和 P_m 分别代表的是功能梯度梁(或板)的陶瓷和金属组分材料的特性值。在幂律变化情况中,指数 k 是一个非负参量;在指数变化情况中,$\delta = \frac{1}{2}\ln\left(\frac{P_c}{P_m}\right)$。根据这些变化行为,功能梯度梁(或板)的底面($z = -h/2$)是纯金属材料,而顶面($z = h/2$)则为纯陶瓷材料。当选取不同的 k 值时,可以获得不同的体积百分比,可参阅 Aydogdu 和 Taskin[31]。在这里的描述中,我们所考虑的材料特性(杨氏模量 E 和质量密度 ρ)都是沿着厚度方向上变化的,而泊松比 ν 始终保持为常数,参见图 2.1。

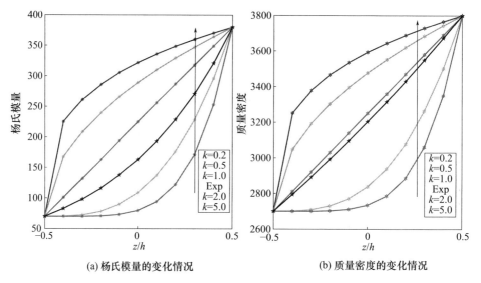

(a) 杨氏模量的变化情况　　　　　　　(b) 质量密度的变化情况

图 2.1　功能梯度梁(或板)的杨氏模量与质量密度的变化

(幂律型与指数型变化行为)(见彩图)

(数据源自于:Chakraverty,S. ,Pradhan,K. K. ,Free vibration of exponential functionally graded rectangular plates in thermal environment with general boundary conditions. Aerospace Science and Technology 2014;36: 132　156。)

2.3　梁理论和板理论

为了研究功能梯度梁板结构的振动特性,需要考察它们发生变形后的位移场。对于功能梯度梁,这里所考察的不同形式的高阶变形梁理论主要是假定了不同的横向剪切变形,而对于功能梯度板,这里主要借助经典板理论(CPT)来分析不同几何形式的结构。下面我们首先对相关的梁理论和板理论及其对应的本构关系做一简要介绍。

2.3.1 高阶剪切变形梁理论

这里考虑一根功能梯度直梁,长度为 L,宽度为 b,厚度为 h,截面为矩形,图2.2给出了直角坐标系 $O(x,y,z)$ 中的情况。

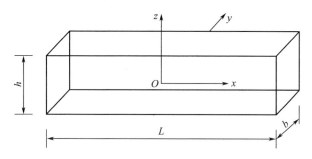

图2.2 一根典型的功能梯度梁(笛卡儿坐标系中)

（数据源自于:International Journal of Mechanical Sciences,Vol 82,Pradhan, K. K. ,Chakraverty, S. ,Effects of different shear deformation theories on free vibration of functionally graded beams,第149－160页。经Elsevier许可使用。）

关于功能梯度梁的动力分析问题,我们可以采用剪切变形梁理论(SDBT)来处理。根据这一理论,可以假定梁的变形发生在 $x-z$ 平面内,并记 x、y 和 z 方向上的位移分量分别为 u_x、u_y 和 u_z。为了导出数值模型,我们还应当针对位移场提出如下假设(Vo 等[24]):

(1)轴向位移和横向位移中包含了弯曲成分和剪切成分,其中的弯曲成分对剪力无贡献,类似地,剪切成分对弯矩也无贡献;

(2)轴向位移的弯曲成分与欧拉－伯努利梁理论所给出的情况是相似的;

(3)轴向位移的剪切成分将导致剪应变的高阶变化,进而在梁厚度上对剪应力产生影响,使之在顶面和底面处变为零。

在高阶 SDBT 中,梁上任意点处的轴向位移(u_x)和横向位移(u_z)可以表示为(Aydogdu 和 Taskin[31])

$$\begin{cases} u_x(x,z) = u(x,t) - zw_{,x}(x,t) + f(z)v(x,t) \\ u_z(x,z) = w(x,t) \end{cases} \tag{2.3}$$

式中:u 和 w 分别为中性轴上任意点处的轴向和横向位移;v 是一个未知函数,代表的是横向剪应变对中性轴的影响;$f(z)$ 为形状函数,决定了横向剪应力和剪应变在厚度方向上的分布;$(\ )_{,x}$ 代表的是对 x 的导数。选择不同的形状函数 $f(z)$,就可以获得各种不同的理论。这里的讨论主要针对的是 SDBT,也就是经典梁理论(CBT)、铁摩辛柯梁理论(TBT)、抛物线型剪切变形梁理论(PSDBT)、指数型剪切变形梁理论(ESDBT)、三角函数型剪切变形梁理论(TSDBT)、双曲线型剪切变形梁理论(HSDBT)以及一种新的剪切变形梁理论(ASDBT),可参阅 Sim-sek[21]。上述这些 SDBT 的 $f(z)$ 如下所示:

$$
\begin{cases}
\text{CBT:} f(z) = 0 \\
\text{TBT:} f(z) = z \\
\text{PSDBT:} f(z) = z\left(1 - \dfrac{4z^2}{3h^2}\right) \\
\text{ESDBT:} f(z) = ze^{-2(z/h)^2} \\
\text{HSDBT:} f(z) = h\sinh(z/h) - z\cosh(1/2) \\
\text{TSDBT:} f(z) = \dfrac{h}{\pi}\sin\left(\dfrac{\pi z}{h}\right) \\
\text{ASDBT:} f(z) = z\alpha^{-2(z/h)^2/\ln\alpha}, \alpha = 3
\end{cases} \tag{2.4}
$$

通过观察式(2.3)和式(2.4)可以很清晰地看出,在一般的高阶剪切变形理论基础上,功能梯度梁的位移场是由函数 $f(z)$ 决定的。下面列出该函数的一些主要的选择准则(Reddy[12];Aydogdu[13]):

(1)恰当的 $f(z)$ 必须近似满足抛物线型剪切变形分布;

(2)梁的顶面和底面处的边界条件必须满足。

根据这些准则,作者也提出了两种类型剪切变形理论,其中涉及反三角函数和一个基于幂指数的一般函数。这些理论可以称为反正弦剪切变形梁理论(ISDBT)、反余弦剪切变形梁理论(ICDBT)、反正切剪切变形梁理论(ITDBT)以及基于幂指数的剪切变形梁理论(PESDBT)等。相关的形状函数如下:

$$
\begin{cases}
\text{ISDBT:} f(z) = \dfrac{2z}{\sqrt{3}} - h\arcsin\left(\dfrac{z}{h}\right) \\
\text{ICDBT:} f(z) = \dfrac{2z}{\sqrt{3}} + h\arccos\left(\dfrac{z}{h}\right) \\
\text{ITDBT:} f(z) = \dfrac{4z}{5} - h\arctan\left(\dfrac{z}{h}\right) \\
\text{PESDBT:} f(z) = h\left(\dfrac{z}{h}\right)^{2n+1} - (2n+1)z\left(\dfrac{1}{2}\right)^{2n}
\end{cases} \tag{2.5}
$$

在所给出的反三角函数型 SDBT 中,函数 $f(z)$ 的偏导数为

$$\frac{\partial f}{\partial z} = \begin{cases} \dfrac{2}{\sqrt{3}} - \dfrac{1}{\sqrt{1 - \left(\dfrac{z}{h}\right)^2}}, & \text{对于 ISDBT 和 ICDBT} \\[4mm] \dfrac{4}{5} - \dfrac{1}{1 + \left(\dfrac{z}{h}\right)^2}, & \text{对于 ITDBT} \end{cases}$$

梁底面和顶面处的横向剪应力为

$$\tau_{xz}\left(x, \mp \frac{h}{2}\right) = 0 \tag{2.6}$$

在 PESDBT 中，n 是一个非负整数，它起着非常重要的作用。实际上，经典梁理论或者说欧拉-伯努利梁理论就是这一模型的一个特例。如果假定 $n = 0$，那么 PESDBT 将与 CBT 具有相同的前提假设了，而对于非常大的 n 值来说，我们可以得到 $f(z)$ 的极限值如下：

$$\begin{aligned} \lim_{n \to +\infty} f(z) &= \lim_{n \to +\infty} \left\{ h\left(\frac{z}{h}\right)^{2n+1} - (2n+1)z\left(\frac{1}{2}\right)^{2n} \right\} \\ &= \lim_{n \to +\infty} h\left(\frac{z}{h}\right)^{2n+1} - \lim_{n \to +\infty}(2n+1)z\left(\frac{1}{2}\right)^{2n} \\ &= z\left\{ \lim_{n \to +\infty}\left(\frac{z}{h}\right)^{2n} - \lim_{n \to +\infty}\left(\frac{2n+1}{2^{2n}}\right) \right\} \quad \left(-\frac{h}{2} \leqslant z \leqslant +\frac{h}{2}\right) \\ \Rightarrow \lim_{n \to +\infty} f(z) &= 0 \quad \text{（根据夹逼定理）} \end{aligned} \tag{2.7}$$

正如式(2.7)所体现的，在非常大的 n 值条件下函数 $f(z)$ 的极限值为零。于是，只需假定非常大的 n 值，那么从这一剪切变形理论中也可以导出经典梁理论或欧拉-伯努利梁理论了。另外，利用这一理论还可以非常方便地满足梁顶面和底面处的应力自由边界条件，只需简单地确定相应的导数即可。这些梁理论的本构关系也类似于后面的式(2.10)和式(2.11)（针对现有梁理论的本构关系）所给出的形式，只是在形状函数上有所不同而已。

按照式(2.3)中所假定的位移场，运动学关系可以表示为如下形式：

$$\varepsilon_{xx} = u_{,x} - z w_{,xx} + f(z) v_{,x} \tag{2.8}$$

$$\gamma_{xz} = f'(z) v \tag{2.9}$$

式中：上撇号表示对 z 求导；ε_{xx} 和 γ_{xz} 分别代表的是正应变和剪应变。

如果假定功能梯度梁的材料组分都遵从广义胡克定律，那么梁中的应力状态可以表示为

$$\sigma_{xx} = Q_{11} \varepsilon_{xx} \tag{2.10}$$

11

$$\tau_{xz} = Q_{55}\gamma_{xz} \tag{2.11}$$

式中：σ_{xx} 和 τ_{xz} 分别为正应力和剪应力；Q_{ij} 代表了在梁坐标系统中变换后的刚度常数，可以定义为

$$Q_{11} = \frac{E(z)}{1 - \nu^2},\ Q_{55} = \frac{E(z)}{2(1 + \nu)}$$

2.3.2 经典板理论

在功能梯度板的分析和求解过程中，主要考虑经典板理论（CPT），并考察各种形状的情况，其中包括了矩形、椭圆形、三角形，此外也将讨论若干复杂因素的影响，例如弹性基础、热环境和压电性等。首先阐述一下 CPT 及其相关假设。经典板理论或者克希霍夫板理论主要建立在如下一些假设的基础之上，即（Timoshenko 和 Woinowsky – Krieger[5]；Wang 等[6]；Chakraverty[10]）：

（1）与其他尺寸相比，板的厚度是小量；

（2）法向正应力很小，可忽略不计；

（3）转动惯量效应可忽略不计，变形前的板中面的直法线在变形后仍保持为直线且垂直于变形后的中面，其长度不变。

图 2.3 中给出了三种不同的板几何形式，分别是矩形板、椭圆形板和三角形板。无论何种几何形式，在 CPT 中功能梯度板的位移场均满足如下关系（Wang 等[6]）：

$$\begin{cases} u_x(x,y,z) = -z\dfrac{\partial w}{\partial x} \\[2mm] u_y(x,y,z) = -z\dfrac{\partial w}{\partial y} \\[2mm] u_z(x,y,z) = w(x,y) \end{cases} \tag{2.12}$$

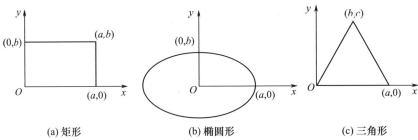

(a) 矩形　　　　　　　(b) 椭圆形　　　　　　　(c) 三角形

图 2.3　典型的功能梯度矩形板、椭圆形板和三角形板

式中：u_x、u_y 和 u_z 分别代表了 x、y 和 z 方向上的位移分量；w 为中面（$x-y$ 面）上

某点处的横向变形。在克希霍夫假设中,已经忽略了横向剪切变形,这也就意味着变形仅仅是由弯曲和面内伸缩引起的。与位移场有关的非零线应变可以表示为

$$\begin{Bmatrix} \varepsilon_{xx} \\ \varepsilon_{yy} \\ \gamma_{xy} \end{Bmatrix} = \begin{Bmatrix} \dfrac{\partial u_x}{\partial x} \\ \dfrac{\partial u_y}{\partial y} \\ \dfrac{\partial u_x}{\partial y} + \dfrac{\partial u_y}{\partial x} \end{Bmatrix} = \begin{Bmatrix} -z \dfrac{\partial^2 w}{\partial x^2} \\ -z \dfrac{\partial^2 w}{\partial y^2} \\ -2z \dfrac{\partial^2 w}{\partial x \partial y} \end{Bmatrix} \tag{2.13}$$

式中:ε_{xx} 和 ε_{yy} 分别代表 x 和 y 方向上的正应变;γ_{xy} 为剪应变。

如果假定功能梯度板的材料组分满足广义胡克定律,那么应力应变关系可以表示成如下的矩阵形式:

$$\begin{Bmatrix} \sigma_{xx} \\ \sigma_{yy} \\ \tau_{xy} \end{Bmatrix} = \begin{pmatrix} Q_{11} & Q_{12} & 0 \\ Q_{21} & Q_{22} & 0 \\ 0 & 0 & Q_{66} \end{pmatrix} \begin{Bmatrix} \varepsilon_{xx} \\ \varepsilon_{yy} \\ \gamma_{xy} \end{Bmatrix} \tag{2.14}$$

式中:σ_{xx} 和 σ_{yy} 为正应力;τ_{xy} 为剪应力;刚度系数 $Q_{ij}(i,j=1,2,6)$ 如下:

$$Q_{11} = Q_{22} = \frac{E(z)}{1-\nu^2}, Q_{12} = Q_{21} = \frac{\nu E(z)}{1-\nu^2}, Q_{66} = \frac{E(z)}{2(1+\nu)}$$

式中:E 和 ν 分别表示材料组分的杨氏模量和泊松比。

2.4 控制方程

针对功能梯度梁和板的变形位移场情况,在振动问题中控制方程就可以借助哈密顿原理来导出。这里不去详细介绍如何确定拉格朗日函数并借助变分计算方面的基本定理来建立欧拉 – 拉格朗日方程(组),有关内容可以在很多文献中找到,例如 Sina 等[19],Nie 等[33],Mahi 等[34]。

2.4.1 功能梯度梁的振动

在一般的高阶剪切变形理论框架下,功能梯度梁自由振动的偏微分方程可以表示为(Aydogdu 和 Taskin[31])

$$\frac{\partial N_x}{\partial x} = \rho_0 \ddot{u} + \rho_{01} \ddot{v} - \rho_1 \frac{\partial \ddot{w}}{\partial x}$$

$$\frac{\partial^2 M_x}{\partial x^2} = \rho_1 \frac{\partial \ddot{u}}{\partial x} + \rho_{11} \frac{\partial \ddot{v}}{\partial x} + \rho_0 \ddot{w} - \rho_2 \frac{\partial^2 \ddot{w}}{\partial x^2} \tag{2.15}$$

$$\frac{\partial M_x^f}{\partial x} - Q_x^f = \rho_{01} \ddot{u} + \rho_{02} \ddot{v} - \rho_{11} \frac{\partial \ddot{w}}{\partial x}$$

式(2.15)中的双圆点代表的是对时间的二阶导数，ρ_i 和 ρ_{jm} 是代表惯性的系数，它们分别为 $\rho_i = \int_{-h/2}^{h/2} \rho(z)z^i \mathrm{d}z (i = 0,1,2)$，$\rho_{jm} = \int_{-h/2}^{h/2} \rho(z)z^j f^m \mathrm{d}z (j = 0,1; m = 1,2)$。相关的力和力矩由下式给出：

$$\begin{cases} (N_x, M_x, M_x^f) = \int_{-h/2}^{h/2} \sigma_{xx}(1, z, f(z)) \mathrm{d}z \\ Q_x^f = \int_{-h/2}^{h/2} \tau_{xz} f'(z) \mathrm{d}z \end{cases} \tag{2.16}$$

于是，控制方程（或 Navier 运动方程）就可以以刚度形式来给出，即

$$\begin{cases} A_{11} \dfrac{\partial^2 u}{\partial x^2} - B_{11} \dfrac{\partial^3 w}{\partial x^3} + C_{11} \dfrac{\partial^2 v}{\partial x^2} = \rho_0 \ddot{u} + \rho_{01} \ddot{v} - \rho_1 \dfrac{\partial \ddot{w}}{\partial x} \\ B_{11} \dfrac{\partial^3 u}{\partial x^3} - D_{11} \dfrac{\partial^4 w}{\partial x^4} + F_{11} \dfrac{\partial^3 v}{\partial x^3} = \rho_1 \dfrac{\partial \ddot{u}}{\partial x} + \rho_{11} \dfrac{\partial \ddot{v}}{\partial x} + \rho_0 \ddot{w} - \rho_2 \dfrac{\partial^2 \ddot{w}}{\partial x^2} \\ C_{11} \dfrac{\partial^2 u}{\partial x^2} - F_{11} \dfrac{\partial^3 w}{\partial x^3} + E_{11} \dfrac{\partial^2 v}{\partial x^2} - H_{55} v = \rho_{01} \ddot{u} + \rho_{02} \ddot{v} - \rho_{11} \dfrac{\partial \ddot{w}}{\partial x} \end{cases} \tag{2.17}$$

其中出现的拉伸刚度、耦合刚度以及弯曲刚度参数由下式给出：

$$A_{11} = \int_{-h/2}^{h/2} Q_{11} \mathrm{d}z$$

$$(B_{11}, C_{11}) = \int_{-h/2}^{h/2} Q_{11}(z, f(z)) \mathrm{d}z$$

$$(D_{11}, F_{11}, E_{11}) = \int_{-h/2}^{h/2} Q_{11}(z^2, zf(z), f^2(z)) \mathrm{d}z$$

而横向剪切刚度为

$$H_{55} = \int_{-h/2}^{h/2} Q_{55} [f'(z)]^2 \mathrm{d}z$$

另外，对于功能梯度梁的振动来说，这些刚度概念在基于瑞利－里茨法所进行的数值建模中有所不同。

2.4.2 功能梯度薄板的振动

如果采用 CPT，也即式(2.12)，那么功能梯度薄板的自由振动问题就可以表示为如下形式：

$$\frac{\partial^2 M_x}{\partial x^2} - 2\frac{\partial^2 M_{xy}}{\partial x \partial y} + \frac{\partial^2 M_y}{\partial y^2} = I_0 \frac{\partial^2 w}{\partial t^2} \qquad (2.18)$$

式中:弯矩 $M_x = -D_{\mathrm{f}}\left(\dfrac{\partial^2 w}{\partial x^2} + \nu\dfrac{\partial^2 w}{\partial y^2}\right)$, $M_y = -D_{\mathrm{f}}\left(\dfrac{\partial^2 w}{\partial y^2} + \nu\dfrac{\partial^2 w}{\partial x^2}\right)$, 而扭矩 $M_{xy} = D_{\mathrm{f}}$

$(1-\nu)\dfrac{\partial^2 w}{\partial x \partial y}$, 这里的 D_{f} 代表的是板的弯曲刚度, 惯性系数为 $I_0 = \displaystyle\int_{-h/2}^{h/2}\rho(z)\mathrm{d}z$。

将弯矩和扭矩的表达式代入式(2.18)中,就可以获得以板的变形量 w 表达的平衡方程,即

$$D_{\mathrm{f}}\left(\frac{\partial^4 w}{\partial x^4} + 2\frac{\partial^4 w}{\partial x^2 \partial y^2} + \frac{\partial^4 w}{\partial y^4}\right) + I_0\frac{\partial^2 w}{\partial t^2} = 0 \qquad (2.19)$$

其中:

$$
\begin{aligned}
D_{\mathrm{f}} &= \int_{-h/2}^{h/2}\frac{z^2 E(z)}{1-\nu^2}\mathrm{d}z \\
&= \frac{1}{1-\nu^2}\int_{-h/2}^{h/2}\left\{(E_{\mathrm{c}}-E_{\mathrm{m}})\left(\frac{z}{h}+\frac{1}{2}\right)^k + E_{\mathrm{m}}\right\}z^2\mathrm{d}z \\
&= \frac{1}{1-\nu^2}\int_{-h/2}^{h/2}\left\{(E_{\mathrm{c}}-E_{\mathrm{m}})\left(\frac{z}{h}+\frac{1}{2}\right)^k\right\}z^2\mathrm{d}z + \int_{-h/2}^{h/2}E_{\mathrm{m}}z^2\mathrm{d}z \\
&= \frac{(E_{\mathrm{c}}-E_{\mathrm{m}})h^3}{1-\nu^2}\left\{\frac{1}{k+3} - \frac{1}{k+2} + \frac{1}{4(k+1)}\right\} + \frac{E_{\mathrm{m}}h^3}{12(1-\nu^2)} \\
I_0 &= \int_{-h/2}^{h/2}\rho(z)\mathrm{d}z \\
&= \int_{-h/2}^{h/2}\left\{(\rho_{\mathrm{c}}-\rho_{\mathrm{m}})\left(\frac{z}{h}+\frac{1}{2}\right)^k + \rho_{\mathrm{m}}\right\}\mathrm{d}z \\
&= \int_{-h/2}^{h/2}\left\{(\rho_{\mathrm{c}}-\rho_{\mathrm{m}})\left(\frac{z}{h}+\frac{1}{2}\right)^k\right\}\mathrm{d}z + \int_{-h/2}^{h/2}\rho_{\mathrm{m}}\mathrm{d}z \\
&= \frac{(\rho_{\mathrm{c}}-\rho_{\mathrm{m}})h}{k+1} + \rho_{\mathrm{m}}h
\end{aligned}
$$

第3章 解析方法和数值方法

本章主要阐述与功能梯度梁和板的振动问题有关的高阶偏微分方程(组),求解过程可以采用解析方法,也可以借助数值计算方法,这主要取决于偏微分方程(组)的复杂程度以及边界条件情况。为此,我们将首先简要回顾各种解析方法和数值方法,然后针对功能梯度梁和板的振动问题介绍可行的解析分析方法,最后阐述瑞利 – 里茨法这种数值求解过程。

3.1 各种求解方法的历史发展

在这里,功能梯度梁和板的振动特性是我们关心的主题。一般而言,对于任何阶次的微分方程来说,解析的或封闭形式的解是人们最希望得到的。为此,大量研究文献都对此进行了研究,并提出了多种不同的解析和数值求解技术,下面对此做一回顾。

首先我们来介绍一下各向同性和功能梯度型梁(板)的振动问题的解析求解方法。Reddy[12]曾提出过一种精化的非线性理论方法,据此可以得到简支板的精确解,其中考虑了 von Karman 应变。Gorman[35-37]针对直角三角形板的自由振动问题给出过相当精确的解析解,所考察的边界条件包括简支、固支 – 简支组合以及单边自由等情况。Hosseini – Hashemi 和 Arsanjani[38]研究了两对边简支的 Mindlin 板,给出了精确的封闭形式的特征方程。Akhavan 等人[39]针对放置在 Pasternak 型弹性基础上受到面内载荷作用的矩形 Mindlin 板,给出过自由振动的精确解。Sina 等人[19]曾考察过一种新的梁理论,它不同于传统的一阶剪切变形梁理论,可以用于解析分析功能梯度梁的自由振动问题。Mahi 等人[34]也针对功能梯度梁给出过自由振动的精确解,是建立在统一的高阶剪切变形理论基础之上的,其中的材料特性可以随温度发生改变。Thai 和 Vo[22]采用解析方法,讨论过功能梯度梁的自由振动和弯曲问题,其中包括了多种高阶剪切变形梁理论。Hosseini – Hashemi 等人[40]还曾给出过三维弹性理论下的精确封闭解,针对的是功能梯度矩形板,考虑的是简支边界情况下的面内和面外自由振动问题。

应当指出的是,在某些比较复杂的问题中,所涉及的偏微分方程(组)可能是难以获得其解析解的。在此类问题的求解中,人们也就不得不寻求相应的数值解。显然,所采用的数值求解方法必须是有效的,并且还应尽量减小计算代价。一般而言,应用较为广泛的数值方法包括了有限差分法(FDM)、边界元法(BEM)、有限元法(FEM)、微分求积法(DQM)、配置法、伽辽金法、瑞利-里茨法、无网格Petrov-Galerkin法(MLPG)等。近几十年来,人们还提出了一些组合求解方法,例如Ritz-DQM混合法、FEM-DQM混合法以及FEM-Ritz混合法等。与其他方法相比,在各向同性结构元件相关的问题求解中,瑞利-里茨法得到了更多的关注,这是一种非常有效的数值求解技术。下面对基于该技术所进行的一些研究做进一步的介绍。

Leissa[41]曾借助瑞利-里茨法考察过简支椭圆板的固有频率问题;该方法的求解过程可在Timoshenko和Woinowsky-Krieger[5]、Kelly[2]、Rao[8]以及Chakraverty[10]等的文献中找到;Bhat[42]曾首先给出了瑞利-里茨法的特征正交多项式,并用于分析带有末端质量的转动悬臂梁的横向振动响应问题;Bhat[43]还曾针对多边形板进行了瑞利-里茨法分析求解,提出了一组特征正交多项式来寻找该板的固有频率和模态形状;Bhat[44]和Cupial[45]借助这一方法计算了矩形板的固有频率值,也应用了特征正交多项式;Kim和Dickinson[46-47]利用该方法研究了各向同性和正交各向异性直角三角形板以及一般三角形板的自由振动问题;后来Singh和Chakraverty[48-50]提出了二维边界特征正交多项式,并利用瑞利-里茨法计算了椭圆板与圆板的横向振动问题,其中为满足不同的边界条件情况采用了对应的正交多项式,这些边界包括完全自由、简支和固支等。Rajalingham和Bhat[51]也曾利用特征正交多项式考察过圆板与椭圆板的轴对称振动情况;Rajalingham等人[52]还采用瑞利-里茨法分析了固支椭圆板的振动,其中利用了精确的圆板模式作为形状函数;Singh和Chakraverty[53]也曾研究过三角形板的横向振动问题,讨论了不同类型的边界条件情况,在瑞利-里茨法中将相应的边界特征正交多项式作为基函数使用;Liew[54]采用pb-2瑞利-里茨法考察了三角形板的横向自由振动,其中考虑了有无内部曲线支撑的情形;Karunasena等人[55]在Mindlin剪切变形理论基础上利用pb-2瑞利-里茨法分析了悬臂型三角厚板的自由振动;Singh和Saxena[56]在分析变厚度三角形板的横向振动问题中,也采用了瑞利-里茨法,并做了若干近似处理,利用这一方法,Singh和Hassan[57]还得到了带有任意厚度变化的三角形板的数值解;Ding[58]在研究矩形薄板的振动特性时,提出了一个快速收敛的级数,它是由一组静态梁函数构成的;Ilanko[59]曾对瑞利-里茨方法的历史发展做过评述;Carrera等人[60]针对各向异性简支板进行了自由振动分析,在寻求其准确解时应用了精化板理论;Zhu[61]借助瑞利－里茨法考察过带有预扭曲的铁摩辛柯转动梁的挥舞和弦向弯曲振动问题;Si 等人[62]也在瑞利－里茨法基础上分析了带有径向侧裂纹的圆形挡板(一侧与水介质接触)的自由振动问题;最近,Pradhan 和Chakraverty[63-64]利用多种不同的剪切变形梁理论研究了功能梯度梁的自由振动问题,并提出了一种新的变形梁理论(Pradhan 和 Chakraverty[65]);此外,Chakraverty 和 Pradhan[66-67]考察了功能梯度矩形薄板在复杂环境中的自由振动问题,在 Pradhan 和Chakraverty[68]中则分析了功能梯度椭圆形薄板在复杂环境中的自由振动情况。

3.2 解析方法

本节介绍与功能梯度梁和板的振动问题相关的解析求解方法,此类方法的数量相当有限。所谓的解析求解,是指寻找前文中针对功能梯度梁板结构件的式(2.17)和式(2.19)的封闭形式解,它们应满足问题所指定的边界条件。

3.2.1 功能梯度梁的振动

我们先来寻找简支边界条件下功能梯度梁的平衡方程的封闭解。这种边界条件意味着在梁的两端位置处($x = 0, x = L$)有下式成立(Aydogdu 和 Taskin[31]):

$$N_x = w = M_x = M_x^f = 0$$

对于式(2.17)来说,满足上述边界条件要求的纳维解可以表示为如下形式:

$$\begin{cases} u = A_m \cos\dfrac{m\pi x}{L}\sin\omega t \\ v = \dfrac{1}{L}B_m \cos\dfrac{m\pi x}{L}\sin\omega t \\ w = C_m \sin\dfrac{m\pi x}{L}\sin\omega t \end{cases} \tag{3.1}$$

式中:m 代表 x 方向上的半波数;ω 为固有频率;A_m、B_m 和 C_m 均为待定常数。

将式(3.1)代入式(2.17),可得如下形式的特征值问题:

$$\left[\begin{pmatrix} K_{11} & K_{12} & K_{13} \\ K_{21} & K_{22} & K_{23} \\ K_{31} & K_{32} & K_{33} \end{pmatrix} - \omega^2 \begin{pmatrix} M_{11} & M_{12} & M_{13} \\ M_{21} & M_{22} & M_{23} \\ M_{31} & M_{32} & M_{33} \end{pmatrix}\right]\begin{Bmatrix} A_m \\ B_m \\ C_m \end{Bmatrix} = 0 \tag{3.2}$$

式中的各个参数分别为

18

$$K_{11} = A_{11}\frac{m^2\pi^2}{L^2}, K_{12} = C_{11}\frac{m^2\pi^2}{L^3}, K_{13} = B_{11}\frac{m^3\pi^3}{L^3}, K_{21} = B_{11}\frac{m^3\pi^3}{L^3}, K_{22} = F_{11}\frac{m^3\pi^3}{L^4},$$

$$K_{23} = D_{11}\frac{m^4\pi^4}{L^4}, K_{31} = C_{11}\frac{m^2\pi^2}{L^2}, K_{32} = E_{11}\frac{m^2\pi^2}{L^3} + \frac{H_{55}}{L}, K_{33} = F_{11}\frac{m^3\pi^3}{L^3}, M_{11} = \rho_0,$$

$$M_{12} = \rho_{01}, M_{13} = \rho_1\frac{m\pi}{L}, M_{21} = \rho_1\frac{m\pi}{L}, M_{22} = \rho_{11}\frac{m\pi}{L^2}, M_{23} = \rho_0 - \rho_2\frac{m^2\pi^2}{L^2},$$

$$M_{31} = \rho_{01}, M_{32} = \rho_{02}, M_{33} = \rho_{11}\frac{m\pi}{L}\circ$$

如果以更为简洁的矩阵记法来表达,那么我们还可以将这一特征值问题表示为$(K - \omega^2 M)\Delta = 0$,其中的 K 和 M 分别为刚度矩阵与惯性矩阵,而 Δ 为未知系数列矢量。对于不同的 m 值,我们均可以获得与之对应的唯一 ω 值。

3.2.2 功能梯度板的振动

对于功能梯度型椭圆板和三角形板来说,其振动问题的解析求解有时是困难的,已有文献中有关这一方面的研究也较为少见。与此不同的是,在各向同性板的研究中,人们已经借助一些解析方法和数值方法做了相当严谨的分析,感兴趣的读者可以去参阅 Leissa[69]、Timoshenko 和 Woinowsky – Krieger[5]、Reddy[70]、Rao[3,8]、Chakraverty[10] 以及 Leissa 和 Qatu[71] 等人的文献,其中都给出了较为详尽的分析过程。

下面针对处于简支边界下,长度为 a,宽度为 b 的功能梯度矩形薄板,讨论其平衡方程的封闭解,此时的边界条件设定为(Thai 等人[72]):在板边,即 $x = 0$、a 和 $y = 0$、b 处,有 $w = M_x = M_y = 0$。

为了求解控制方程式(2.19),我们可以按照纳维求解过程来进行。假定 w 有如下形式的解:

$$w = \sum_{m=1}^{\infty}\sum_{n=1}^{\infty}W_{mn}\exp(i\omega t)\sin\alpha x\sin\beta y, \alpha = \frac{m\pi}{a}, \beta = \frac{n\pi}{b} \tag{3.3}$$

式中:$i = \sqrt{-1}$;ω 为固有频率;W_{mn} 为待定的未知函数。

现在可以将式(3.3)代入式(2.18)中,从而可以得到如下所示的特征值问题:

$$[D_f(\alpha^2 + \beta^2)^2 - \omega^2 I_0]\{W_{mn}\} = 0 \tag{3.4}$$

为了确定功能梯度板的固有频率,我们应当令式(3.4)中的系数矩阵的行列式为零。由此,对于 m 和 n 的每种组合取值情况,就可计算出对应的唯一 ω 值,而基本固有频率一般是指最小的 $\omega(m,n)$ 值。

在 3.2.1 节和 3.2.2 节中所讨论的两个振动问题中,我们假定的是简支边界条件。对于其他类型的经典边界条件,如固支边界和自由边界,要想获得纳维解是非常复杂的,已有文献中也较少见到这些边界条件下的解析求解过程。正因如此,在这些情况中人们一般更多地采用基于试错法或者说逐步逼近的求解技术,也就是所谓的 Lévy 型求解过程。

3.3 数值方法

在本书各章中,数值建模部分所涉及的数值求解过程主要应用的是瑞利－里茨方法,该方法早先就已经在各向同性结构件分析中得到广泛应用。对于均匀的功能梯度梁和功能梯度薄板,我们也将利用这一方法来讨论它们的振动行为。应当指出的是,在现有文献中基于这一方法来考察功能梯度型结构件的研究还是比较少见的。因此,本书的一个特点也正是将这一数值分析技术引入功能梯度梁板结构的振动分析中。为方便起见,我们将该方法的算法过程总结如下:

(1) 针对所采用的剪切变形梁或板理论,我们必须建立功能梯度梁或板的位移场所对应的应变能与动能的表达式;

(2) 假定简谐形式的位移场,从而计算得到最大的应变能和动能;

(3) 将位移幅值视为简单的代数多项式的线性组合形式(这些代数多项式可由帕斯卡三角生成),且必须包含能够满足边界条件的特定的容许函数;

(4) 令最大的应变能与最大的动能相等,即可获得瑞利商。随后将瑞利商对线性组合表达式中的未知系数求偏导数,从而得到广义的特征值问题。

3.3.1 功能梯度梁的振动

这里考虑高阶剪切变形理论的位移场(式(2.3)),根据与之相关的本构关系,功能梯度梁的应变能 S 和动能 T 就可以分别写成(在直角坐标系中):

$$S = \frac{1}{2} \int_{-L/2}^{L/2} \int_A (\sigma_{xx}\varepsilon_{xx} + \tau_{xz}\gamma_{xz}) \mathrm{d}A\mathrm{d}x \tag{3.5}$$

$$T = \frac{1}{2} \int_{-L/2}^{L/2} \int_A \rho(z) \left[\left(\frac{\partial u_x}{\partial t}\right)^2 + \left(\frac{\partial u_z}{\partial t}\right)^2 \right] \mathrm{d}A\mathrm{d}x \tag{3.6}$$

式中:A 和 ρ 分别代表功能梯度矩形截面梁的横截面积和质量密度。

如果采用式(2.4)给出的高阶剪切变形梁理论,那么式(3.5)和式(3.6)将变成:

$$S = \frac{1}{2} \int_{-L/2}^{L/2} [A_{xx}u_{,x}^2 - 2B_{xx}u_{,x}w_{,xx} + D_{xx}w_{,xx}^2 + 2E_{xx}u_{,x}v_{,x} -$$

$$2F_{xx}v_{,x}w_{,xx} + H_{xx}v_{,x}^2 + A_{xz}v^2] \mathrm{d}x \tag{3.7}$$

$$T = \frac{1}{2}\int_{-L/2}^{L/2}\left[I_A\left\{\left(\frac{\partial u}{\partial t}\right)^2 + \left(\frac{\partial w}{\partial t}\right)^2\right\} - 2I_B\left(\frac{\partial u}{\partial t}\right)\left(\frac{\partial^2 w}{\partial x \partial t}\right) + I_D\left(\frac{\partial^2 w}{\partial x \partial t}\right)^2 + \right.$$

$$\left. 2I_E\left(\frac{\partial u}{\partial t}\right)\left(\frac{\partial v}{\partial t}\right) - 2I_F\left(\frac{\partial v}{\partial t}\right)\left(\frac{\partial^2 w}{\partial x \partial t}\right) + I_H\left(\frac{\partial v}{\partial t}\right)^2\right] \mathrm{d}x \tag{3.8}$$

在式(3.7)中出现的刚度系数为

$$\begin{cases}(A_{xx}, B_{xx}, D_{xx}) = \int_A Q_{11}(1, z, z^2)\mathrm{d}A \\[2mm] (E_{xx}, F_{xx}) = \int_A f(z)Q_{11}(1, z)\mathrm{d}A \\[2mm] H_{xx} = \int_A f^2(z)Q_{11}\mathrm{d}A \\[2mm] A_{xz} = \kappa\int_A [f'(z)]^2 Q_{55}\mathrm{d}A\end{cases} \tag{3.9}$$

其中的 κ 为剪切修正因子,在 TBT 中 $\kappa = 5/6$,而在其他的 SDBT 中取 1。在 CBT 中,由于我们忽略了横向剪切和横法向效应,因而在计算应变能时与 $f(z)$ 和剪切修正因子相关的项是不起作用的。式(3.8)中的横截面惯性系数可以写成如下形式:

$$\begin{cases}(I_A, I_B, I_D) = \int_A \rho(z)(1, z, z^2)\mathrm{d}A \\[2mm] (I_E, I_F) = \int_A f(z)\rho(z)(1, z)\mathrm{d}A \\[2mm] I_H = \int_A [f(z)]^2\rho(z)\mathrm{d}A\end{cases} \tag{3.10}$$

假定位移分量 $u(x,t)$、$v(x,t)$ 和 $w(x,t)$ 均为简谐型,分别设为

$$\begin{cases}u(x,t) = U(x)\sin\omega t \\ v(x,t) = V(x)\sin\omega t \\ w(x,t) = W(x)\sin\omega t\end{cases} \tag{3.11}$$

其中的 $U(x)$、$V(x)$ 和 $W(x)$ 代表的是功能梯度梁自由振动各个位移分量的幅值,三角函数项则代表了这些位移分量是以固有频率 ω 进行简谐变化的。

将式(3.11)代入式(3.7)和式(3.8)中,可以得到最大应变能 $S_{\max}$ 和最大动能 $T_{\max}$,即

$$S_{\max} = \frac{1}{2}\int_{-L/2}^{L/2}\left[A_{xx}\left(\frac{\partial U}{\partial x}\right)^2 - 2B_{xx}\left(\frac{\partial U}{\partial x}\right)\left(\frac{\partial^2 W}{\partial x^2}\right) + D_{xx}\left(\frac{\partial^2 W}{\partial x^2}\right)^2 + \right.$$

$$2E_{xx}\left(\frac{\partial U}{\partial x}\right)\left(\frac{\partial V}{\partial x}\right) - 2F_{xx}\left(\frac{\partial V}{\partial x}\right)\left(\frac{\partial^2 W}{\partial x^2}\right) + H_{xx}\left(\frac{\partial V}{\partial x}\right)^2 + A_{xz}V^2 \bigg] dx \tag{3.12}$$

$$T_{max} = \frac{\omega^2}{2}\int_{-L/2}^{L/2}\left[I_A(U^2 + W^2) - 2I_B U\frac{\partial W}{\partial x} + I_D\left(\frac{\partial W}{\partial t}\right)^2 + 2I_E UV - \right.$$

$$\left. 2I_F V\frac{\partial W}{\partial x} + I_H V^2 \right] dx \tag{3.13}$$

在瑞利－里茨方法中,振幅是以代数多项式函数的级数形式给出的,即(Timoshenko 和 Woinowsky－Krieger[5];Kelly[2];Rao[8];Chakraverty[10]):

$$U = \sum_{i=1}^{n} c_i\varphi_i, V = \sum_{j=1}^{n} d_j\psi_j, W = \sum_{k=1}^{n} e_k f_k$$

式中:c_i、d_j 和 e_k 为待定的常系数;φ_i、ψ_j 和 f_k 为容许函数,它们必须满足基本边界条件,可以表示为

$$\varphi_i = f x^{i-1}, i = 1, 2, \cdots, n$$

$$\psi_j = f x^{j-1}, j = 1, 2, \cdots, n$$

$$f_k = f x^{k-1}, k = 1, 2, \cdots, n$$

此处的 n 为容许函数中包含的多项式个数(Chakraverty[10];Bhat[42];Singh 和 Chakraverty[49-50]);$f = \left(x + \frac{L}{2}\right)^p \left(x - \frac{L}{2}\right)^q$,$p, q = 0, 1$ 或 2,表 3.1 中给出了功能梯度矩形梁这两个参数在六种经典边界条件下的取值情况,其中的 C 代表固支边界,S 代表简支边界,F 代表自由边界。

表 3.1 不同边界条件状态下功能梯度矩形截面梁的容许函数的指数

边界条件	p	q
C－C	2	2
C－S	2	1
C－F	2	0
S－S	1	1
S－F	1	0
F－F	0	0

(本表数据源自于:International Journal of Mechanical Sciences,Vol 82,Pradhan,K. K.,Chakraverty,S.,Effects of different shear deformation theories on free vibration of functionally graded beams,第 149－160 页。获 Elsevier 许可使用。)

只需令式(3.12)和式(3.13)得到的 S_{max} 和 T_{max} 相等,就可以导得瑞利商(关

于 ω^2）。进一步我们将瑞利商相对于容许函数中的常系数求偏导数，就可以得到如下关系式：

$$\frac{\partial \omega^2}{\partial c_i} = 0 \, ; i = 1, 2, \cdots, n$$

$$\frac{\partial \omega^2}{\partial d_j} = 0 \, ; j = 1, 2, \cdots, n$$

$$\frac{\partial \omega^2}{\partial e_k} = 0 \, ; k = 1, 2, \cdots, n$$

由此，也就导出了功能梯度梁自由振动的广义特征值问题：

$$(\boldsymbol{K} - \lambda^2 \boldsymbol{M}) \boldsymbol{\Delta} = 0 \tag{3.14}$$

其中的 $\boldsymbol{K}$ 和 $\boldsymbol{M}$ 分别代表了刚度矩阵和惯性矩阵，$\boldsymbol{\Delta}$ 为未知系数的列矢量。

由式（3.14）得到的特征值 λ 是无量纲频率，在后面各章中将给出各种不同情况下的无量纲频率表达式。

3.3.2　功能梯度板的振动

首先考虑式（2.14）给出的经典板理论中的本构关系，于是应变能 U 和动能 T 在直角坐标系中可以表示为

$$U = \frac{1}{2} \int_{\Omega} \left[\int_{-h/2}^{h/2} (\sigma_{xx} \varepsilon_{xx} + \sigma_{yy} \varepsilon_{yy} + \tau_{xy} \gamma_{xy}) \mathrm{d}z \right] \mathrm{d}x \mathrm{d}y \tag{3.15}$$

$$T = \frac{1}{2} \int_{\Omega} \left[\int_{-h/2}^{h/2} \rho(z) \left(\frac{\partial u_z}{\partial t} \right)^2 \mathrm{d}z \right] \mathrm{d}x \mathrm{d}y \tag{3.16}$$

式中：Ω 指的是功能梯度板的中面，可以是各种类型的板，例如矩形板、椭圆形板以及三角形板等。将式（2.12）、式（2.13）和式（2.14）代入式（3.15）和式（3.16），可得

$$U = \frac{1}{2} \int_{\Omega} \left[D_{11} \left\{ \left(\frac{\partial^2 w}{\partial x^2} \right)^2 + \left(\frac{\partial^2 w}{\partial y^2} \right)^2 \right\} + 2 D_{12} \frac{\partial^2 w}{\partial x^2} \frac{\partial^2 w}{\partial y^2} + 4 D_{66} \left(\frac{\partial^2 w}{\partial x \partial y} \right)^2 \right] \mathrm{d}x \mathrm{d}y \tag{3.17}$$

$$T = \frac{1}{2} \int_{\Omega} I_0 \left(\frac{\partial w}{\partial t} \right)^2 \mathrm{d}x \mathrm{d}y \tag{3.18}$$

其中的刚度系数为

$$(D_{11}, D_{12}, D_{66}) = \int_{-h/2}^{h/2} (Q_{11}, Q_{12}, Q_{66}) z^2 \mathrm{d}z$$

而惯性系数 I_0 为

$$I_0 = \int_{-h/2}^{h/2} \rho(z) \mathrm{d}z$$

可以假定位移分量是简谐型的,其形式为 $w(x,y,t)=W(x,y)\cos\omega t$,其中的 $W(x,y)$ 为最大变形量,ω 为自由振动的固有频率。由此即可根据式(3.17)和式(3.18)分别导得最大应变能 $U_{\max}$ 与最大动能 $T_{\max}$ 如下:

$$U_{\max} = \frac{1}{2}\int_{\Omega}\left[D_{11}\left\{\left(\frac{\partial^2 W}{\partial x^2}\right)^2 + \left(\frac{\partial^2 W}{\partial y^2}\right)^2\right\} + 2D_{12}\frac{\partial^2 W}{\partial x^2}\frac{\partial^2 W}{\partial y^2} + 4D_{66}\left(\frac{\partial^2 W}{\partial x\partial y}\right)^2\right]\mathrm{d}x\mathrm{d}y$$

(3.19)

$$T_{\max} = \frac{\omega^2}{2}\int_{\Omega}I_0 W^2\,\mathrm{d}x\mathrm{d}y$$

(3.20)

在瑞利 – 里茨法中,我们可以将横向位移 $W(x,y)$ 表示成一系列简单代数多项式的求和形式,这些多项式也是 x 和 y 的函数,即

$$W(x,y) = \sum_{i=1}^{n}c_i\varphi_i(x,y)$$

(3.21)

式中:c_i 为待定的未知常数;φ_i 为容许函数,它们应当满足基本边界条件,可以表示为

$$\varphi_i(x,y)=f\psi_i(x,y),\ i=0,1,2,\cdots,n$$

(3.22)

式中:n 为容许函数中所包含的多项式的个数;函数 f 一般可以根据板的几何情况来选择,对于矩形板、椭圆形板以及三角形板来说,分别如下:

$$\text{矩形板}:f = x^p y^q (a-x)^r (b-y)^s$$
$$\text{椭圆形板}:f = \left(1 - \frac{x^2}{a^2} - \frac{y^2}{b^2}\right)^p$$
$$\text{三角形板}:f = x^p y^q (1-x-y)^r$$

(3.23)

式中:p、q、r 和 s 等参数决定了板边处的经典边界条件情况,例如参数 p 取值为 0、1、2 时就分别对应了自由、简支和固支边界,对于其他几个参数也类似。在表 3.2 中列出了根据帕斯卡三角得到的 ψ_i 的成分。

表 3.2　从帕斯卡三角得到的 10 个代数多项式

i	1	2	3	4	5	6	7	8	9	10
ψ_i	1	x	y	x^2	xy	y^2	x^3	$x^2 y$	xy^2	y^3

(本表数据源自于:Chakraverty, S. , Pradhan, K. K. , Free vibration of exponential functionally graded rectangular plates in thermal environment with general boundary conditions. Aerospace Science and Technology 2014;36:132 – 156。)

假定泊松比 ν 为常数,那么令最大应变能 $U_{\max}$ 与最大动能 $T_{\max}$ 相等即可得到瑞利商,即

24

$$\omega^2 = \frac{\int_\Omega D_{11}\left[\left\{\left(\frac{\partial^2 W}{\partial x^2}\right)^2 + \left(\frac{\partial^2 W}{\partial y^2}\right)^2\right\} + 2\nu\frac{\partial^2 W}{\partial x^2}\frac{\partial^2 W}{\partial y^2} + 2(1-\nu)\left(\frac{\partial^2 W}{\partial x \partial y}\right)^2\right]\mathrm{d}x\mathrm{d}y}{\int_\Omega I_0 W^2 \mathrm{d}x\mathrm{d}y}$$

(3.24)

下面将式(3.24)对未知常数取偏导数,则有

$$\frac{\partial \omega^2}{\partial c_i} = 0, i = 1,2,3,\cdots,n$$

(3.25)

由此进一步可以导得广义特征值问题如下:

$$(\boldsymbol{K}_{n\times n} - \lambda^2 \boldsymbol{M}_{n\times n})\boldsymbol{\Delta} = 0$$

(3.26)

式中:$\boldsymbol{K}_{n\times n}$ 和 $\boldsymbol{M}_{n\times n}$ 分别代表的是刚度矩阵和惯性矩阵,它们都是对称阵;$\boldsymbol{\Delta}$ 为未知常系数构成的列矢量。

通过求解上面这个特征值问题,就可以获得不同几何形式的功能梯度板的自由振动特性,也即无量纲频率和模态形状。对于三角形功能梯度板而言,其数值建模需要做少量的修改,原因在于需要将其几何形状从一般的笛卡儿坐标系向标准三角坐标系进行转换。类似地,对于变形后的功能梯度板,其应变能的表达式也需要根据不同的复杂环境做相应的改变。关于这些问题的建模,我们将在相关章节中再详细进行介绍。

第4章 功能梯度梁的振动问题

在过去的几十年间,各向同性结构件以及各种复合结构物的振动问题已经得到了较为广泛而严谨的研究,与此相比较而言,人们在功能梯度梁的振动分析方面关注得较为有限。从另一个方面来说,人们在考察上述这些振动问题时,大多采用的是各种剪切变形梁理论来求解,从而获得梁结构的振动特性,但是应当指出的是,所采用的这些方法并不能解决所有类型的经典边界条件情况。下面我们首先来简要介绍一下与功能梯度梁的振动相关的重要研究进展。

Aydogdu 和 Taskin[31] 借助欧拉 – 伯努利梁理论、抛物线型剪切变形理论以及指数型剪切变形理论研究过简支边界下的功能梯度梁的自由振动行为。Sina 等人[19] 在功能梯度梁的自由振动解析求解中,考虑了一种不同于传统的一阶剪切变形梁理论的新方法。Şimşek[73] 分析了简支边界下的功能梯度梁受到移动质量作用的振动响应,其中采用了欧拉 – 伯努利梁理论、铁摩辛柯梁理论以及三阶剪切变形梁理论等。Şimşek[21] 近期采用不同的高阶剪切变形梁理论,进一步研究了不同边界条件下功能梯度梁的基本频率。Mahi 等人[34] 在统一的高阶剪切变形理论基础上,给出了功能梯度梁的准确解,其中的材料特性是依赖于温度的。

Wattanasakulpong 等人[74] 提出了一种改进的三阶剪切变形理论,用于分析功能梯度梁的热屈曲与弹性振动问题。Alshorbagy 等人[75] 采用有限元方法研究了功能梯度梁的自由振动特性。Shahba 等人[76] 采用有限元方法考察了轴向功能梯度型铁摩辛柯梁(带锥度)的自由振动与稳定性问题,其中涉及了经典和非经典边界条件。Thai 和 Vo[22] 借助各种高阶剪切变形梁理论,解析分析了功能梯度梁的弯曲和自由振动问题。Shahba 和 Rajasekaran[77] 采用有限元方法考察了轴向功能梯度型欧拉 – 伯努利梁(带锥度)的自由振动和稳定性。Natarajan 等人[78] 借助基于等几何有限元方法,研究了功能梯度纳米板的依赖于尺度的横向线性自由振动行为。Şimşek[79] 基于非局部弹性理论,揭示了轴向功能梯度型纳米锥杆的纵向自由振动特性。Eltaher 等人[80] 采用有限元方法进行了尺度依赖的功能梯度纳米梁的自由振动分析。Eltaher 等人[81] 还基于有限元方法考察了非局部功能梯度型铁摩辛柯纳米梁的静态行为和屈曲行为。Vo 等人[24] 采用精化的剪切变形理论(有限元描述)给出了功能梯度梁的静态和振动分析过程。Nguyen 等人[82]基于一阶剪切变形梁理论方法,分析了轴向受载的功能梯度矩形截面梁的静态和自由振动问题。Nie 等人[33]近期通过位移函数方法考察了正交功能梯度梁的平面应力问题,该梁在厚度方向上的材料特性可以是任意梯度型的。Huang 等人[83]研究了轴向功能梯度型铁摩辛柯梁(非均匀横截面)的振动行为,他们在耦合控制方程中引入了附加函数。除了上述这些研究以外,基于各种剪切变形理论进行功能梯度梁的动力学特性研究的学者还有很多,例如 Kahrobaiyan 等[84]、Lei 等[85]、Rahmani 和 Pedram[86]、Kien[87]、Komijani 等[88]、Sharma 等[89]等。

本章将主要阐述基于各种剪切变形梁理论的功能梯度梁的自由振动分析。除了前面已经提及的剪切变形理论之外,我们还将介绍新近出现的一些变形理论的新形式,它们是建立在特定的假设基础上的。对于所讨论的功能梯度梁,其材料特性是沿着厚度方向以幂律形式连续变化的。本章还将阐述瑞利 - 里茨法数值过程的实现,以及由此得到的广义特征值问题。在介绍相关分析结果时,我们还将对无量纲频率进行对比讨论,其中将给出收敛性的测试。

4.1 均匀功能梯度梁的振动

本节将采用瑞利 - 里茨法来分析均匀功能梯度梁的自由振动,通过确定相关的广义特征值问题给出其固有频率值。

4.1.1 数值建模

在前面的 3.3.1 节中讨论了功能梯度梁自由振动的数学建模,并导出了特征值问题(式(3.14))。在现有文献中,人们通过检查收敛性对由此得到的结果进行了对比分析。

在式(2.4)和式(2.5)所示的剪切变形梁理论基础上,我们能够获得不同边界条件情况下功能梯度梁的无量纲频率。实际上,Pradhan 和 Chakraverty[64]已经给出了式(2.4)这一剪切变形梁理论基础上的分析结果,本章中也将对此做一介绍。对于新近提出的式(2.5)所示的剪切变形梁理论,功能梯度梁的固有频率也是容易计算的,不过这些理论的分析结果较为繁杂,因而此处不再给出。不过,与式(2.5)的 PESDBT 相关的一些结果将在这里做一简要讨论,更为详尽的内容可以参阅文献[65]。

4.1.2 收敛性和对比研究

这里将针对不同边界条件情况下的功能梯度梁,考察其前五阶无量纲频率的收敛性。该功能梯度梁组分的材料特性如表4.1所列[19]。

表4.1　功能梯度梁的组分材料特性(铝和 Al_2O_3)

材料特性	单位	铝;$()_m$	Al_2O_3;$()_c$
E	GPa	70	380
ρ	kg/m³	2700	3800
ν	—	0.23	0.23

(本表数据源自于:International Journal of Mechanical Sciences, Vol 82, Pradhan, K. K., Chakraverty, S., Effects of different shear deformation theories on free vibration of functionally graded beams,第149－160页。获 Elsevier 许可使用。)

在表4.1中,带有下标的项,即$()_m$和$()_c$分别代表的是功能梯度梁的金属组分和陶瓷组分的材料特性。如同 Sina 等人[19]所指出的,无量纲频率可以按照下式给出:

$$\lambda = \frac{\omega L^2}{h}\sqrt{\frac{I_A}{\int_{-h/2}^{h/2} E(z)\,\mathrm{d}z}},\, I_A = \int_{-h/2}^{h/2}\rho(z)\,\mathrm{d}z \qquad (4.1)$$

在表4.2和表4.3中,对C－C边界情况下功能梯度梁的前五阶无量纲频率的收敛性进行了检查,针对采用 CBT 和采用 TBT 这两种情况分别考察了位移分量中所包含的多项式个数逐渐增大带来的影响。与此类似地,在表4.4和表4.5中也分别针对 CBT 和 TBT 这两种情况,对比检查了 S－S 边界情况下这些频率的收敛性。这些表格中,细长比(L/h)取值为5,幂律指数(k)取值为1。

此外,在表4.6和表4.7中还分别列出了 S－S 与 C－C 边界条件下功能梯度梁的前五个无量纲频率(基于 TBT),其中考虑了不同细长比,而 $k=0.3$ 保持不变。在这两个表格中,同时也将基本频率值与 Sina 等人[19]和 Şimşek[21]的结果做了对比验证,不难看出它们之间是相当吻合的。根据这些结果我们能够观察到,多项式个数的增加对无量纲频率的收敛性是存在重要影响的。对于采用其他剪切变形梁理论的情况,各种边界条件下功能梯度梁的无量纲频率的收敛性也可以做类似的分析验证。

表4.2　C－C边界条件下功能梯度梁($L/h=5,k=1$)前五阶
无量纲频率的收敛性(基于 CBT 得到)

n	λ_1	λ_2	λ_3	λ_4	λ_5
2	6.0184	15.2859	18.7637	33.1976	—
5	5.8682	15.0208	16.3766	27.4765	32.7191

28

n	λ_1	λ_2	λ_3	λ_4	λ_5
8	5.8286	15.0160	16.1670	27.3988	32.1442
11	5.8190	15.0131	16.0119	27.3740	31.9793
14	5.8110	15.0121	15.9643	27.3548	31.8450
15	5.8105	15.0115	15.9404	27.3537	31.8376

（本表数据源自于：International Journal of Mechanical Sciences，Vol 82，Pradhan，K. K.，Chakraverty，S.，Effects of different shear deformation theories on free vibration of functionally graded beams，第149－160页。获Elsevier许可使用。）

表4.3 C－C边界条件下功能梯度梁($L/h = 5, k = 1$)前五阶无量纲频率的收敛性(基于TBT得到)

n	λ_1	λ_2	λ_3	λ_4	λ_5
2	5.5977	15.2791	18.6079	32.6268	57.1052
5	5.2016	12.5717	16.1091	21.6487	32.0403
8	5.1219	12.1873	15.9422	21.0416	30.4953
11	5.0748	12.0647	15.8154	20.5341	29.9598
14	5.0590	11.9534	15.7824	20.3872	29.4853
15	5.0515	11.9507	15.7610	20.2969	29.4774

（本表数据源自于：International Journal of Mechanical Sciences，Vol 82，Pradhan，K. K.，Chakraverty，S.，Effects of different shear deformation theories on free vibration of functionally graded beams，第149－160页。获Elsevier许可使用。）

表4.4 S－S边界条件下功能梯度梁($L/h = 5, k = 1$)前五阶无量纲频率的收敛性(基于CBT得到)

n	λ_1	λ_2	λ_3	λ_4	λ_5
2	3.1109	11.2824	17.4533	32.4072	——
5	2.7550	9.5117	15.8728	20.4816	31.8019
8	2.7550	9.4798	15.8286	20.1998	31.5139
9	2.7550	9.4798	15.8286	20.1957	31.4957
10	2.7550	9.4798	15.8286	20.1957	31.4957

（本表数据源自于：International Journal of Mechanical Sciences，Vol 82，Pradhan，K. K.，Chakraverty，S.，Effects of different shear deformation theories on free vibration of functionally graded beams，第149－160页。获Elsevier许可使用。）

表4.5 S-S边界条件下功能梯度梁($L/h=5,k=1$)前五阶
无量纲频率的收敛性(基于TBT得到)

n	λ_1	λ_2	λ_3	λ_4	λ_5
2	3.1108	11.0467	17.1864	31.7900	53.0719
5	2.6513	8.6317	15.4036	17.2822	30.5461
8	2.6468	8.6042	15.3925	17.0444	26.4038
9	2.6450	8.6030	15.3920	16.9850	26.4032
10	2.6449	8.5928	15.3890	16.9820	26.2741

(本表数据源自于:International Journal of Mechanical Sciences,Vol 82,Pradhan,K. K.,Chakraverty,S.,Effects of different shear deformation theories on free vibration of functionally graded beams,第149-160页。获Elsevier许可使用。)

表4.6 S-S边界条件下功能梯度梁(L/h 不同,$k=0.3$)前五阶
无量纲频率的收敛性(基于TBT得到)

L/h	n	λ_1	λ_2	λ_3	λ_4	λ_5
10	3	2.7436	13.5064	31.5140	34.0368	65.0296
	5	2.7396	10.3895	22.4190	31.2411	62.5095
	8	2.7382	10.3736	22.0642	31.1597	36.7517
	10	2.7378	10.3679	22.0229	31.1592	36.6360
	Sina 等人[19]	2.695	—	—	—	—
	Şimşek[21]	2.701	—	—	—	—
30	3	2.7756	13.8995	36.4061	94.2770	194.4858
	5	2.7744	10.9368	24.7787	74.4866	94.9697
	8	2.7742	10.8982	24.3695	42.8160	70.2439
	10	2.7742	10.8974	24.3570	42.7468	66.2351
	Sina 等人[19]	2.737	—	—	—	—
	Şimşek[21]	2.738	—	—	—	—
100	3	2.7793	13.9457	36.7130	314.1700	648.0928
	5	2.7784	11.0100	25.1099	76.5300	141.0338
	8	2.7784	10.9643	24.6941	43.8368	73.8106
	10	2.7784	10.9642	24.6874	43.7776	68.6585
	Sina 等人[19]	2.742	—	—	—	—
	Şimşek[21]	2.742	—	—	—	—

(本表数据源自于:International Journal of Mechanical Sciences,Vol 82,Pradhan,K. K.,Chakraverty,S.,

Effects of different shear deformation theories on free vibration of functionally graded beams,第149 – 160 页。获 Elsevier 许可使用。)

表 4.7　C – C 边界条件下功能梯度梁(L/h 不同, $k = 0.3$)前五阶
无量纲频率的收敛性(基于 TBT 得到)

L/h	n	λ_1	λ_2	λ_3	λ_4	λ_5
10	3	6.0025	16.4281	32.9760	34.2325	66.3549
	8	5.9085	15.3645	28.2359	31.9735	43.4821
	13	5.8874	15.2536	27.8470	31.6367	42.7630
	17	5.8808	15.2117	27.7302	31.5568	42.4941
	Sina 等人[19]	5.811	—	—	—	—
	Şimşek[21]	5.875				
30	3	6.2168	17.4307	35.6795	98.9047	199.0017
	8	6.1853	16.9236	32.8346	53.6489	79.6691
	13	6.1807	16.8955	32.7663	53.4353	78.5944
	17	6.1788	16.8877	32.7400	53.3791	78.4686
	Sina 等人[19]	6.167	—	—	—	—
	Şimşek[21]	6.177				
100	3	6.2428	17.5693	35.8678	329.6765	663.3261
	8	6.2201	17.1370	33.5584	55.4290	83.8482
	13	6.2171	17.1236	33.5370	55.3615	82.5777
	17	6.2159	17.1203	33.5284	55.3477	82.5496
	Sina 等人[19]	6.212	—	—	—	—
	Şimşek[21]	6.214				

(本表数据源自于:International Journal of Mechanical Sciences,Vol 82,Pradhan, K. K. ,Chakraverty, S. , Effects of different shear deformation theories on free vibration of functionally graded beams,第149 – 160 页。获 Elsevier 许可使用。)

　　针对各种剪切变形理论(抛物线型剪切变形梁理论(PSDBT);指数型剪切变形梁理论(ESDBT);三角形剪切变形梁理论(TSDBT);一种新的剪切变形梁理论(ASDBT);幂指数型剪切变形梁理论(PESDBT);反三角形剪切变形梁理论等),这里我们参照 Thai 和 Vo[22]、Vo 等[24]以及Şimşek[21]的工作,选择功能梯度梁组分的特性参数如下:$E_m = 70\text{GPa}, \rho_m = 2702\text{kg/m}^3, E_c = 380\text{GPa}, \rho_c = 3960\ \text{kg/m}^3,$ $\nu_m = \nu_c = 0.3$,并考虑一系列不同的细长比(L/h)和幂指数(k)。对于新近提出的 PESDBT,在其收敛性测试中,将多项式个数记为 m,而 n 值为 1。表 4.8 ~ 表 4.15中给出了无量纲频率值计算结果,是通过如下公式计算得到的,我们以

31

此来检查收敛性:

$$\lambda = \frac{\omega L^2}{h}\sqrt{\frac{\rho_{\mathrm{m}}}{E_{\mathrm{m}}}} \tag{4.2}$$

很明显,从这些结果中我们能够认识到,无量纲频率是随着多项式个数的增加而逐渐收敛的,无论采用何种剪切变形梁理论和考虑何种参数情况均是如此。

表4.8 功能梯度梁($L/h=5,k=1$)前五阶无量纲频率的
收敛性(基于PSDBT得到)

边界条件	n	λ_1	λ_2	λ_3	λ_4	λ_5
C–C	2	8.9371	24.6923	29.9774	52.5714	84.4010
	3	8.5034	22.6687	27.1270	47.6067	55.7833
	4	8.3502	20.0462	26.4320	43.6627	52.8966
	6	8.1878	19.4048	25.9525	33.3363	48.2137
	9	8.0522	19.0412	25.5961	32.2934	47.2373
	10	8.0441	18.8861	25.5918	32.2532	46.5707
S–S	2	5.0230	17.8230	27.7230	51.3506	83.1496
	3	4.2928	17.7191	27.5078	41.1175	56.3212
	4	4.2801	13.9833	24.9005	40.0057	54.5206
	6	4.2723	13.8818	24.8416	27.3943	43.4178
	9	4.2647	13.8502	24.8290	27.3134	42.4286
	10	4.2646	13.8396	24.8259	27.3105	42.2756

(本表数据源自于:Applied Mathematics and Computation, Vol 268, Pradhan, K. K., Chakraverty, S., Generalized power – law exponent based shear deformation theory for free vibration of functionally graded beams,第1240 –1258页。经 Elsevier 许可使用。)

表4.9 功能梯度梁($L/h=10,k=0.2$)前五阶无量纲频率的
收敛性(基于ESDBT得到)

边界条件	n	λ_1	λ_2	λ_3	λ_4	λ_5
C–C	2	11.2275	32.0043	63.7141	121.899	371.647
	3	11.1202	30.3946	60.6124	63.2878	121.963
	4	11.0304	29.0417	59.5323	60.5496	106.869
	6	10.9853	28.6427	52.4646	59.3656	81.3672
	9	10.9440	28.3878	51.9135	58.4866	79.9793
	10	10.9384	28.3186	51.8177	58.4855	79.4583

边界条件	n	λ_1	λ_2	λ_3	λ_4	λ_5
S–S	2	5.6850	25.1861	58.2237	119.097	370.155
	3	5.0677	25.1472	57.8426	63.2132	119.344
	4	5.0604	19.4014	57.6009	62.6609	115.735
	6	5.0593	19.2880	41.0265	57.5336	69.9765
	9	5.0571	19.2648	40.8079	57.5214	67.8157
	10	5.0570	19.2581	40.8001	57.5210	67.6176

表 4.10　功能梯度梁($L/h = 10, k = 0.2$)前五阶无量纲频率的
收敛性(基于 TSDBT 得到)

边界条件	n	λ_1	λ_2	λ_3	λ_4	λ_5
C–C	2	11.2259	32.0039	63.7140	121.899	371.282
	3	11.1183	30.3875	60.6123	63.2851	121.963
	4	11.0282	29.0311	59.5140	60.5495	106.863
	6	10.9829	28.6303	52.4293	59.3655	81.2894
	9	10.9413	28.3740	51.8734	58.4866	79.8969
	10	10.9357	28.3039	51.7773	58.4855	79.3704
S–S	2	5.6850	25.1849	58.2237	119.097	369.788
	3	5.0675	25.1457	57.8426	63.2035	119.344
	4	5.0602	19.3978	57.6007	62.6490	115.735
	6	5.0590	19.2841	41.0060	57.5331	69.9227
	9	5.0568	19.2604	40.7885	57.5209	67.7663
	10	5.0566	19.2535	40.7805	57.5205	67.5647

表 4.11　功能梯度梁($L/h = 5, k = 1$)前五阶无量纲频率的
收敛性(基于 ASDBT 得到)

边界条件	n	λ_1	λ_2	λ_3	λ_4	λ_5
C–C	2	8.9422	24.6924	29.9792	52.5777	84.3990
	3	8.5111	22.6854	27.1303	47.6068	55.7929
	4	8.3580	20.0849	26.4339	43.6945	52.9073
	6	8.1971	19.4510	25.9538	33.4480	48.4590
	9	8.0645	19.0940	25.5973	32.4362	47.5044
	10	8.0564	18.9458	25.5929	32.3956	46.8624

边界条件	n	λ_1	λ_2	λ_3	λ_4	λ_5
S – S	2	5.0230	17.8257	27.7256	51.3565	83.1504
	3	4.2941	17.7224	27.5106	41.1313	56.3470
	4	4.2815	13.9968	24.9067	40.0259	54.5470
	6	4.2741	13.8981	24.8480	27.4683	43.6172
	9	4.2671	13.8695	24.8364	27.3938	42.6105
	10	4.2671	13.8610	24.8339	27.3913	42.4764

（本表数据源自于：Applied Mathematics and Computation，Vol 268，Pradhan，K. K.，Chakraverty，S.，Generalized power – law exponent based shear deformation theory for free vibration of functionally graded beams，第 1240 – 1258 页。经 Elsevier 许可使用。）

表 4.12　功能梯度梁（$L/h=5,k=1$）前五阶无量纲频率的
收敛性（基于 PESDBT 得到）

边界条件	n	λ_1	λ_2	λ_3	λ_4	λ_5
C – C	2	8.9371	24.6923	29.9774	52.5714	84.4010
	3	8.5034	22.6687	27.1270	47.6067	55.7833
	4	8.3502	20.0462	26.4320	43.6627	52.8966
	6	8.1878	19.4048	25.9525	33.3363	48.2137
	9	8.0522	19.0412	25.5961	32.2934	47.2373
	10	8.0441	18.8861	25.5918	32.2532	46.5707
S – S	2	5.0230	17.8230	27.7230	51.3506	83.1496
	3	4.2928	17.7191	27.5078	41.1175	56.3212
	4	4.2801	13.9833	24.9005	40.0057	54.5206
	6	4.2723	13.8818	24.8416	27.3943	43.4178
	9	4.2647	13.8502	24.8290	27.3134	42.4286
	10	4.2646	13.8396	24.8259	27.3105	42.2756

（本表数据源自于：Applied Mathematics and Computation，Vol 268，Pradhan，K. K.，Chakraverty，S.，Generalized power – law exponent based shear deformation theory for free vibration of functionally graded beams，第 1240 – 1258 页。经 Elsevier 许可使用。）

表 4.13 功能梯度梁($L/h = 10, k = 0.2$)前五阶无量纲频率的
收敛性(基于 ISDBT 得到)

边界条件	n	λ_1	λ_2	λ_3	λ_4	λ_5
C – C	2	11.1613	31.9817	63.7125	121.890	340.409
	3	11.0402	30.1140	60.6111	63.1673	121.953
	4	10.9397	28.6225	58.8674	60.5479	106.595
	6	10.8864	28.1665	51.2309	59.3642	78.8402
	9	10.8360	27.8802	50.5719	58.4853	77.4177
	10	10.8303	27.7940	50.4774	58.4844	76.8166
S – S	2	5.6850	25.1287	58.2221	119.089	338.881
	3	5.0579	25.0837	57.8410	62.7869	119.329
	4	5.0497	19.2548	57.5934	62.1758	115.721
	6	5.0482	19.1359	40.3511	57.5157	68.2576
	9	5.0454	19.1083	40.1620	57.4999	66.2398
	10	5.0452	19.0995	40.1538	57.4991	66.0231

表 4.14 功能梯度梁($L/h = 10, k = 0.2$)前五阶无量纲频率的
收敛性(基于 ICDBT 得到)

边界条件	n	λ_1	λ_2	λ_3	λ_4	λ_5
C – C	2	11.1613	31.9817	63.7125	121.890	340.408
	3	11.0402	30.1140	60.6111	63.1672	121.953
	4	10.9396	28.6225	58.8674	60.5479	106.595
	6	10.8864	28.1665	51.2310	59.3642	78.8404
	9	10.8360	27.8802	50.5720	58.4853	77.4180
	10	10.8303	27.7941	50.4775	58.4844	76.8169
S – S	2	5.6850	25.1288	58.2222	119.089	338.341
	3	5.0580	25.0839	57.8411	62.7885	119.329
	4	5.0498	19.2560	57.5935	62.1792	115.721
	6	5.0483	19.1376	40.3642	57.5160	68.2950
	9	5.0455	19.1107	40.1749	57.5002	66.2744
	10	5.0454	19.1025	40.1671	57.4995	66.0648

表 4.15　功能梯度梁($L/h = 10, k = 0.2$)前五阶无量纲频率的
收敛性(基于 ITDBT 得到)

边界条件	n	λ_1	λ_2	λ_3	λ_4	λ_5
C – C	2	11. 1617	31. 9818	63. 7126	121. 891	339. 868
	3	11. 0406	30. 1165	60. 6112	63. 1676	121. 953
	4	10. 9402	28. 6263	58. 8757	60. 5480	106. 596
	6	10. 8871	28. 1716	51. 2493	59. 3643	78. 8902
	9	10. 8370	27. 8867	50. 5966	58. 4853	77. 4755
	10	10. 8313	27. 8019	50. 5024	58. 4844	76. 8827
S – S	2	5. 6850	25. 1288	58. 2222	119. 089	338. 341
	3	5. 0580	25. 0839	57. 8411	62. 7885	119. 329
	4	5. 0498	19. 2560	57. 5935	62. 1792	115. 721
	6	5. 0483	19. 1376	40. 3642	57. 5160	68. 2950
	9	5. 0455	19. 1107	40. 1749	57. 5002	66. 2744
	10	5. 0454	19. 1025	40. 1671	57. 4995	66. 0648

在检查了收敛性结果后,我们还可以进一步针对不同类型边界条件将功能梯度梁的无量纲频率做一比较。在表 4.16 和表 4.17 中,已经列出了 k 固定条件下多种细长比($L/h = 10, 30, 100$)所对应的基本频率,并将它们与 Sina 等人[19]和 Şimşek[21,73]的研究结果进行了对比,考虑了各种类型的剪切变形梁理论,采用了式(4.1)给出的表达式。计算中采用的功能梯度梁组分特性为(Sina 等人[19]):$E_m = 70\text{GPa}, \rho_m = 2700\text{kg/m}^3, E_c = 380\text{GPa}, \rho_c = 3800\text{kg/m}^3, \nu_m = \nu_c = 0.23$。

表 4.16 给出的是基于各种剪切变形梁理论得到的,S – S 边界条件下功能梯度梁的无量纲基本频率值($k = 0$),并与 Sina 等人[19]给出的基于 CBT 和 FSDBT^2(TBT)的结果、Şimşek[73]给出的基于 CBT 和 TBT 的结果进行了比较。类似地,表 4.17 中给出了基于各种剪切变形梁理论得到的 S – S、C – F 和 C – C 等边界条件下,功能梯度梁的无量纲基本频率值($k = 0.3$),并与 Sina 等人[19]给出的基于 FSDBT^{2}①(TBT)的结果、Şimşek[73]给出的基于 CBT 和 TBT 的结果、Şimşek[21]给出的基于 FSDBT^{S}②(TBT)、PSDBT^{S}③(PSDBT)以及 ASDBT^{S}④(ASDBT)的结果做了对比。从这些数据中我们可以清晰地观察到,此处分析得到的无量纲基本频率值是相当接近于这些文献中所给出的结果的。

---

① Sina 等人[19]给出的 FSDBT^2 与此处分析中的 TBT 相同。
② Şimşek[21]给出的基于 FSDBT^S 与此处分析中的 TBT 相同。
③ Şimşek[21]给出的基于 PSDBT^S 与此处分析中的 PSDBT 相同。
④ Şimşek[21]给出的基于 ASDBT^S 与此处分析中的 ASDBT 相同。

表4.18～表4.20对此处的分析结果做了进一步验证,固有频率值是基于式(4.2)计算得到的。在表4.18中,类似于Aydogdu和Taskin[31]的工作,已经将所考察的功能梯度梁的组分特性设定为:$E_m = 70\text{GPa}$,$E_c = 380\text{GPa}$,$\nu_m = \nu_c = 0.3$,厚度方向上的质量密度保持不变,并针对CBT、TBT、PSDBT和ESDBT方法,将S－S边界条件下的无量纲基本频率值与Aydogdu和Taskin[31]得到的结果做了比较。在表4.19和表4.20中,所考察的功能梯度梁的组分特性均采用了Şimşek[21]、Thai和Vo[22]以及Vo等人[24]所设定的参数,即:$E_m = 70\text{GPa}$,$\rho_m = 2702\text{kg/m}^3$,$E_c = 380\text{GPa}$,$\rho_c = 3960\text{kg/m}^3$,$\nu_m = \nu_c = 0.3$,且分析中假定了$Q_{11}$(缩减刚度系数)表达式中泊松比无影响。表4.19将基本频率值与Şimşek[21]、Thai和Vo[22]以及Vo等人[24]给出的结果进行了比较,考虑了各种边界条件,例如C－C、C－F和S－S,并考察了CBT和TBT这两种分析方法。表4.20主要考察了TBT,将S－S和C－C边界下的无量纲高阶频率值与Thai和Vo[22]、Vo等人[24]以及Nguyen等人[82]的结果做了对比。不难看出,无论是基本频率值还是高阶固有频率值,各种边界条件下计算结果的比较均具有相当好的一致性。当然,从表4.20中可以发现,对于S－S边界下的$L/h = 5$的功能梯度梁来说,三阶无量纲频率值存在少量偏离,不过我们可以看出对于不同的幂指数(k)来说,四阶频率结果与Thai和Vo[22]以及Nguyen等人[82]的结果能够非常好地吻合。

表4.16　功能梯度梁($k = 0$)的无量纲基本频率对比

边界条件	SDBT	数据来源	L/h		
			10	30	100
S－S	CBT	本书	2.837	2.847	2.849
		Sina等人[19]	2.849	2.849	2.849
		Şimşek[73]	2.837	2.847	2.848
	TBT	本书	2.805	2.844	2.848
		Sina等人[19]	2.797	2.843	2.848
		Şimşek[73]	2.804	2.843	2.848
	PSDBT	本书	2.803	2.844	2.849
	ESDBT	本书	2.804	2.844	2.848
	HSDBT	本书	2.803	2.844	2.849
	TSDBT	本书	2.818	2.846	2.849
	ASDBT	本书	2.804	2.844	2.849

(本表数据源自于:International Journal of Mechanical Sciences, Vol 82, Pradhan, K. K., Chakraverty, S., Effects of different shear deformation theories on free vibration of functionally graded beams,第149 - 160页。经Elsevier许可使用。)

表 4.17　功能梯度梁($k=0.3$)的无量纲基本频率对比

边界条件	SDBT	数据来源	L/h		
			10	30	100
S－S	CBT	本书	2.768	2.778	2.779
	TBT	Şimşek[73]	2.731	2.741	2.743
		本书	2.738	2.774	2.778
		Sina 等人[19]	2.695	2.737	2.742
		Şimşek[73]	2.701	2.738	2.742
	PSDBT	Şimşek[21]	2.701	2.738	2.742
		本书	2.736	2.774	2.778
	ESDBT	Şimşek[21]	2.702	2.738	2.742
	HSDBT	本书	2.737	2.774	2.778
	TSDBT	本书	2.737	2.774	2.778
	ASDBT	本书	2.749	2.775	2.779
		本书	2.736	2.774	2.778
		Şimşek[21]	2.702	2.738	2.742
C－F	CBT	本书	0.975	0.977	0.977
	TBT	本书	0.971	0.977	0.977
		Sina 等人[19]	0.969	0.976	0.977
		Şimşek[21]	0.970	0.976	0.977
	PSDBT	本书	0.970	0.976	0.977
		Şimşek[21]	0.970	0.976	0.977
	ESDBT	本书	0.970	0.977	0.977
	HSDBT	本书	0.970	0.976	0.977
	TSDBT	本书	0.972	0.977	0.977
	ASDBT	本书	0.970	0.976	0.977
		Şimşek[21]	0.970	0.976	0.977
C－C	CBT	本书	6.188	6.216	6.220
	TBT	本书	5.881	6.179	6.216
		Sina 等人[19]	5.811	6.167	6.212

边界条件	SDBT	数据来源	L/h		
			10	30	100
C－C	TBT	Şimşek[21]	5.875	6.177	6.214
	PSDBT	本书	5.874	6.178	6.215
		Şimşek[21]	5.881	6.177	6.214
	ESDBT	本书	5.873	6.177	6.215
	HSDBT	本书	5.871	6.177	6.215
	TSDBT	本书	5.993	6.193	6.215
	ASDBT	本书	5.874	6.178	6.216
		Şimşek[21]	5.884	6.177	6.214

（本表数据源自于：International Journal of Mechanical Sciences，Vol 82，Pradhan，K. K.，Chakraverty，S.，Effects of different shear deformation theories on free vibration of functionally graded beams，第149－160页。经Elsevier许可使用。）

表4.18　S－S边界下不同细长比(L/h)的功能梯度梁的无量纲基本频率对比
（与 Aydogdu 和 Taskin[31] 的结果比较）

L/h	采用的理论	数据来源	k = 0	k = 0.1	k = 1	k = 2	k = 10
5	CBT	本书	6.847	6.512	5.176	4.752	3.959
		Aydogdu 和 Taskin[31]	6.847	6.499	4.821	4.251	3.737
	TBT	本书	6.569	6.254	4.974	4.549	3.756
		Aydogdu 和 Taskin[31]	6.563	6.237	4.652	4.101	3.563
	PSDBT	本书	6.526	6.215	4.942	4.506	3.685
		Aydogdu 和 Taskin[31]	6.574	6.248	4.659	4.103	3.548
	ESDBT	本书	6.531	6.220	4.945	4.509	3.688
		Aydogdu 和 Taskin[31]	6.584	6.258	4.665	4.109	3.553
20	CBT	本书	6.951	6.612	5.256	4.826	4.021
		Aydogdu 和 Taskin[31]	6.951	6.599	4.907	4.334	3.804

L/h	采用的理论	数据来源	k = 0	k = 0.1	k = 1	k = 2	k = 10
20	TBT	本书	6.932	6.593	5.242	4.811	4.006
		Aydogdu 和 Taskin[31]	6.931	6.580	4.895	4.323	3.791
	PSDBT	本书	6.928	6.589	5.239	4.807	3.999
		Aydogdu 和 Taskin[31]	6.932	6.581	4.895	4.323	3.790
	ESDBT	本书	6.928	6.589	5.239	4.808	3.999
		Aydogdu 和 Taskin[31]	6.933	6.582	4.896	4.323	3.790

（本表数据源自于：International Journal of Mechanical Sciences，Vol 82，Pradhan，K. K.，Chakraverty，S.，Effects of different shear deformation theories on free vibration of functionally graded beams，第 149 – 160 页。经 Elsevier 许可使用。）

表 4.19　各种边界条件和不同的幂指数 k 值条件下功能梯度梁的
无量纲基本频率值的比较

L/h	采用的理论	边界条件	数据来源	k = 0	k = 0.2	k = 0.5	k = 1	k = 2	k = 5	k = 10
5	CBT	C – C	本书	12.1826	11.3410	10.3875	9.3993	8.5772	8.1515	7.9041
			Şimşek[21]	12.1826	11.3398	10.3718	9.36422	8.52772	8.10955	7.87968
		C – F	本书	1.9385	1.8042	1.6524	1.4954	1.3655	1.2989	1.2593
			Şimşek[21]	1.93845	1.8042	1.65057	1.49135	1.35985	1.29416	1.25648
		S – S	本书	5.3953	5.0538	4.7314	4.4488	4.2177	3.9617	3.6977
			Şimşek[21]	5.39533	5.02194	4.59360	4.14835	3.77930	3.59487	3.49208
			Thai 和 Vo[22]	5.3953	—	4.5936	4.1484	3.7793	3.5949	3.4921
	TBT	C – C	本书	10.0456	9.4267	8.7121	7.9401	7.2281	6.6826	6.3525
			Şimşek[21]	10.0344	9.41764	8.70047	7.92529	7.21134	6.66764	6.34062
			Vo 等人[24]	9.99836	9.38337	—	7.90153	7.19013	6.64465	6.31609
		C – F	本书	1.9021	1.7717	1.6233	1.4688	1.3396	1.2706	1.2301
			Şimşek[21]	1.89479	1.76554	1.61737	1.46300	1.33376	1.26445	1.22398
		C – F	Vo 等人[24]	1.89442	1.76477	—	1.46279	1.33357	1.26423	1.22372

L/h	采用的理论	边界条件	数据来源	$k=0$	$k=0.2$	$k=0.5$	$k=1$	$k=2$	$k=5$	$k=10$
5	TBT	S-S	本书	5.1546	4.8364	4.5313	4.2566	4.0198	3.7464	3.4886
			Şimşek[21]	5.15247	4.80657	4.40830	3.99023	3.63438	3.43119	3.31343
			Thai 和 Vo[22]	5.1527	—	4.4107	3.9904	3.6264	3.4012	3.2816
			Vo 等人[24]	5.15260	4.80328	—	3.97108	3.60495	3.40253	3.29625
20	CBT	C-C	本书	12.4142	11.5549	10.5871	9.5907	8.7684	8.3425	8.0797
			Şimşek[21]	12.4142	11.5537	10.5713	9.55538	8.71856	8.30064	8.05560
		C-F	本书	1.9525	1.8171	1.6644	1.5070	1.3771	1.3105	1.2699
			Şimşek[21]	1.95248	1.81714	1.66265	1.50293	1.37142	1.30574	1.26713
		S-S	本书	5.4777	5.1299	4.8024	4.5161	4.2832	4.0252	3.7568
			Şimşek[21]	5.47773	5.09804	4.66458	4.21634	3.84719	3.66283	3.55465
			Thai 和 Vo[22]	5.4777	—	4.6641	4.2163	3.8472	3.6628	3.5547
	TBT	C-C	本书	12.2252	11.3850	10.4320	9.4435	8.6203	8.1838	7.9215
			Şimşek[21]	12.2235	11.3850	10.4263	9.43135	8.60401	8.16985	7.91275
			Vo 等人[24]	12.2202	11.3795	—	9.43114	8.60467	8.16977	7.91154
		C-F	本书	1.9501	1.8147	1.6612	1.5025	1.3715	1.3054	1.2661
			Şimşek[21]	1.94957	1.81456	1.66044	1.50104	1.36968	1.30375	1.26495
			Vo 等人[24]	1.94955	1.81408	—	1.50106	1.36970	1.30376	1.26495
		S-S	本书	5.4605	5.1144	4.7881	4.5023	4.2690	4.0095	3.7415
			Şimşek[21]	5.46032	5.08265	4.65137	4.20505	3.83676	3.65088	3.54156
			Thai 和 Vo[22]	5.4603	—	4.6516	4.2050	3.8361	3.6485	3.5390
			Vo 等人[24]	5.46033	5.08120	—	4.20387	3.83491	3.64903	3.54045

（本表数据源自于：International Journal of Mechanical Sciences,Vol 82,Pradhan,K. K. ,Chakraverty,S. ,Effects of different shear deformation theories on free vibration of functionally graded beams,第 149 – 160 页。经 Elsevier 许可使用。）

表 4.20 各种边界条件下功能梯度梁高阶模态对应的无量纲固有频率值的比较(基于 TBT 得到)

边界条件	L/h	模态阶次	数据来源	k=0	k=0.2	k=0.5	k=1	k=2	k=5	k=10
S–S	5	2	本书	17.8908	16.7317	15.3306	13.7778	12.3619	11.4822	11.1126
			Thai 和 Vo[22]	17.8812	—	15.4588	14.0100	12.6405	11.5431	11.0240
			Nguyen 等人[82]	18.5019	17.3654	16.0161	14.5160	13.0562	11.8698	11.3436
			本书(4 阶模态)	34.2103	32.1672	29.7504	27.0657	24.4881	22.4290	21.3110
		3	本书	30.2314	28.8311	27.0804	24.9042	22.3517	19.5600	18.0553
			Thai 和 Vo[22]	34.2097	—	29.8382	27.0979	24.3152	21.7158	20.5561
			Nguyen 等人[82]	35.0951	33.11059	30.6771	27.8565	24.8641	22.0568	20.9045
	20	2	本书	21.5755	20.0852	18.3849	16.6146	15.1402	14.3804	13.9476
			Thai 和 Vo[22]	21.5732	—	18.3962	16.6344	15.1619	14.3746	13.9263
			Nguyen 等人[82]	22.5873	21.0309	19.2616	17.4189	15.8723	15.0404	14.5721
		3	本书	47.6037	44.3818	40.7639	37.0394	33.9159	32.0700	30.8925
			Thai 和 Vo[22]	47.5930	—	40.6526	36.7679	33.4689	31.5780	30.5369
			Nguyen 等人[82]	49.7603	46.3777	42.5121	38.4544	34.9818	32.9705	31.8869
C–C	5	2	本书	23.1004	21.7700	20.2077	18.4654	16.7457	15.2301	14.3617
			Vo 等人[24]	23.87540	22.48400	—	19.04940	17.29240	15.78680	14.90350

边界条件	L/h	模态阶次	数据来源	$k=0$	$k=0.2$	$k=0.5$	$k=1$	$k=2$	$k=5$	$k=10$
C－C	5	3	本书	30.3513	28.9837	27.3569	25.3859	22.9576	19.9122	18.2304
			Vo 等人[24]	30.23910	28.88370	—	25.37460	23.01120	19.96340	18.23210
		4	本书	38.6867	36.5446	34.0075	31.1243	28.1712	25.4176	23.8724
			Vo 等人[24]	38.1841	36.0793	—	30.7500	27.8331	25.0901	23.5501
	20	2	本书	33.0067	30.7650	28.2156	25.5579	23.3181	22.0692	21.3200
			Vo 等人[24]	33.1335	30.8452	—	25.6223	23.3691	22.1345	21.4015
		3	本书	63.0338	58.8118	53.9936	48.9397	44.6208	42.0801	40.5636
			Vo 等人[24]	62.9124	58.7017	—	48.8401	44.5197	41.9748	40.4612
		4	本书	100.9961	94.3357	86.7036	78.6406	71.6395	67.2872	64.7111
			Vo 等人[24]	101.2440	94.6356	—	78.8259	71.5625	66.5576	63.9421

（本表数据源于:International Journal of Mechanical Sciences, Vol 82, Pradhan, K. K. , Chakraverty, S. , Effects of different shear deformation theories on free vibration of functionally graded beams, 第149 – 160 页。经Elsevier 许可使用。）

在表 4.21 ~ 表 4.23 中,我们还针对具有不同的 L/h 和 k 的功能梯度梁,给出了各种剪切变形理论(即 PSDBT、ESDBT、TSDBT、ASDBT、PESDBT、ISDBT、ICDBT、ITDBT)下得到的无量纲基本频率,并将其与相关文献中的结果做了对比验证。表 4.21 针对的是 C－C 边界情况,而表 4.22 和表 4.23 则分别针对的是 C－F(悬臂梁)和 S－S 边界情况。可以再次发现,在各种剪切变形梁理论中,此处得到的计算结果与文献结果也是相当吻合的。

4.1.3　结果与讨论

前面已经给出了无量纲基本频率和高阶频率的验证结果,可以看出相关计算方法的合理性。下面我们将针对所有剪切变形梁理论,详细列出不同边界条件情况下得到的功能梯度梁的前五阶无量纲频率值。表 4.24 ~ 表 4.29 中考虑了三组边界条件(C－C,S－S,C－F)下具有不同细长比($L/h=5,20$)的功能梯度梁,给出了计算结果(幂指数分别为 $k=0,0.1,1,2,10$),采用的是前面给出的剪切变形梁理论(参见式(2.4))。这些计算中所设定的组分材料特性可参见表 4.1。

表 4.21　C-C 边界条件下基于不同的 SDBT 得到的功能梯度梁
(L/h=5 和 20 两种情形)的无量纲基本频率值对比

L/h	采用的理论	数据来源	$k=0$	$k=0.2$	$k=0.5$	$k=1$	$k=2$	$k=5$	$k=10$
5	PSDBT	本书	10.0858	9.4789	8.7614	7.9680	7.1963	6.5120	6.1809
		Şimşek[21]	10.0705	9.46641	8.74674	7.95034	7.17674	6.49349	6.16515
	ESDBT	本书	10.1099	9.5001	8.7802	7.9848	7.2082	6.5105	6.1918
		Şimşek[21]	10.0944	9.48737	8.76530	7.96695	7.18839	6.49186	6.17594
	TSDBT	本书	10.1099	9.5001	8.7802	7.9848	7.2082	6.5105	6.1918
		Şimşek[21]	10.0797	9.47451	8.75394	7.95676	7.18062	6.49028	6.16794
	ASDBT	本书	10.1099	9.5001	8.7802	7.9848	7.2082	6.5105	6.1918
		Şimşek[21]	10.0944	9.48737	8.76530	7.96695	7.18839	6.49186	6.17594
	PESDBT	$n=1$	10.0858	9.4789	8.7614	7.9680	7.1963	6.5120	6.1809
		$n=5$	10.1767	9.5581	8.8294	8.0314	7.2837	6.6822	6.3258
		$n=10$	10.2373	9.6093	8.8136	8.0735	7.3335	6.7596	6.4115
	ISDBT	本书	9.7797	9.2030	8.5177	7.7534	6.9967	6.3003	5.9591
	ICDBT	本书	9.7796	9.2031	8.5178	7.7534	6.9967	6.3003	5.9591
	ITDBT	本书	9.7966	9.2179	8.5311	7.7653	7.0030	6.2911	5.9620
20	PSDBT	本书	12.2256	11.3873	10.4344	9.4438	8.6138	8.1587	7.8947
		Şimşek[21]	12.2238	11.3873	10.4287	9.43158	8.59751	8.14460	7.88576
	ESDBT	本书	12.2269	11.3884	10.4354	9.4446	8.6141	8.1569	7.8945
		Şimşek[21]	12.2251	11.3884	10.4297	9.43242	8.59775	8.14280	7.88558
	TSDBT	本书	12.2269	11.3884	10.4354	9.4446	8.6141	8.1569	7.8945
		Şimşek[21]	12.2242	11.3876	10.4290	9.43182	8.59739	8.14346	7.88534
	ASDBT	本书	12.2269	11.3884	10.4354	9.4446	8.6141	8.1569	7.8945
		Şimşek[21]	12.2251	11.3884	10.4297	9.43242	8.59775	8.14280	7.88558
	PESDBT	$n=1$	12.2256	11.3873	10.4344	9.4438	8.6138	8.1587	7.8947
		$n=5$	12.2396	11.3991	10.4443	9.4529	8.6260	8.1834	7.9178
		$n=10$	12.2464	11.4047	10.4491	9.4574	8.6314	8.1925	7.9285
	ISDBT	本书	12.1891	11.3554	10.4069	9.4199	8.5909	8.1306	7.8634
	ICDBT	本书	12.1891	11.3554	10.4069	9.4199	8.5909	8.1306	7.8634
	ITDBT	本书	12.1894	11.3556	10.4072	9.4201	8.5903	8.1274	7.8618

（本表数据源自于：Applied Mathematics and Computation，Vol 268，Pradhan，K. K. ，Chakraverty，S. ，Generalized power – law exponent based shear deformation theory for free vibration of functionally graded beams，第 1240 – 1258 页。经 Elsevier 许可使用。）

表 4.22 基于不同 SDBT 得到的功能梯度悬臂梁($L/h=5$ 和 20 两种情形)的无量纲基本频率值对比

L/h	采用的理论	数据来源	$k=0$	$k=0.2$	$k=0.5$	$k=1$	$k=2$	$k=5$	$k=10$
5	PSDBT	本书	1.8955	1.7663	1.6187	1.4645	1.3341	1.2605	1.2192
		Şimşek[21]	1.89523	1.76637	1.61817	1.46328	1.33254	1.25916	1.21834
	ESDBT	本书	1.8959	1.7666	1.6190	1.4647	1.3342	1.2602	1.2193
		Şimşek[21]	1.89565	1.76673	1.61848	1.46357	1.33268	1.25889	1.21843
	TSDBT	本书	1.8956	1.7664	1.6188	1.4646	1.3341	1.2603	1.2192
		Şimşek[21]	1.89536	1.76649	1.61827	1.46339	1.33256	1.25896	1.21831
	ASDBT	本书	1.8955	1.7663	1.6187	1.4645	1.3341	1.2605	1.2192
		Şimşek[21]	1.89565	1.76673	1.61848	1.46357	1.33268	1.25889	1.21843
	PESDBT	$n=1$	1.8955	1.7663	1.6187	1.4645	1.3341	1.2605	1.2192
		$n=5$	1.8983	1.7687	1.6207	1.4664	1.3366	1.2658	1.2241
		$n=10$	1.8999	1.7700	1.6218	1.4674	1.3378	1.2678	1.2265
	ISDBT	本书	1.8872	1.7590	1.6125	1.4591	1.3289	1.2543	1.2123
	ICDBT	本书	1.8875	1.7593	1.6130	1.4598	1.3299	1.2551	1.2128
	ITDBT	本书	1.8874	1.7592	1.6126	1.4592	1.3289	1.2537	1.2121
20	PSDBT	本书	1.9496	1.8143	1.6609	1.5021	1.3711	1.3046	1.2653
		Şimşek[21]	1.94954	1.81458	1.66049	1.50106	1.36957	1.30332	1.26453
	ESDBT	本书	1.9496	1.8143	1.6609	1.5022	1.3711	1.3046	1.2653
		Şimşek[21]	1.94960	1.81464	1.66049	1.50106	1.36957	1.30332	1.26453
	TSDBT	本书	1.9496	1.8143	1.6609	1.5022	1.3711	1.3046	1.2653
		Şimşek[21]	1.94960	1.81458	1.66049	1.50106	1.36957	1.30332	1.26453
	ASDBT	本书	1.9496	1.8143	1.6609	1.5022	1.3711	1.3046	1.2653
		Şimşek[21]	1.94960	1.81464	1.66049	1.50106	1.36957	1.30332	1.26453
	PESDBT	$n=1$	1.9496	1.8143	1.6609	1.5021	1.3711	1.3046	1.2653
		$n=5$	1.9498	1.8145	1.6610	1.5023	1.3713	1.3050	1.2656
		$n=10$	1.9499	1.8146	1.6611	1.5024	1.3714	1.3052	1.2658
	ISDBT	本书	1.9490	1.8138	1.6604	1.5018	1.3707	1.3042	1.2648
	ICDBT	本书	1.9490	1.8138	1.6606	1.5022	1.3713	1.3047	1.2651
	ITDBT	本书	1.9490	1.8138	1.6604	1.5018	1.3707	1.3041	1.2647

（本表数据源自于：Applied Mathematics and Computation, Vol 268, Pradhan, K. K., Chakraverty, S., Generalized power-law exponent based shear deformation theory for free vibration of functionally graded beams, 第 1240–1258 页。经 Elsevier 许可使用。）

表 4.23　S–S 边界条件下基于不同 SDBT 得到的
功能梯度梁($L/h=5$ 和 20 两种情形)的无量纲基本频率值对比

L/h	采用的理论	数据来源	$k=0$	$k=0.2$	$k=0.5$	$k=1$	$k=2$	$k=5$	$k=10$
5	PSDBT	本书	5.1629	4.8459	4.5405	4.2632	4.0165	3.7178	3.4617
		Şimşek[21]	5.15274	4.80924	4.41108	3.99042	3.62643	3.40120	3.28160
	ESDBT	本书	5.1665	4.8492	4.5435	4.2661	4.0189	3.7179	3.4640
		Şimşek[21]	5.15422	4.81053	4.41222	3.99139	3.62671	3.39905	3.28134
		Thai 和 Vo[22]	5.1542	—	4.4118	3.9914	3.6267	3.3991	3.2814
	TSDBT	本书	5.1643	4.8472	4.5417	4.2643	4.0174	3.7174	3.4624
		Şimşek[21]	5.15422	4.81053	4.41222	3.99139	3.62671	3.39905	3.28134
		Thai 和 Vo[22]	5.1531	—	4.4110	3.9907	3.6263	3.3998	3.2811
	ASDBT	本书	5.1665	4.8492	4.5435	4.2661	4.0189	3.7179	3.4640
		Şimşek[21]	5.15422	4.81053	4.41222	3.99139	3.62671	3.39905	3.28134
	PESDBT	$n=1$	5.1629	4.8459	4.5405	4.2632	4.0165	3.7178	3.4617
		$n=5$	5.1729	4.8546	4.5483	4.2712	4.0299	3.7469	3.4846
		$n=10$	5.1807	4.8612	4.5542	4.2775	4.0383	3.7603	3.4986
	ISDBT	本书	5.1199	4.8073	4.5050	4.2288	3.9802	3.6766	3.4209
	ICDBT	本书	5.1199	4.8074	4.5050	4.2288	3.9802	3.6766	3.4209
	ITDBT	本书	5.1228	4.8099	4.5074	4.2311	3.9817	3.6752	3.4219
20	PSDBT	本书	5.4606	5.1147	4.7884	4.5024	4.2682·	4.0064	3.7386
		Şimşek[21]	5.46030	5.08286	4.65159	4.20503	3.83611	3.64850	3.53896
	ESDBT	本书	5.4607	5.1148	4.7885	4.5025	4.2682	4.0062	3.7386
		Şimşek[21]	5.46042	5.08292	4.65165	4.20515	3.83617	3.64832	3.53896
		Thai 和 Vo[22]	5.4604	—	4.6512	4.2051	3.8361	3.6483	3.5390
	TSDBT	本书	5.4606	5.1147	4.7884	4.5024	4.2682	4.0063	3.7386
		Şimşek[21]	5.46036	5.08286	4.65159	4.20509	3.83611	3.64838	3.53896
		Thai 和 Vo[22]	5.4603	—	4.6511	4.2051	3.8361	3.6484	3.5389

L/h	采用的理论	数据来源	$k=0$	$k=0.2$	$k=0.5$	$k=1$	$k=2$	$k=5$	$k=10$
20	ASDBT	本书	5.4607	5.1148	4.7885	4.5025	4.2682	4.0062	3.7386
		Şimşek[21]	5.46042	5.08292	4.65165	4.20515	3.83617	3.64832	3.53896
	PESDBT	$n=1$	5.4606	5.1147	4.7884	4.5024	4.2682	4.0064	3.7386
		$n=5$	5.4618	5.1157	4.7893	4.5034	4.2697	4.0094	3.7411
		$n=10$	5.4624	5.1163	4.7898	4.5039	4.2704	4.0105	3.7423
	ISDBT	本书	5.4572	5.1116	4.7856	4.4997	4.2652	4.0029	3.7351
	ICDBT	本书	5.4572	5.1116	4.7856	4.4997	4.2652	4.0029	3.7351
	ITDBT	本书	5.4572	5.1116	4.7856	4.4997	4.2652	4.0026	3.7350

（本表数据源自于：Applied Mathematics and Computation，Vol 268，Pradhan，K. K. ，Chakraverty，S. ，Generalized power – law exponent based shear deformation theory for free vibration of functionally graded beams，第 1240 – 1258 页。经 Elsevier 许可使用。）

表 4.24　C－C 边界条件下功能梯度梁($L/h=5$，不同的幂指数 k)的前五阶无量纲频率

采用的理论	k	λ_1	λ_2	λ_3	λ_4	λ_5
CBT	0	12.7709	31.8774	33.4380	61.0565	63.7983
	0.1	12.3056	31.1160	32.2394	58.8549	62.3138
	1	9.8372	25.4355	26.9706	46.3706	53.8664
	2	8.9681	22.9435	24.5910	41.6450	49.0744
	10	8.2747	19.1082	21.5967	37.3798	39.9629
TBT	0	10.3768	23.7563	31.8427	39.5711	56.6681
	0.1	10.0436	23.0453	31.0890	38.4343	55.0875
	1	8.2185	19.0273	26.6176	31.9040	45.9129
	2	7.4822	17.2580	24.0597	28.8844	41.5295
	10	6.5540	14.7564	19.1090	24.3983	34.7827
PSDBT	0	10.4297	24.0206	31.8774	40.2276	57.8710
	0.1	10.1054	23.3343	31.1231	39.1304	56.3429
	1	8.2579	19.2216	26.6442	32.3998	46.8435
	2	7.4561	17.2292	24.0602	28.9501	41.7997
	10	6.3743	14.2726	19.1060	23.6151	33.7190
ESDBT	0	10.4555	24.1328	31.8774	40.5039	58.3709
	0.1	10.1294	23.4389	31.1231	39.3894	56.8116

采用的理论	k	λ_1	λ_2	λ_3	λ_4	λ_5
ESDBT	1	8.2760	19.3027	26.6454	32.6058	47.2228
	2	7.4687	17.2925	24.0592	29.1224	42.1307
	10	6.3860	14.3321	19.1083	23.7740	34.0206
HSDBT	0	10.4291	24.0175	31.8774	40.2191	57.8553
	0.1	10.1048	23.3312	31.1231	39.1219	56.3270
	1	8.2575	19.2193	26.6442	32.3935	46.8314
	2	7.4559	17.2278	24.0603	28.9453	41.7898
	10	6.3743	14.2716	19.1060	23.6112	33.7109
TSDBT	0	10.4242	23.9551	31.8168	40.1759	57.6631
	0.1	10.0997	23.2695	31.0641	39.0759	56.1312
	1	8.2489	19.1684	26.5987	32.3545	46.6708
	2	7.4435	17.1739	24.0199	28.9018	41.6412
	10	6.3640	14.2215	19.0726	23.5775	33.6025
ASDBT	0	10.4555	24.1328	31.8774	40.5039	58.3709
	0.1	10.1294	23.4389	31.1231	39.3894	56.8116
	1	8.2760	19.3027	26.6454	32.6058	47.2228
	2	7.4687	17.2925	24.0592	29.1224	42.1307
	10	6.3860	14.3321	19.1083	23.7740	34.0206

（本表数据源自于：International Journal of Mechanical Sciences，Vol 82，Pradhan，K. K.，Chakraverty，S.，Effects of different shear deformation theories on free vibration of functionally graded beams，第149–160页。经Elsevier许可使用。）

表4.25　C－C边界条件下功能梯度梁($L/h=20$，不同的幂指数k)的前五阶无量纲频率

采用的理论	k	λ_1	λ_2	λ_3	λ_4	λ_5
CBT	0	13.0137	35.7476	69.7005	114.3730	127.5097
	0.1	12.5379	34.4413	67.1564	110.2026	124.4998
	1	10.0377	27.5608	53.7258	88.0841	106.9229
	2	9.1683	25.1637	49.0277	80.3100	96.9243
	10	8.4590	23.2184	45.2357	74.0505	76.8919
TBT	0	12.7979	34.5081	65.7881	105.2642	127.3707
	0.1	12.3352	33.2767	63.4770	101.6280	124.3629

采用的理论	k	λ_1	λ_2	λ_3	λ_4	λ_5
TBT	1	9.8926	26.7404	51.1299	82.0581	106.7716
	2	9.0322	24.4011	46.6244	74.7656	96.7596
	10	8.2939	22.2877	42.3223	67.4185	76.7162
PSDBT	0	12.7999	34.5229	65.8427	105.4007	127.5097
	0.1	12.3387	33.2992	63.5541	101.8130	124.4983
	1	9.8979	26.7600	51.1847	82.1766	106.8755
	2	9.0312	24.3816	46.5538	74.6002	96.8418
	10	8.2673	22.1381	41.8737	66.4469	76.7877
ESDBT	0	12.8013	34.5310	65.8688	105.4615	127.5097
	0.1	12.3400	33.3067	63.5781	101.8690	124.4983
	1	9.8988	26.7653	51.2021	82.2174	106.8758
	2	9.0314	24.3832	46.5601	74.6163	96.8416
	10	8.2671	22.1372	41.8728	66.4481	76.7882
HSDBT	0	12.7999	34.5229	65.8426	105.4003	127.5097
	0.1	12.3387	33.2992	63.5539	101.8126	124.4983
	1	9.8979	26.7600	51.1846	82.1763	106.8755
	2	9.0312	24.3817	46.5543	74.6012	96.8418
	10	8.2674	22.1385	41.8749	66.4493	76.7877
TSDBT	0	12.7973	34.4991	65.7713	105.1902	127.2672
	0.1	12.3360	33.2763	63.4855	101.6139	124.2622
	1	9.8876	26.7252	51.0991	81.9801	106.6921
	2	9.0175	24.3373	46.4513	74.3729	96.6858
	10	8.2586	22.0995	41.7792	66.2071	76.6510
ASDBT	0	12.8013	34.5310	65.8688	105.4615	127.5097
	0.1	12.3400	33.3067	63.5781	101.8690	124.4983
	1	9.8988	26.7653	51.2021	82.2174	106.8758
	2	9.0314	24.3832	46.5601	74.6163	96.8416
	10	8.2671	22.1372	41.8728	66.4481	76.7882

（本表数据源于：International Journal of Mechanical Sciences，Vol 82，Pradhan，K. K.，Chakraverty，S.，Effects of different shear deformation theories on free vibration of functionally graded beams，第149 – 160页。经 Elsevier 许可使用。）

表 4.26 S-S 边界条件下功能梯度梁($L/h=5$,不同的幂指数 k)的前五阶无量纲频率

采用的理论	k	λ_1	λ_2	λ_3	λ_4	λ_5
CBT	0	5.6558	21.6143	31.6911	45.4414	63.3822
	0.1	5.4593	20.8103	30.9565	43.7893	61.9051
	1	4.6636	16.0568	26.7827	34.2260	53.2876
	2	4.4213	14.2766	24.4096	30.6253	48.3421
	10	3.8763	13.2913	19.6543	28.1193	39.1900
TBT	0	5.3817	18.5438	31.6911	35.2056	53.1934
	0.1	5.2002	17.9252	30.9247	34.1177	51.6402
	1	4.4446	14.3143	25.9506	27.9299	42.8712
	2	4.1959	12.8504	23.2057	25.2823	38.9005
	10	3.6384	11.5197	18.7881	21.9168	32.9732
PSDBT	0	5.3060	18.4831	31.0642	35.4865	54.0823
	0.1	5.1273	17.8706	30.3157	34.3947	52.5302
	1	4.3813	14.2174	25.5089	28.0437	43.4188
	2	4.1278	12.6923	22.8017	25.1730	39.0039
	10	3.5577	11.2350	18.3975	21.3698	32.1831
ESDBT	0	5.3949	18.6795	31.6911	35.6820	54.2074
	0.1	5.2142	18.0668	30.9259	34.6085	52.6748
	1	4.4552	14.3970	25.9777	28.2637	43.6356
	2	4.1948	12.8510	23.1896	25.3619	39.1906
	10	3.6104	11.3330	18.7257	21.4274	32.1755
HSDBT	0	5.3908	18.6339	31.6911	35.5312	53.8668
	0.1	5.2104	18.0247	30.9255	34.4686	52.3575
	1	4.4519	14.3692	25.9679	28.1592	43.3837
	2	4.1921	12.8307	23.1794	25.2751	38.9665
	10	3.6078	11.3103	18.7187	21.3390	31.9603
TSDBT	0	5.3920	18.6507	31.6911	35.5825	54.0031
	0.1	5.2115	18.0400	30.9257	34.5152	52.4833
	1	4.4529	14.3795	25.9715	28.1948	43.4848
	2	4.1927	12.8376	23.1824	25.3039	39.0557
	10	3.6084	11.3174	18.7209	21.3674	32.0435

采用的理论	k	λ_1	λ_2	λ_3	λ_4	λ_5
ASDBT	0	5.3949	18.6795	31.6911	35.6820	54.2074
	0.1	5.2142	18.0668	30.9259	34.6085	52.6748
	1	4.4552	14.3970	25.9777	28.2637	43.6356
	2	4.1948	12.8510	23.1896	25.3619	39.1906
	10	3.6104	11.3330	18.7257	21.4274	32.1755

（本表数据源自于：International Journal of Mechanical Sciences，Vol 82，Pradhan，K. K.，Chakraverty，S.，Effects of different shear deformation theories on free vibration of functionally graded beams，第 149 – 160 页。经 Elsevier 许可使用。）

表 4.27　S – S 边界条件下功能梯度梁（$L/h = 20$，不同的幂指数 k）的前五阶无量纲频率

采用的理论	k	λ_1	λ_2	λ_3	λ_4	λ_5
CBT	0	5.7422	22.8985	51.2610	90.4935	126.7643
	0.1	5.5420	22.0597	49.3956	87.1663	123.7531
	1	4.7341	17.5982	39.7292	68.9932	105.2888
	2	4.4900	16.0377	36.3937	62.4870	94.9183
	10	3.9382	14.8299	33.4081	57.8516	76.3703
TBT	0	5.7225	22.5921	49.7814	86.1098	126.7643
	0.1	5.5234	21.7722	48.0054	83.0516	123.7364
	1	4.7184	17.4005	38.7474	66.2688	101.2400
	2	4.4737	15.8563	35.4787	60.0715	92.1499
	10	3.9207	14.6025	32.2938	54.8651	75.8946
PSDBT	0	5.7227	22.5947	49.7970	86.1498	126.7643
	0.1	5.5237	21.7768	48.0299	83.1175	123.7367
	1	4.7186	17.4023	38.7579	66.2939	101.2959
	2	4.4729	15.8473	35.4368	59.9594	91.8916
	10	3.9175	14.5613	32.1025	54.3573	75.8240
ESDBT	0	5.7228	22.5969	49.8072	86.1805	126.7643
	0.1	5.5238	21.7787	48.0392	83.1456	123.7368
	1	4.7187	17.4037	38.7647	66.3132	101.3427
	2	4.4729	15.8477	35.4393	59.9666	91.9121
	10	3.9175	14.5611	32.1019	54.3574	75.8245

采用的理论	k	λ_1	λ_2	λ_3	λ_4	λ_5
HSDBT	0	5.7227	22.5947	49.7970	86.1496	126.7643
	0.1	5.5237	21.7768	48.0298	83.1173	123.7367
	1	4.7186	17.4023	38.7579	66.2938	101.2955
	2	4.4729	15.8473	35.4370	59.9598	91.8925
	10	3.9175	14.5614	32.1029	54.3585	75.8242
TSDBT	0	5.7225	22.5922	49.7846	86.1171	126.7643
	0.1	5.5235	21.7744	48.0181	83.0864	123.7366
	1	4.7184	17.4007	38.7495	66.2739	101.2624
	2	4.4727	15.8453	35.4265	59.9362	91.8476
	10	3.9172	14.5582	32.0867	54.3220	75.8189
ASDBT	0	5.7228	22.5969	49.8072	86.1805	126.7643
	0.1	5.5238	21.7787	48.0392	83.1456	123.7368
	1	4.7187	17.4037	38.7647	66.3132	101.3427
	2	4.4729	15.8477	35.4393	59.9666	91.9121
	10	3.9175	14.5611	32.1019	54.3574	75.8245

（本表数据源自于：International Journal of Mechanical Sciences，Vol 82，Pradhan，K. K. ，Chakraverty，S. ，Effects of different shear deformation theories on free vibration of functionally graded beams，第149－160页。经Elsevier许可使用。）

表4.28 C－F边界条件下功能梯度梁($L/h=5$，不同的幂指数 k)的前五阶无量纲频率

采用的理论	k	λ_1	λ_2	λ_3	λ_4	λ_5
CBT	0	2.0321	12.1896	15.9398	32.0486	47.8188
	0.1	1.9578	11.7470	15.5652	30.8969	46.6963
	1	1.5664	9.3464	13.4228	24.4870	40.3255
	2	1.4297	8.4787	12.2129	22.1053	36.7305
	10	1.3192	7.8076	9.6956	20.3742	29.1266
TBT	0	1.9827	10.6377	15.9077	25.2861	41.9246
	0.1	1.9115	10.2834	15.5329	24.4931	40.6758
	1	1.5332	8.3236	13.3652	20.0055	33.4633
	2	1.3986	7.5521	12.1359	18.1154	30.2444
	10	1.2817	6.7227	9.6211	15.8025	25.9437

采用的理论	k	λ_1	λ_2	λ_3	λ_4	λ_5
PSDBT	0	1.9486	10.5856	15.6245	25.4327	42.5695
	0.1	1.8788	10.2376	15.2564	24.6530	41.3403
	1	1.5071	8.2692	13.1282	20.0671	33.8649
	2	1.3738	7.4642	11.9190	18.0228	30.2913
	10	1.2547	6.5546	9.4480	15.4059	25.3167
ESDBT	0	1.9838	10.6886	15.9268	25.5342	42.5491
	0.1	1.9131	10.3501	15.5642	24.8010	41.4340
	1	1.5350	8.3688	13.3909	20.2180	34.0074
	2	1.3989	7.5484	12.1549	18.1439	30.3994
	10	1.2764	6.6047	9.6353	15.4431	25.2875
HSDBT	0	1.9836	10.6852	15.9398	25.5118	42.4810
	0.1	1.9127	10.3367	15.5642	24.7379	41.2697
	1	1.5348	8.3590	13.3906	20.1702	33.8804
	2	1.3988	7.5424	12.1549	18.1095	30.2991
	10	1.2763	6.5998	9.6349	15.4114	25.1959
TSDBT	0	1.9829	10.6460	15.8816	25.3436	42.1192
	0.1	1.9119	10.2995	15.5075	24.5767	40.9193
	1	1.5325	8.3267	13.3453	20.0423	33.5970
	2	1.3958	7.5084	12.1148	17.9843	30.0304
	10	1.2743	6.5650	9.6006	15.2868	24.9558
ASDBT	0	1.9835	10.6739	15.9077	25.4682	42.4061
	0.1	1.9126	10.3256	15.5329	24.6940	41.1909
	1	1.5337	8.3480	13.3657	20.1335	33.8121
	2	1.3973	7.5277	12.1327	18.0649	30.2204
	10	1.2753	6.5842	9.6162	15.3660	25.1292

（本表数据源自于：International Journal of Mechanical Sciences，Vol 82，Pradhan，K. K.，Chakraverty，S.，Effects of different shear deformation theories on free vibration of functionally graded beams，第149－160页。经 Elsevier 许可使用。）

53

表 4.29 C−F 边界条件下功能梯度梁($L/h = 20$,不同的幂指数 k)的前五阶无量纲频率

采用的理论	k	λ_1	λ_2	λ_3	λ_4	λ_5
CBT	0	2.0468	12.7899	35.6470	63.7593	69.3888
	0.1	1.9719	12.3224	34.3452	62.2520	66.8600
	1	1.5785	9.8618	27.4776	52.9441	53.9887
	2	1.4419	9.0053	25.0796	47.9763	49.2651
	10	1.3304	8.3091	23.1409	38.3908	45.0313
TBT	0	2.0435	12.6516	34.7679	63.6307	66.3961
	0.1	1.5753	9.7654	26.8859	51.3721	53.4646
	1	1.5753	9.7654	26.8859	51.3721	53.4646
	2	1.4384	8.9129	24.5248	46.7401	48.5580
	10	1.3272	8.2010	22.4728	38.3100	42.7970
PSDBT	0	2.0435	12.6546	34.7893	63.7593	66.4727
	0.1	1.9689	12.1964	33.5456	62.2492	64.1410
	1	1.5764	9.7738	26.9179	51.4314	53.5848
	2	1.4397	8.9189	24.5329	46.7072	48.6656
	10	1.3274	8.1880	22.3813	38.3687	42.4996
ESDBT	0	2.0435	12.6554	34.7947	63.7593	66.4912
	0.1	1.9689	12.1972	33.5506	62.2493	64.1579
	1	1.5764	9.7743	26.9214	51.4429	53.5857
	2	1.4397	8.9190	24.5338	46.7105	48.6660
	10	1.3274	8.1878	22.3802	38.3687	42.4972
HSDBT	0	2.0435	12.6546	34.7893	63.7593	66.4727
	0.1	1.9689	12.1964	33.5456	62.2492	64.1409
	1	1.5764	9.7738	26.9179	51.4314	53.5848
	2	1.4397	8.9189	24.5330	46.7076	48.6656
	10	1.3274	8.1880	22.3816	38.3687	42.5006
TSDBT	0	2.0434	12.6496	34.7538	63.5262	66.3470
	0.1	1.9688	12.1914	33.5114	62.0245	64.0194

采用的理论	k	λ_1	λ_2	λ_3	λ_4	λ_5
TSDBT	1	1.5745	9.7589	26.8624	51.3310	53.3706
	2	1.4371	8.8993	24.4639	46.6040	48.4560
	10	1.3261	8.1751	22.3249	38.2562	42.3271
ASDBT	0	2.0435	12.6554	34.7947	63.7593	66.4912
	0.1	1.9689	12.1972	33.5506	62.2493	64.1579
	1	1.5764	9.7743	26.9214	51.4429	53.5857
	2	1.4397	8.9190	24.5338	46.7105	48.6660
	10	1.3274	8.1878	22.3802	38.3687	42.4972

（本表数据源于：International Journal of Mechanical Sciences，Vol 82，Pradhan，K. K. ，Chakraverty，S. ，Effects of different shear deformation theories on free vibration of functionally graded beams，第149－160页。经Elsevier许可使用。）

在这些结果的计算中，Q_{11} 的表达式中带有泊松比 ν 这一参数，且在功能梯度梁的厚度方向上保持为常数。其他组分参数如杨氏模量和质量密度则假定为沿着厚度方向呈现出幂律形式变化。在表4.24和表4.25中，分别针对的是 $L/h = 5$ 和 $L/h = 20$ 这两种情形，揭示了幂指数对 C－C 边界下的前五阶无量纲频率的影响。类似地，表4.26和表4.27针对的是 S－S 边界情况，而表4.28和表4.29针对的是 C－F 边界情况。在 C－C 边界情况中，位移分量所包含的多项式个数 n 设定为17，而在 S－S 和 C－F 边界情况中则分别设定为20和25。

从这些结果中可以清晰地发现，无量纲频率是随着细长比的增加而不断增大的，而随着幂指数的增大则逐渐减小。此外还可以注意到，在 $L/h = 5$ 的情况中，采用 CBT 得到的无量纲频率要比采用其他剪切变形梁理论得到的结果更大一些，而在 $L/h = 20$ 的情况中，式(2.4)对应的各种剪切变形梁理论的结果是相当一致的。通过仔细观察此处列出的这些结果，我们将很容易确定任意细长比、任意幂指数以及任意边界条件等情况下，基于上述剪切变形梁理论的功能梯度梁的无量纲频率情况了。

下面我们不再考虑式(2.5)给出的所有剪切变形梁理论，而考虑 PESDBT 情况，参见表4.30和表4.31，其中针对各种经典边界条件给出了两种细长比情况下($L/h = 5, 20$)的前五阶无量纲频率，幂指数保持不变($k = 1$)。该功能梯度梁的组分材料特性分别设定为：$E_m = 70\text{GPa}$，$\rho_m = 2702\text{kg/m}^3$，$E_c = 380\text{GPa}$，

$\rho_c = 3960 \text{kg/m}^3, \nu_m = \nu_c = 0.3$。在这两个表中,误差 $= \left| \dfrac{\lambda_{\text{CBT}} - \lambda_{n=200}}{\lambda_{\text{CBT}}} \right| \times 100$ 的含义是:$n = 200$ 的条件下,将基于 CBT 和 PESDBT 的结果进行比较后得到的百分比误差。很明显,基于 PESDBT($n = 0$)得到的频率值是类似于欧拉 – 伯努利功能梯度梁①的结果的。通过检查这些数值结果的变化趋势可以看出,当 n 值非常大时,每个模式对应的无量纲频率是存在一些波动的,此外还可发现当 n 值很大时这些频率将逐渐趋近于欧拉 – 伯努利梁的结果。

对于表 4.24 ~ 表 4.29 中针对不同边界条件情况所列出的功能梯度梁的前五个无量纲频率,我们还可以在式(2.4)给出的所有剪切变形梁理论框架内,就每种给定的细长比绘制出幂指数 k 对无量纲频率的影响曲线。为简便起见,这里只针对 C – C 边界条件下、$L/h = 5,20$ 的功能梯度梁,给出幂指数对无量纲基本频率和第五阶频率的影响曲线,分别如图 4.1 和图 4.2 所示。从中不难看出,这些无量纲频率值是随着幂指数的增大而逐渐减小的,而随着细长比的增大则不断增大。对于 $L/h = 5$ 的情况,上述剪切变形梁理论所得到的每种模式处的频率差异是较为显著的,然而对于 $L/h = 20$ 的情况,无论采用何种理论来计算,所得到的结果差异都可以忽略不计。

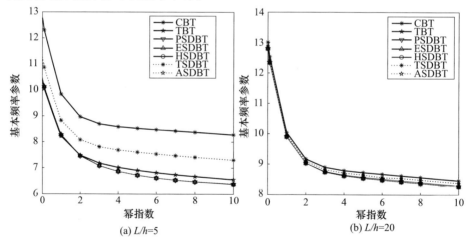

图 4.1 幂指数对功能梯度梁的无量纲基本频率的影响(C – C 边界,基于各种 SDBT 方法)

(数据源自于:International Journal of Mechanical Sciences, Vol 82, Pradhan, K. K., Chakraverty, S., Effects of different shear deformation theories on free vibration of functionally graded beams,第 149 – 160 页。经 Elsevier 许可使用。)

---

① 基于经典梁理论或欧拉 – 伯努利梁理论对功能梯度梁进行分析。

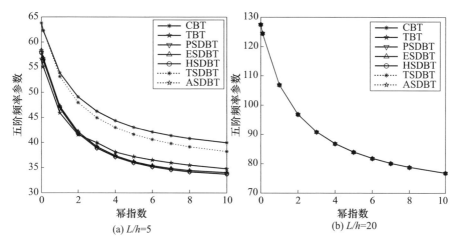

(a) L/h=5 (b) L/h=20

图 4.2 幂指数对功能梯度梁的第五阶无量纲频率的影响
（C－C 边界，基于各种 SDBT 方法）

（数据源自于：International Journal of Mechanical Sciences, Vol 82, Pradhan, K. K., Chakraverty, S., Effects of different shear deformation theories on free vibration of functionally graded beams, 第 149－160 页。经 Elsevier 许可使用。）

表 4.30 幂指数对功能梯度梁（$L/h=5, k=1$）的固有频率的影响

| 边界条件 | 模态阶次 | PESDBT 中采用的幂指数 | | | | | | | | CBT | 误差（%） |
		1	3	5	10	30	50	100	200		
C－C	1	7.9680	7.9968	8.0314	8.0735	8.1126	8.1218	8.1290	8.1327	9.3755	13.2558
	2	18.6207	18.6806	18.7983	18.9487	19.0920	19.1259	19.1525	19.1662	24.2623	21.0042
	3	25.3862	25.3919	25.3962	25.4012	25.4058	25.4068	25.4076	25.4080	25.6670	1.0091
	4	31.5143	31.5724	31.8034	32.1079	32.4022	32.4719	32.5269	32.5553	44.2130	26.3671
	5	45.5201	45.4909	45.8407	46.3218	46.7952	46.9081	46.9971	47.0430	51.2429	8.1961
C－S	1	5.9349	5.9485	5.9646	5.9842	6.0024	6.0066	6.0100	6.0117	6.5431	8.1215
	2	16.3317	16.3738	16.4478	16.5423	16.6324	16.6536	16.6702	16.6788	19.5487	14.6808
	3	24.9772	24.9903	25.0047	25.0221	25.0381	25.0419	25.0448	25.0463	25.6086	2.1957
	4	29.6084	29.6648	29.8403	30.0710	30.2942	30.3470	30.3886	30.4100	38.2848	20.5689
	5	43.8186	43.8445	44.1353	44.5299	44.9159	45.0075	45.0795	45.1166	50.9684	11.4812
C－F	1	1.4645	1.4655	1.4664	1.4674	1.4683	1.4685	1.4686	1.4687	1.4925	1.5946
	2	8.0125	8.0354	8.0600	8.0887	8.1151	8.1212	8.1262	8.1284	8.9080	8.7517
	3	12.7328	12.7337	12.7345	12.7354	12.7362	12.7364	12.7365	12.7366	12.7591	0.1763

边界条件	模态阶次	PESDBT中采用的幂指数									误差(%)
		1	3	5	10	30	50	100	200	CBT	
C-F	4	19.3830	19.4556	19.5516	19.6662	19.7729	19.7974	19.8178	19.8267	23.3377	15.0443
	5	32.6162	32.7413	32.9500	33.2040	33.4429	33.4978	33.5441	33.5638	38.3349	12.4458
S-S	1	4.2632	4.2663	4.2712	4.2775	4.2834	4.2848	4.2858	4.2864	4.4488	3.6504
	2	13.8327	13.8534	13.8902	13.9379	13.9835	13.9942	14.0027	14.0070	15.3172	8.5538
	3	24.8238	24.8358	24.8519	24.8722	24.8916	24.8961	24.8997	24.9016	25.5491	2.5343
	4	27.2748	27.3240	27.4470	27.6093	27.7662	27.8032	27.8323	27.8473	32.6495	14.7083
	5	42.2306	42.2733	42.5149	42.8446	43.1690	43.2460	43.3065	43.3378	50.8326	14.7441
S-F	1	5.9733	5.9786	5.9849	5.9928	6.0001	6.0018	6.0031	6.0038	6.1998	3.1614
	2	12.5037	12.5070	12.5100	12.5135	12.5167	12.5175	12.5180	12.5183	12.6055	0.6918
	3	17.1015	17.1447	17.1973	17.262	17.3226	17.3367	17.3479	17.3536	19.1106	9.1939
	4	30.5977	30.7021	30.8467	31.0264	31.1954	31.2349	31.2661	31.2820	35.9094	12.8863
	5	37.2466	37.2783	37.3066	37.3394	37.3693	37.3763	37.3818	37.3846	38.6742	3.3345
F-F	1	8.4865	8.4993	8.5095	8.5209	8.5314	8.5338	8.5356	8.5366	8.8114	3.1187
	2	20.0769	20.1558	20.2223	20.2987	20.368	20.3841	20.3966	20.4031	22.3449	8.6901
	3	25.3277	25.3353	25.3412	25.3478	25.3537	25.3550	25.3561	25.3566	25.4925	0.5331
	4	33.9054	34.0842	34.2529	34.4504	34.6309	34.6728	34.7058	34.2275	39.9919	14.4139
	5	47.3796	47.6262	47.8741	48.1557	48.4017	48.4571	48.5001	48.5221	51.1175	5.0773

（本表数据源自于：Applied Mathematics and Computation, Vol 268, Pradhan, K. K., Chakraverty, S., Generalized power-law exponent based shear deformation theory for free vibration of functionally graded beams, 第1240-1258页。经Elsevier许可使用。）

表4.31　幂指数对功能梯度梁（$L/h = 20, k = 1$）的固有频率的影响

边界条件	模态阶次	PESDBT中采用的幂指数									误差(%)
		1	3	5	10	30	50	100	200	CBT	
C-C	1	9.4438	9.4490	9.4529	9.4574	9.4614	9.4623	9.4630	9.4634	9.5667	1.0798
	2	25.5599	25.5890	25.6115	25.6369	25.6597	25.6649	25.6691	25.6712	26.2740	2.2943
	3	48.9471	49.0359	49.1051	49.1837	49.2544	49.2707	49.2835	49.2901	51.2050	3.7397
	4	78.6623	78.8616	79.0201	79.2007	79.3636	79.4013	79.4308	79.4460	83.9755	5.3938
	5	101.781	101.782	101.783	101.784	101.785	101.785	101.786	101.786	101.811	0.0246

| 边界条件 | 模态阶次 | PESDBT 中采用的幂指数 | | | | | | | | | 误差（%） |
		1	3	5	10	30	50	100	200	CBT	
C – S	1	6.6254	6.6274	6.6290	6.6308	6.6324	6.6327	6.6330	6.6331	6.6738	0.6098
	2	20.9569	20.9727	20.9850	20.9989	21.0114	21.0143	21.0166	21.0177	21.3447	1.5319
	3	42.7407	42.7980	42.8429	42.8939	42.9397	42.9503	42.9586	42.9629	44.1849	2.7657
	4	71.0299	71.1701	71.2820	71.4095	71.5244	71.5510	71.5718	71.5825	74.7113	4.1879
	5	100.002	100.049	100.083	100.121	100.153	100.160	100.166	100.169	100.729	0.5559
C – F	1	1.5021	1.5022	1.5023	1.5024	1.5024	1.5024	1.5024	1.5024	1.5040	0.1064
	2	9.317	9.3204	9.3230	9.3259	9.3284	9.3290	9.3295	9.3297	9.3964	0.7098
	3	25.6725	25.6938	25.7099	25.7282	25.7445	25.7483	25.7512	25.7528	26.1802	1.6325
	4	49.1173	49.1844	49.2354	49.2930	49.3445	49.3562	49.3656	49.3704	50.4900	2.2175
	5	50.9201	50.9240	50.9272	50.9310	50.9347	50.9356	50.9362	50.9367	51.2900	0.6888
S – S	1	4.5024	4.5030	4.5034	4.5039	4.5044	4.5045	4.5045	4.5046	4.5161	0.2546
	2	16.6154	16.6224	16.6279	16.6341	16.6397	16.641	16.6420	16.6425	16.7876	0.8643
	3	37.0436	37.0773	37.1042	37.1348	37.1623	37.1686	37.1736	37.1762	37.8993	1.9079
	4	63.4363	63.5279	63.6015	63.6854	63.7609	63.7784	63.7920	63.7991	65.8153	3.0634
	5	97.0898	97.2979	97.4674	97.6611	97.8359	97.8763	97.9080	97.9243	100.439	2.5112
S – F	1	6.5489	6.5498	6.5504	6.5512	6.5519	6.5520	6.5522	6.5522	6.5691	0.2573
	2	20.9383	20.9481	20.9556	20.9641	20.9717	20.9734	20.9748	20.9755	21.1721	0.9286
	3	42.3909	42.4285	42.4574	42.4900	42.5193	42.5261	42.5314	42.5341	43.2930	1.7529
	4	50.7788	50.7853	50.7904	50.7962	50.8014	50.8026	50.8004	50.8041	50.9527	0.2916
	5	71.6894	71.8032	71.8921	71.9929	72.0835	72.1045	72.1209	72.1293	74.5611	3.2615
F – F	1	9.4849	9.4862	9.4873	9.4884	9.4894	9.4897	9.4898	9.4899	9.5160	0.2743
	2	25.7549	25.7683	25.7783	25.7895	25.7996	25.8019	25.8037	25.8046	26.0640	0.9952
	3	49.4271	49.4791	49.5181	49.5619	49.6012	49.6103	49.6174	49.6210	50.6546	2.0405
	4	79.6003	79.7349	79.8368	79.9519	80.0553	80.0792	80.0979	80.1075	82.8799	3.3451
	5	101.411	101.414	101.416	101.419	101.421	101.421	101.422	101.422	101.469	0.0463

（本表数据源自于：Applied Mathematics and Computation, Vol 268, Pradhan, K. K., Chakraverty, S., Generalized power – law exponent based shear deformation theory for free vibration of functionally graded beams, 第 1240 – 1258 页。经 Elsevier 许可使用。）

4.2 本章小结

本章中,我们针对功能梯度梁较为详尽地阐述了各类边界条件下,基于不同类型剪切变形梁理论所得到的振动特性。我们认为,在基于瑞利-里茨法来处理各类边界条件下的功能梯度梁问题这一点上,这些研究应当算是较为领先的。通过前面几节的阐述和对相关数值结果的分析讨论,可以获得如下几点结论:

(1)在瑞利-里茨方法中,为保证无量纲频率的收敛性,增大位移分量所包含的多项式数量(n)是一个关键因素;

(2)在考察功能梯度梁的振动特性过程中,细长比、材料特性的幂指数、材料特性的分布情况以及不同类型的剪切变形梁理论,都是非常重要的影响因素;

(3)无论采用何种梁理论进行分析,无量纲频率均随细长比的增大而增大,随幂指数的增大而减小;

(4)在基于不同类型的剪切变形梁理论的结果对比中,可以发现每种模式处的无量纲频率差异在 $L/h < 20$ 的情况中是比较显著的,而当 $L/h \geqslant 20$ 时这一差异将逐渐变得不明显;

(5)在上述分析中也很容易引入其他类型的剪切变形梁理论方法,基本过程是一致的。

第5章 功能梯度矩形板的振动问题

在过去的几十年中,各向同性板和功能梯度板的振动特性已经得到了相当广泛的重视,其中包括了特定的或任意的几何形式,不过相比而言,功能梯度板方面的研究还较为有限。下面简要介绍一下与这些问题相关的一些主要研究结果。

Leissa[90]、Bhat[44]、Singh 和 Chakraverty[91]等人采用瑞利－里茨法对矩形板的自由振动频率做过研究,并考虑了各种不同的经典边界条件组合形式。Roque 等人[92]基于一种精化理论(通过多二次径向基函数方法)讨论了功能梯度板的自由振动问题。Reddy[7]采用三阶剪切变形板理论给出了功能梯度板的一般描述。Liu 和 Liew[93]借助微分求积单元法考察了中厚矩形板的自由振动问题。Yang 和 Shen[94]分析了带有初始预应力且安装在一个弹性基础上的功能梯度矩形薄板,给出了该板在受到分布式横向脉冲载荷作用下的动力学响应。Ferreira 等人[95]采用带有多二次基函数的不对称配置法,研究了功能梯度方板的固有频率。Abrate[11]采用高阶板理论进行了研究,并明确指出了功能梯度板与均匀板具有类似的动力学行为。

Matsunaga[96]基于一种二维高阶剪切变形理论,分析得到了功能梯度板的固有频率和屈曲应力。Hosseini－Hashemi 等人[40]则考察了简支边界下功能梯度矩形板的面内和面外自由振动问题,得到了三维弹性理论下的精确封闭解。

本章将基于经典板理论对功能梯度矩形薄板的自由振动问题进行分析,其中将考虑各种可能的边界条件。在板厚方向上,板的材料特性设定为连续变化的,要么是幂律形式要么是指数形式。分析中针对位移分量所采用的试函数是表示成简单代数多项式的线性组合形式的,它们可以应对各种可能的边界条件组合情况,而广义特征值问题可以借助第3章所述的瑞利－里茨法来导出。我们将针对采用不同的多项式函数个数情况,考察和验证固有频率计算结果的收敛性,并将揭示出材料组分比、长宽比以及幂指数等因素对固有频率的影响规律。此外,对于不同形式的功能梯度矩形板,本章还将给出三维形式的前六阶模态形状。

5.1 数值建模

在功能梯度矩形板的瑞利－里茨法分析中我们将引入容许函数,在此基础上,即可针对功能梯度矩形板的自由振动进行数值描述。这里的数值描述可以采用3.3.2节中给出的分布式的瑞利－里茨分析过程,从而能够确定出形如式(3.26)的广义特征值问题。在下一节中,我们将着重讨论功能梯度矩形板在两种材料特性变化模式的情况下,计算得到的相关数值结果,进而对固有频率计算结果进行收敛性检查,并将它们与一些特定情况下的结果进行比较。进一步,我们还将阐述若干边界条件情况下,功能梯度板的三维模态形状。有关幂律和指数律功能梯度形式下的这些计算分析的具体细节,建议读者参阅文献[66－67]。

5.2 收敛性和对比分析

这里针对功能梯度矩形板,考察位移分量中包含的多项式个数对无量纲频率的收敛性的影响情况。这一分析中涉及的材料特性如表5.1所列。在计算无量纲频率时,采用式(5.1)如下:

$$\lambda = \omega a^2 \sqrt{\frac{\rho_c h}{D_c}} \tag{5.1}$$

式中:$D_c = \dfrac{E_c h^3}{12(1-\nu^2)}$代表的是功能梯度板的弯曲刚度。

表 5.1 功能梯度板组分材料特性

材料特性	单位	铝	Al_2O_3	SUS304	Si_3N_4
E	GPa	70	380	208	322
ρ	kg/m³	2700	3800	8166	2370
ν	—	0.3	0.3	0.3	0.3

(本表数据源自于:Chakraverty,S. ,Pradhan,K. K. ,Free vibration of exponential functionally graded rectangular plates in thermal environment with general boundary conditions. Aerospace Science and Technology 2014;36:132－156。)

表5.2中列出了幂律形式的材料特性变化情况中,各向同性的 Al/Al_2O_3 方板在不同边界条件下(CCCC,CSCS,SSSS)所具有的前七个无量纲频率,此处的计算中已经假定了幂指数为0,且考虑了位移分量包含不同个数的多项式的情

况。表 5.3 针对的是固支边界下的各向同性 SUS304/Si₃N₄ 矩形板,包括了不同的长宽比(a/b)情况,即 2/5,2/3,1.0 和 1.5。从这两个表格中我们很容易观察到,对于各向同性板而言,无量纲频率均随位移分量中多项式个数的增加而逐渐收敛。

表 5.2　幂律型各向同性 Al/Al₂O₃ 方板($k=0$)的无量纲频率的收敛性

边界条件	多项式个数	λ_1	λ_2	λ_3	λ_4	λ_5	λ_6	λ_7
CCCC	10×10	36.0000	73.4329	73.4329	108.5910	137.2938	138.6506	168.8140
	13×13	35.9894	73.4329	73.4329	108.4270	132.1428	137.6999	168.8140
	16×16	35.9888	73.4172	73.4329	108.2653	131.8982	132.4236	168.8139
	19×19	35.9888	73.4039	73.4152	108.2653	131.8982	132.4236	165.2066
	20×20	35.9888	73.3989	73.4152	108.2653	131.8982	132.4236	165.2066
CSCS	10×10	28.9525	54.8846	69.3469	100.8762	135.1902	142.5894	163.3314
	13×13	28.9514	54.8846	69.3469	94.9189	103.7179	135.0244	163.3314
	16×16	28.9509	54.7571	69.3469	94.7034	103.7178	129.3120	163.2495
	19×19	28.9509	54.7484	69.3439	94.7034	103.7178	129.3120	141.3811
	20×20	28.9509	54.7439	69.3439	94.7034	103.7178	129.3120	141.3811
SSSS	10×10	19.7449	49.5132	49.5132	92.5635	139.5994	139.9505	168.7293
	13×13	19.7408	49.5132	49.5132	86.0902	100.1799	139.5995	168.7293
	16×16	19.7392	49.3736	49.5132	79.4007	100.1729	100.1868	168.6555
	19×19	19.7392	49.3498	49.4909	79.4007	100.1729	100.1868	130.3895
	20×20	19.7392	49.3490	49.4909	79.4007	100.1729	100.1868	130.3895

（本表数据源自于:Chakraverty, S. , Pradhan, K. K. , 2014. Free vibration of functionally graded thin rectangular plates resting on Winkler elastic foundation with general boundary conditions using Rayleigh – Ritz method. Int. J. Appl. Mech. 06 ,1450043。）

表 5.3　幂律型各向同性 SUS304/Si₂N₄ 矩形板($k=0$,CCCC 边界条件)的
无量纲频率的收敛性

a/b	多项式个数	λ_1	λ_2	λ_3	λ_4	λ_5	λ_6	λ_7
2/5	7×7	23.6482	27.8269	35.8006	63.2107	68.4171	129.0781	223.3135
	9×9	23.6482	27.8171	35.8006	63.1294	68.4171	75.5319	129.0781
	11×11	23.6478	27.8151	35.8006	48.8897	63.1294	68.4171	75.5319
	13×13	23.6467	27.8151	35.7980	48.8897	63.1294	67.4815	75.5319
	14×14	23.6467	27.8151	35.7980	48.8897	63.1294	67.4377	75.5319
2/3	7×7	27.0132	41.8994	66.2992	68.7006	80.3935	131.8556	225.9695

a/b	多项式个数	λ_1	λ_2	λ_3	λ_4	λ_5	λ_6	λ_7
2/3	9×9	27.0132	41.8859	66.1653	68.7006	80.3935	104.1890	131.8556
	11×11	27.0128	41.7228	66.1653	68.7006	80.3935	104.1890	109.3627
	13×13	27.0082	41.7228	66.1653	68.5959	79.8459	104.1890	109.3627
	14×14	27.0082	41.7228	66.1653	68.5959	79.8454	104.1890	109.3627
1	7×7	36.0000	73.5504	74.2967	108.5910	137.2938	138.6506	231.5822
	9×9	36.0000	73.4329	74.1843	108.5910	137.2938	138.6506	168.8140
	11×11	35.9995	73.4329	73.4329	108.5910	132.3887	138.0391	168.8140
	13×13	35.9894	73.4329	73.4329	108.4270	132.1428	137.6999	168.8140
	14×14	35.9894	73.4329	73.4329	108.2653	132.1428	137.6999	168.8140
1.5	7×7	60.7797	93.9085	151.4183	154.5763	180.8853	246.0817	296.6751
	9×9	60.7797	93.8763	151.1258	154.5763	180.8853	234.4252	246.0662
	11×11	60.7782	93.8763	148.8718	150.1498	180.8853	234.4252	246.0662
	13×13	60.7678	93.8763	148.8718	149.9028	180.8846	234.4252	246.0662
	14×14	60.7678	93.8763	148.8718	149.9028	179.6522	234.4252	246.0662

（本表数据源自于：Chakraverty，S.，Pradhan，K. K.，2014. Free vibration of functionally graded thin rectangular plates resting on Winkler elastic foundation with general boundary conditions using Rayleigh – Ritz method. Int. J. Appl. Mech. 06，1450043。）

表 5.4 中针对指数律材料特性变化的 Al/Al_2O_3 功能梯度方板，给出了不同边界条件下（CCCC，CSCS，SSSS）的无量纲频率计算结果。表 5.5 则针对固支边界下 $SUS304/Si_3N_4$ 功能梯度矩形板，考察了不同长宽比（2/5，2/3，1.0 和 1.5）条件下固有频率的收敛性。从这两个表中可以发现，对于材料特性呈指数律变化的各向同性板来说，随着位移分量中包含的多项式个数的增加，其无量纲频率值将逐渐收敛。由此我们可以得出一个结论：无论何种边界、梯度变化形式以及板的构型，位移分量中包含的多项式的个数对于无量纲频率的收敛都是至关重要的。

在收敛性分析之后，我们进一步将此处得到的无量纲频率与相关文献中给出的结果进行比较。这里主要针对的是各向同性功能梯度矩形板或方板，且在幂律变化形式情况中考虑的是 $k = 0$，而在指数律变化形式情况中考虑的是 $\delta = 0$。表 5.6 将 Al/Al_2O_3 功能梯度方板的前七个无量纲频率与相关文献给出的结果做了对比，类似地，表 5.7 则给出了 $SUS304/Si_3N_4$ 功能梯度矩形板在不同长宽比情况下的对比。很明显，从这两个表格中均能发现此处得到的无量纲频率结果与相关文献中给出的结果是相当一致的。

表 5.4 指数型 Al/Al$_2$O$_3$ 功能梯度方板的无量纲频率的收敛性

边界条件	多项式个数	λ_1	λ_2	λ_3	λ_4	λ_5	λ_6	λ_7
CCCC	7×7	28.3505	57.9220	58.5097	85.5170	108.1209	109.1894	182.3744
	9×9	28.3505	57.8295	58.4213	85.5170	108.1209	109.1894	132.9435
	11×11	28.3501	57.8295	57.8295	85.5170	104.2581	108.7078	132.9435
	13×13	28.3422	57.8295	57.8295	85.3879	104.0644	108.4407	132.9435
	14×14	28.3422	57.8295	57.8295	85.2605	104.0644	108.4407	132.9435
CSCS	7×7	22.8005	43.3085	55.4625	79.4415	106.4643	112.2913	224.8264
	9×9	22.8005	43.2224	55.2722	79.4415	106.4643	112.2913	128.6259
	11×11	22.7996	43.2224	54.6117	79.4415	81.8807	106.4717	128.6259
	13×13	22.7996	43.2224	54.6117	74.7500	81.6794	106.3337	128.6259
	14×14	22.7996	43.2224	54.6117	74.5803	81.6794	106.3337	128.6259
SSSS	7×7	15.5494	39.2356	46.4567	72.8951	109.9366	110.2131	223.1847
	9×9	15.5494	38.9923	46.2328	72.8951	109.9366	110.2131	132.8768
	11×11	15.5482	38.9923	38.9923	72.8951	79.0228	110.0754	132.8768
	13×13	15.5462	38.9923	38.9923	67.7973	78.8931	109.9367	132.8768
	14×14	15.5462	38.9923	38.9923	62.5293	78.8931	109.9367	132.8768

（本表数据源自于：Chakraverty，S.，Pradhan，K. K.，Free vibration of exponential functionally graded rectangular plates in thermal environment with general boundary conditions. Aerospace Science and Technology 2014；36：132 – 156。）

表 5.5 指数型 SUS304/Si$_2$N$_4$ 功能梯度矩形板（CCCC 边界条件）的无量纲频率的收敛性

a/b	多项式个数	λ_1	λ_2	λ_3	λ_4	λ_5	λ_6	λ_7
2/5	7×7	15.1802	17.8626	22.9811	40.5761	43.9182	82.8577	143.3492
	9×9	15.1802	17.8563	22.9811	40.5239	43.9182	48.4853	82.8577
	11×11	15.1800	17.8550	22.9811	31.3832	40.5239	43.9182	48.4853
	13×13	15.1793	17.8550	22.9794	31.3832	40.5239	43.3177	48.4853
	14×14	15.1793	17.8550	22.9794	31.3832	40.5239	43.2896	48.4853
2/3	7×7	17.3403	26.8960	42.5587	44.1002	51.6061	84.6406	145.0541
	9×9	17.3403	26.8874	42.4727	44.1002	51.6061	66.8809	84.6406
	11×11	17.3400	26.7827	42.4727	44.1002	51.6061	66.8809	70.2020
	13×13	17.3371	26.7827	42.4727	44.0330	51.2546	66.8809	70.2020
	14×14	17.3371	26.7827	42.4727	44.0330	51.2543	66.8809	70.2020

a/b	多项式个数	λ_1	λ_2	λ_3	λ_4	λ_5	λ_6	λ_7
1	7×7	23.1091	47.2134	47.6925	69.7066	88.1315	89.0025	148.6571
	9×9	23.1091	47.1380	47.6203	69.7066	88.1315	89.0025	108.3649
	11×11	23.1088	47.1380	47.1380	69.7066	84.9829	88.6099	108.3649
	13×13	23.1023	47.1380	47.1380	69.6014	84.8250	88.3922	108.3649
	14×14	23.1023	47.1380	47.1380	69.4976	84.8250	88.3922	108.3649
1.5	7×7	39.0157	60.2816	97.1983	99.2255	116.1137	157.9645	190.4414
	9×9	39.0157	60.2610	97.0106	99.2255	116.1137	150.4820	157.9546
	11×11	39.0147	60.2610	95.5637	96.3840	116.1137	150.4820	157.9546
	13×13	39.0080	60.2610	95.5637	96.2255	116.1133	150.4820	157.9546
	14×14	39.0080	60.2610	95.5637	96.2255	115.3222	150.4820	157.9546

（本表数据源自于：Chakraverty，S. ，Pradhan，K. K. ，Free vibration of exponential functionally graded rectangular plates in thermal environment with general boundary conditions. Aerospace Science and Technology 2014；36：132 – 156。）

表 5.6　各向同性方板的前七个无量纲频率的对比

边界条件	数据来源	λ_1	λ_2	λ_3	λ_4	λ_5	λ_6	λ_7
CCCC	本书	35.9888	73.3989	73.3989	108.2653	131.8982	132.4236	165.2066
	Leissa[90]	35.990	73.390	73.390	108.220	131.580	132.200	165.000
	Singh 和 Chakraverty[91]	35.988	73.398	73.398	108.26	131.89	—	—
	Liu 和 Liew[93]	35.9375	73.2324	73.2324	107.8890	131.1188	131.7522	—
	Yang 和 Shen[94]	35.9879	73.4053	73.4172	108.2728	131.1693	132.0165	—
	Bhat[44]	35.9855	73.395	73.395	108.22	131.78	132.41	—
	Liew 等[99]	35.9875	73.3943	73.3943	108.2172	131.5766	132.2043	—
	Geannakakes[97]	35.9852	73.3939	73.3939	108.2166	131.5823	132.2070	165.0019
	Cheung 和 Zhou[98]	36.004	73.432	73.432	108.27	131.83	—	—
CCCS	本书	31.8278	63.3399	71.0835	100.8305	116.5434	130.6136	153.8345
	Leissa[90]	31.829	63.347	71.084	100.830	116.400	130.370	—
	Singh 和 Chakraverty[91]	31.827	63.339	71.098	100.83	116.54	—	—

边界条件	数据来源	λ_1	λ_2	λ_3	λ_4	λ_5	λ_6	λ_7
CCCS	Yang 和 Shen[94]	31.8237	63.3391	71.0829	100.8310	116.2164	130.3377	—
	Liew 等[99]	31.8285	63.3322	71.0760	100.7914	116.3557	130.3479	—
CSCS	本书	28.9509	54.7439	69.3271	94.7034	103.7178	129.3120	141.3810
	Leissa[90]	28.9505	54.7431	69.3270	94.5853	102.2162	129.0955	—
	Singh 和 Chakraverty[91]	28.950	54.873	69.327	94.703	103.71	—	—
	Liu 和 Liew[93]	28.9216	54.6658	69.1927	94.3594	101.9944	128.6742	—
	Yang 和 Shen[94]	28.9460	54.7410	69.3303	94.6120	102.1651	129.0791	—
	Liew 等[99]	28.9515	54.7418	69.3261	94.5834	102.2136	129.0915	—
SSSS	本书	19.7392	49.3490	49.3490	79.4007	100.1729	100.1868	130.3895
	Singh 和 Chakraverty[91]	19.739	49.348	49.348	79.400	100.17	—	—
	Bhat[44]	19.739	49.348	49.348	78.957	99.304	99.304	—
	Cheung 和 Zhou[98]	19.743	49.354	49.354	78.971	98.733	—	—

（本表数据源自于：Chakraverty, S., Pradhan, K. K., 2014. Free vibration of functionally graded thin rectangular plates resting on Winkler elastic foundation with general boundary conditions using Rayleigh – Ritz method. Int. J. Appl. Mech. 06, 1450043。）

表 5.7　CCCC 边界条件下各向同性矩形板的前七个无量纲频率的对比

a/b	数据来源	λ_1	λ_2	λ_3	λ_4	λ_5	λ_6	λ_7
2/5	本书	23.6442	27.8095	35.4201	46.8183	62.0985	63.0861	67.3955
	Leissa[90]	23.648	27.817	35.446	46.702	61.554	63.100	—
	Yang 和 Shen[94]	23.6530	27.8243	35.4280	46.7023	61.5044	63.1151	67.4557
	Liew 等[99]	23.6428	27.8056	35.4158	46.6687	61.5091	63.0758	67.3837
	Geannakakes[97]	23.6438	27.8070	35.4179	46.6762	62.0651	63.0829	67.3906
2/3	本书	27.0075	41.7073	66.1280	66.6235	79.8454	101.3552	103.2086
	Leissa[90]	27.010	41.716	66.143	66.552	79.850	100.850	—
	Yang 和 Shen[94]	27.0114	41.7184	66.1516	66.5187	79.8664	100.8301	103.1675

a/b	数据来源	λ_1	λ_2	λ_3	λ_4	λ_5	λ_6	λ_7
2/3	Geannakakes[97]	27.0050	41.7038	66.1245	66.5225	79.8051	100.8273	103.1261
1.5	本书	60.7626	93.8415	148.7881	149.6842	179.5755	228.0491	232.2193
	Leissa[90]	60.772	93.860	148.820	149.740	179.660	226.92	—
	Yang 和 Shen[94]	60.7527	93.8398	148.7879	149.7063	179.6004	226.9138	232.1345
	Bhat[44]	60.962	93.835	148.78	149.85	179.57	227.90	—
	Liew 等[99]	60.7662	93.8390	148.7798	149.6770	179.5649	226.8228	232.0324

（本表数据源自于：Chakraverty, S., Pradhan, K. K., 2014. Free vibration of functionally graded thin rectangular plates resting on Winkler elastic foundation with general boundary conditions using Rayleigh – Ritz method. Int. J. Appl. Mech. 06, 1450043。）

5.3 结果与讨论

本节我们首先讨论幂律变化型的功能梯度板的自由振动频率情况，然后再分析指数律变化型的情况。

5.3.1 幂律变化型

对于材料特性呈幂律变化的功能梯度矩形板，我们考察不同边界条件组合情况、不同的 k 值以及不同的 a/b 值条件下，自由振动固有频率的收敛性并加以比较。表 5.8 中列出了固支边界下功能梯度矩形板的固有频率情况，类似地，表 5.9 ~ 表 5.14 则针对其他各种边界条件给出了相应的结果。我们可以注意到，对于给定的幂指数，无论采用何种边界和几何形式，无量纲频率值均会随着长宽比的增大而增大；而对于给定的长宽比，随着幂指数的增大，无量纲频率值则呈现出减小趋势。

利用表 5.8 ~ 表 5.14，我们还可以绘制出各种边界组合情况下，长宽比（a/b）和幂指数（k）对功能梯度矩形板的无量纲频率的影响曲线。对于固支边界下的矩形板，图 5.1 示出了无量纲频率相对于上述参量的变化曲线。根据这一图像不难看出，当幂指数不变时，随着长宽比的增加无量纲频率值将持续增大，而当长宽比不变时，随着幂指数的增加无量纲频率值则呈现出下降趋势。对于其他类型的边界条件情况，我们也可以观察到类似的特征。

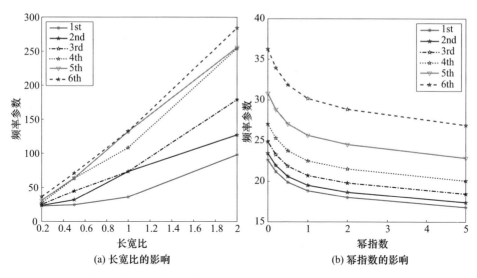

图 5.1　长宽比和幂指数对功能梯度矩形板（CCCC 边界状态）的无量纲频率的影响

（数据源自于：Chakraverty, S. , Pradhan, K. K. , 2014. Free vibration of functionally graded thin rectangular plates resting on Winkler elastic foundationwith general boundary conditions using Rayleigh – Ritz method. Int. J. Appl. Mech. 06 , 1450043。）

表 5.8　长宽比对功能梯度矩形板无量纲频率的影响
（CCCC 边界条件，不同的幂指数 k）

k	a/b	λ_1	λ_2	λ_3	λ_4	λ_5	λ_6
0.0	0.2	22.633	23.440	24.877	27.039	30.818	36.279
	0.5	24.579	31.829	44.819	63.598	63.986	71.119
	1.0	35.989	73.399	73.399	108.27	131.89	132.42
	2.0	98.318	127.32	179.28	254.39	255.95	284.48
0.2	0.2	21.176	21.931	23.275	25.298	28.834	33.943
	0.5	22.997	29.779	41.933	59.503	59.866	66.540
	1.0	33.671	68.673	68.673	101.29	123.41	123.89
	2.0	91.987	119.12	167.73	238.01	239.47	266.16
0.5	0.2	19.879	20.588	21.849	23.748	27.068	31.864
	0.5	21.588	27.956	39.365	55.858	56.199	62.465
	1.0	31.609	64.467	64.467	95.091	115.85	116.31
	2.0	86.354	111.82	157.46	223.43	224.80	249.86
1.0	0.2	18.832	19.503	20.699	22.498	25.642	30.186

k	a/b	λ_1	λ_2	λ_3	λ_4	λ_5	λ_6
1.0	0.5	20.451	26.484	37.292	52.916	53.239	59.175
	1.0	29.945	61.072	61.072	90.082	109.75	110.18
	2.0	81.805	105.93	149.17	211.67	212.96	236.7
2.0	0.2	18.002	18.643	19.786	21.506	24.512	28.855
	0.5	19.549	25.316	35.648	50.583	50.893	56.566
	1.0	28.624	58.379	58.379	86.111	104.91	105.33
	2.0	78.199	101.26	142.59	202.33	203.57	226.26

（本表数据源自于：Chakraverty，S. ，Pradhan，K. K. ，2014. Free vibration of functionally graded thin rectangular plates resting on Winkler elastic foundation with general boundary conditions using Rayleigh – Ritz method. Int. J. Appl. Mech. 06，1450043。）

表 5.9 长宽比对功能梯度矩形板无量纲频率的影响

（CCCS 边界条件，不同的幂指数 k）

k	a/b	λ_1	λ_2	λ_3	λ_4	λ_5	λ_6
0.0	0.2	15.771	16.849	18.704	21.458	25.894	35.914
	0.5	18.349	27.056	41.300	52.643	60.693	61.341
	1.0	31.828	63.339	71.084	100.83	116.54	130.61
	2.0	96.574	121.01	167.13	244.24	254.99	280.71
0.2	0.2	14.756	15.765	17.499	20.077	24.227	33.601
	0.5	17.168	25.314	38.640	49.253	56.785	57.392
	1.0	29.778	59.262	66.506	94.338	109.04	122.20
	2.0	90.356	113.22	156.37	228.51	238.58	262.64
0.5	0.2	13.852	14.799	16.428	18.847	22.743	31.543
	0.5	16.116	23.764	36.274	46.236	53.307	53.877
	1.0	27.955	55.632	62.433	88.560	102.36	114.72
	2.0	84.822	106.28	146.79	214.51	223.97	246.55
1.0	0.2	13.122	14.019	15.563	17.854	21.545	29.882
	0.5	15.268	22.512	34.363	43.801	50.499	51.039
	1.0	26.482	52.702	59.145	83.896	96.969	108.68
	2.0	80.355	100.69	139.06	203.22	212.17	233.57
2.0	0.2	12.544	13.402	14.877	17.067	20.595	28.565
	0.5	14.595	21.520	32.848	41.870	48.273	48.789

k	a/b	λ_1	λ_2	λ_3	λ_4	λ_5	λ_6
2.0	1.0	25.315	50.379	56.538	80.197	92.695	103.89
	2.0	76.812	96.247	132.93	194.26	202.82	223.27

(本表数据源自于:Chakraverty,S.,Pradhan,K. K.,2014. Free vibration of functionally graded thin rectangular plates resting on Winkler elastic foundation with general boundary conditions using Rayleigh – Ritz method. Int. J. Appl. Mech. 06,1450043。)

表5.10　长宽比对功能梯度矩形板无量纲频率的影响
（CFCF 边界条件,不同的幂指数 k）

k	a/b	λ_1	λ_2	λ_3	λ_4	λ_5	λ_6
0.0	0.2	0.8771	2.4095	2.8869	4.7523	5.9772	7.9153
	0.5	5.5287	9.0046	15.224	20.709	27.663	30.068
	1.0	22.224	26.478	44.073	61.265	67.649	82.254
	2.0	89.179	93.709	111.01	145.61	245.99	252.95
0.2	0.2	0.8206	2.2543	2.7011	4.4463	5.5924	7.4057
	0.5	5.1727	8.4248	14.244	19.376	25.881	28.132
	1.0	20.793	24.773	41.235	57.321	63.294	76.958
	2.0	83.437	87.676	103.86	136.24	230.15	236.67
0.5	0.2	0.7703	2.1163	2.5356	4.1740	5.2499	6.9521
	0.5	4.8559	7.9088	13.372	18.189	24.296	26.409
	1.0	19.519	23.256	38.709	53.810	59.417	72.244
	2.0	78.327	82.306	97.503	127.89	216.06	222.17
1.0	0.2	0.7298	2.0048	2.4021	3.9542	4.9734	6.5859
	0.5	4.6002	7.4923	12.667	17.231	23.017	25.018
	1.0	18.491	22.031	36.671	50.976	56.288	68.439
	2.0	74.202	77.971	92.367	121.16	204.68	210.47
2.0	0.2	0.6976	1.9164	2.2962	3.7798	4.7541	6.2956
	0.5	4.3973	7.1619	12.109	16.471	22.002	23.915
	1.0	17.676	21.059	35.054	48.729	53.806	65.422
	2.0	70.930	74.533	88.295	115.81	195.66	201.19

(本表数据源自于:Chakraverty,S.,Pradhan,K. K.,2014. Free vibration of functionally graded thin rectangular plates resting on Winkler elastic foundation with general boundary conditions using Rayleigh – Ritz method. Int. J. Appl. Mech. 06,1450043。)

表 5.11 长宽比对功能梯度矩形板无量纲频率的影响
（SCSC 边界条件，不同的幂指数 k）

k	a/b	λ_1	λ_2	λ_3	λ_4	λ_5	λ_6
0.0	0.2	22.593	23.277	24.521	26.479	35.417	47.242
	0.5	23.816	28.951	39.351	56.145	63.535	69.373
	1.0	28.951	54.744	69.327	94.703	103.72	129.31
	2.0	54.743	94.585	154.97	170.36	207.34	235.68
0.2	0.2	21.138	21.779	22.942	24.775	33.136	44.199
	0.5	22.282	27.087	36.817	52.529	59.444	64.906
	1.0	27.087	51.219	64.863	88.605	97.039	120.99
	2.0	51.218	88.495	144.99	159.39	193.99	220.51
0.5	0.2	19.843	20.445	21.537	23.258	31.107	41.493
	0.5	20.918	25.428	34.562	49.312	55.803	60.931
	1.0	25.428	48.082	60.891	83.179	91.096	113.58
	2.0	48.081	83.075	136.11	149.63	182.11	207.00
1.0	0.2	18.798	19.368	20.403	22.033	29.469	39.308
	0.5	19.816	24.089	32.742	46.715	52.864	57.722
	1.0	24.089	45.549	57.684	78.798	86.298	107.59
	2.0	45.549	78.699	128.94	141.75	172.51	196.10
2.0	0.2	17.969	18.514	19.503	21.061	28.169	37.575
	0.5	18.942	23.027	31.298	44.656	50.533	55.177
	1.0	23.027	43.542	55.140	75.324	82.494	102.85
	2.0	43.541	75.230	123.26	135.50	164.91	187.45

（本表数据源自于：Chakraverty，S.，Pradhan，K. K.，2014. Free vibration of functionally graded thin rectangular plates resting on Winkler elastic foundation with general boundary conditions using Rayleigh – Ritz method. Int. J. Appl. Mech. 06，1450043。）

表 5.12 长宽比对功能梯度矩形板无量纲频率的影响
（SSSS 边界条件，不同的幂指数 k）

k	a/b	λ_1	λ_2	λ_3	λ_4	λ_5	λ_6
0.0	0.2	10.264	11.449	13.495	16.433	28.514	39.874
	0.5	12.337	19.739	32.421	41.947	49.659	50.916
	1.0	19.739	49.349	49.349	79.401	100.17	100.19
	2.0	49.348	78.958	129.68	167.79	198.63	203.66

k	a/b	λ_1	λ_2	λ_3	λ_4	λ_5	λ_6
0.2	0.2	9.6035	10.712	12.626	15.374	26.678	37.307
	0.5	11.543	18.468	30.333	39.246	46.461	47.637
	1.0	18.468	46.171	46.171	74.288	93.723	93.736
	2.0	46.171	73.874	121.33	156.98	185.84	190.55
0.5	0.2	9.0153	10.056	11.853	14.433	25.044	35.022
	0.5	10.836	17.337	28.476	36.842	43.616	44.719
	1.0	17.337	43.344	43.344	69.738	87.983	87.995
	2.0	43.343	69.349	113.90	147.37	174.46	178.88
1.0	0.2	8.5405	9.5260	11.228	13.673	23.725	33.177
	0.5	10.265	16.424	26.976	34.902	41.319	42.364
	1.0	16.424	41.061	41.061	66.065	83.349	83.360
	2.0	41.060	65.697	107.90	139.61	165.27	169.46
2.0	0.2	8.1639	9.1060	10.733	13.069	22.679	31.715
	0.5	9.8125	15.700	25.787	33.363	39.497	40.497
	1.0	15.699	39.251	39.251	63.153	79.674	79.685
	2.0	39.249	62.800	103.15	133.45	157.99	161.99

（本表数据源自于：Chakraverty，S.，Pradhan，K. K.，2014. Free vibration of functionally graded thin rectangular plates resting on Winkler elastic foundation with general boundary conditions using Rayleigh – Ritz method. Int. J. Appl. Mech. 06，1450043。）

表 5.13 长宽比对功能梯度矩形板无量纲频率的影响
（CCCF 边界条件，不同的幂指数 k）

k	a/b	λ_1	λ_2	λ_3	λ_4	λ_5	λ_6
0.0	0.2	3.9902	5.3684	7.6058	10.729	16.579	22.576
	0.5	7.7876	17.559	25.856	32.359	36.053	51.535
	1.0	23.961	40.019	63.291	76.759	80.689	117.86
	2.0	90.659	104.17	135.11	192.94	247.72	264.23
0.2	0.2	3.7332	5.0227	7.1161	10.039	15.511	21.123
	0.5	7.2861	16.428	24.191	30.275	33.732	48.216
	1.0	22.418	37.443	59.216	71.816	75.494	110.27
	2.0	84.821	97.465	126.41	180.52	231.77	247.22

k	a/b	λ_1	λ_2	λ_3	λ_4	λ_5	λ_6
0.5	0.2	3.5046	4.7151	6.6802	9.4242	14.561	19.829
	0.5	6.8399	15.422	22.709	28.421	31.666	45.263
	1.0	21.045	35.149	55.589	67.418	70.870	103.52
	2.0	79.627	91.496	118.67	169.46	217.57	232.08
1.0	0.2	3.3200	4.4668	6.3284	8.9278	13.794	18.785
	0.5	6.4796	14.609	21.513	26.924	29.998	42.879
	1.0	19.936	33.298	52.662	63.867	67.138	98.063
	2.0	75.433	86.677	112.42	160.54	206.11	219.85
2.0	0.2	3.1737	4.2699	6.0494	8.5342	13.186	17.957
	0.5	6.1939	13.966	20.565	25.737	28.676	40.989
	1.0	19.057	31.830	50.339	61.051	64.178	93.740
	2.0	72.107	82.856	107.46	153.46	197.03	210.16

（本表数据源自于：Chakraverty,S.,Pradhan,K. K.,2014. Free vibration of functionally graded thin rectangular plates resting on Winkler elastic foundation with general boundary conditions using Rayleigh – Ritz method. Int. J. Appl. Mech. 06,1450043。）

表 5.14　长宽比对功能梯度矩形板无量纲频率的影响
（CSCF 边界条件,不同的幂指数 k）

k	a/b	λ_1	λ_2	λ_3	λ_4	λ_5	λ_6
0.0	0.2	1.6647	3.6854	6.2933	9.6409	15.569	16.067
	0.5	6.6129	16.819	19.958	31.184	31.795	47.634
	1.0	23.412	35.595	62.961	67.356	77.540	111.42
	2.0	90.418	101.66	128.85	182.05	247.69	262.47
0.2	0.2	1.5575	3.4481	5.8880	9.0202	14.567	15.033
	0.5	6.1871	15.736	18.673	29.176	29.748	44.567
	1.0	21.904	33.303	58.907	63.019	72.548	104.24
	2.0	84.596	95.113	120.55	170.33	23.174	245.57
0.5	0.2	14.621	3.2369	5.5274	8.4678	13.675	14.112
	0.5	5.8082	14.772	17.529	27.389	27.926	41.837
	1.0	20.563	31.264	55.299	59.159	68.104	97.857
	2.0	79.415	89.288	113.17	159.89	217.55	230.53

k	a/b	λ_1	λ_2	λ_3	λ_4	λ_5	λ_6
	0.2	1.3851	3.0665	5.2363	8.0218	12.955	13.369
	0.5	5.5023	13.994	16.606	25.947	26.455	39.634
1.0	1.0	19.479	29.617	52.386	56.043	64.517	92.703
	2.0	75.232	84.585	107.21	151.47	206.09	218.39
	0.2	1.3240	2.9313	5.0055	7.6681	12.383	12.779
	0.5	5.2598	13.377	15.874	24.803	25.289	37.886
2.0	1.0	18.621	28.311	50.077	53.572	61.673	88.616
	2.0	71.915	80.856	102.48	144.79	197.00	208.76

（本表数据源自于：Chakraverty, S., Pradhan, K. K., 2014. Free vibration of functionally graded thin rectangular plates resting on Winkler elastic foundation with general boundary conditions using Rayleigh – Ritz method. Int. J. Appl. Mech. 06, 1450043。）

在图5.2～图5.5中，我们绘制了各种边界条件下（CCCC，CCCS，CCCF，SSSS）功能梯度方板的前六阶模态形状，此处的幂指数为 $k = 0$。类似地，针对这些边界条件，图5.6～图5.9则绘制出了 $k = 0.5$ 对应的前六阶模态形状。其他边界条件情况下的模态形状也可做类似的观察。

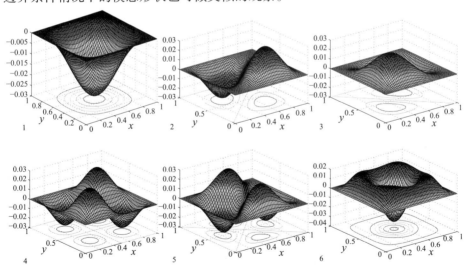

图5.2　CCCC边界条件下功能梯度方板($k=0$)的前六阶模态形状（见彩图）

（数据源自于：Chakraverty, S., Pradhan, K. K., 2014. Free vibration of functionally graded thin rectangular plates resting on Winkler elastic foundation with general boundary conditions using Rayleigh – Ritz method. Int. J. Appl. Mech. 06, 1450043。）

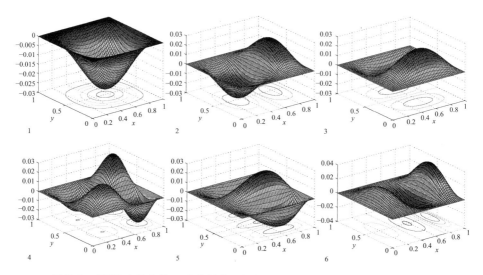

图 5.3　CCCS 边界条件下功能梯度方板($k=0$)的前六阶模态形状(见彩图)

(数据源自于:Chakraverty,S. ,Pradhan,K. K. ,2014. Free vibration of functionally graded thin rectangular plates resting on Winkler elastic foundation with general boundary conditions using Rayleigh – Ritz method. Int. J. Appl. Mech. 06 ,1450043。)

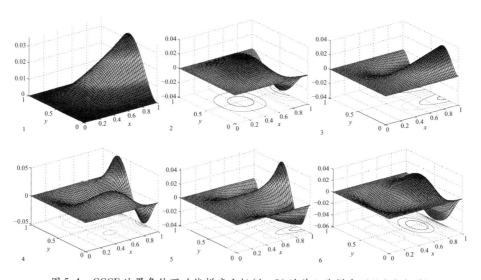

图 5.4　CCCF 边界条件下功能梯度方板($k=0$)的前六阶模态形状(见彩图)

(数据源自于:Chakraverty,S. ,Pradhan,K. K. ,2014. Free vibration of functionally graded thin rectangular plates resting on Winkler elastic foundation with general boundary conditions using Rayleigh – Ritz method. Int. J. Appl. Mech. 06 ,1450043。)

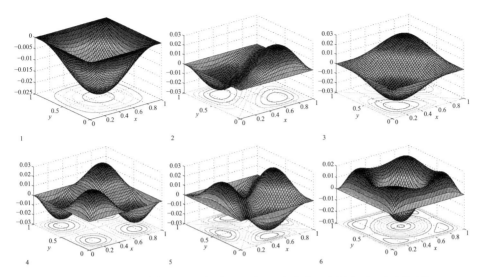

图 5.5　SSSS 边界条件下功能梯度方板($k=0$)的前六阶模态形状(见彩图)

（数据源自于：Chakraverty，S.，Pradhan，K. K.，2014. Free vibration of functionally graded thin rectangular plates resting on Winkler elastic foundation with general boundary conditions using Rayleigh – Ritz method. Int. J. Appl. Mech. 06，1450043。）

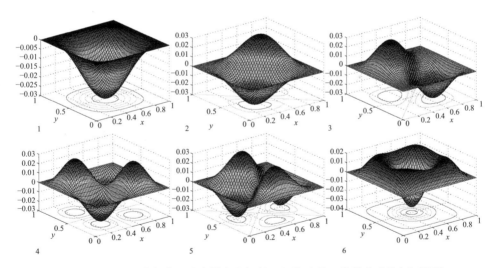

图 5.6　CCCC 边界条件下功能梯度方板($k=0.5$)的前六阶模态形状(见彩图)

（数据源自于：Chakraverty，S.，Pradhan，K. K.，2014. Free vibration of functionally graded thin rectangular plates resting on Winkler elastic foundation with general boundary conditions using Rayleigh – Ritz method. Int. J. Appl. Mech. 06，1450043。）

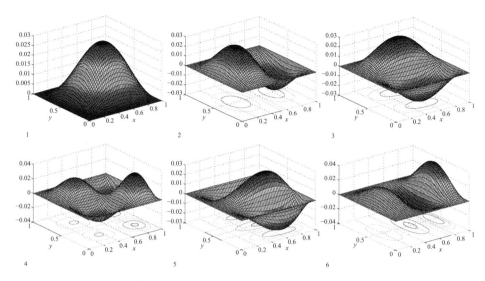

图 5.7　CCCS 边界条件下功能梯度方板(k = 0.5)的前六阶模态形状(见彩图)

（数据源自于:Chakraverty,S.,Pradhan,K. K.,2014. Free vibration of functionally graded thin rectangular plates resting on Winkler elastic foundation with general boundary conditions using Rayleigh – Ritz method. Int. J. Appl. Mech. 06,1450043。）

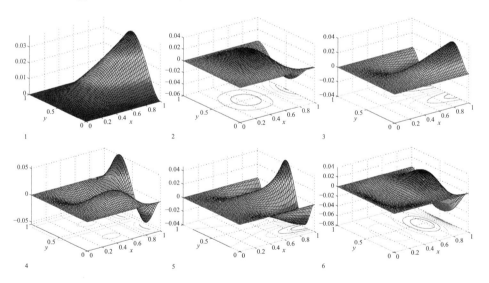

图 5.8　CCCF 边界条件下功能梯度方板(k = 0.5)的前六阶模态形状(见彩图)

（数据源自于:Chakraverty,S.,Pradhan,K. K.,2014. Free vibration of functionally graded thin rectangular plates resting on Winkler elastic foundation with general boundary conditions using Rayleigh – Ritz method. Int. J. Appl. Mech. 06,1450043。）

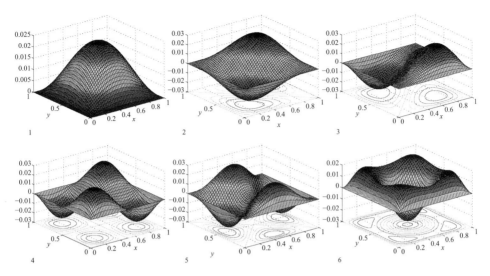

图 5.9 SSSS 边界条件下功能梯度方板($k=0.5$)的前六阶模态形状(见彩图)

(数据源自于:Chakraverty, S. , Pradhan, K. K. , 2014. Free vibration of functionally graded thin rectangular plates resting on Winkler elastic foundation with general boundary conditions using Rayleigh – Ritz method. Int. J. Appl. Mech. 06 ,1450043。)

5.3.2 指数律变化型

针对指数律变化型的功能梯度板,表 5.15 列出了 24 种可能的边界组合条件下,不同长宽比($a/b=0.2,0.5,1.0,2.0,2.5$)所对应的固有频率情况。通过考察不同边界下的这些结果,我们很容易注意到,固有频率是随着长宽比的增加而增大的。这一结果不难理解,事实上,当长宽比增大时,功能梯度矩形板将逐渐变得柔软。

图 5.10 和图 5.11 中针对 $a/b=0.2,0.5,1.0,2.0$ 等不同的长宽比取值情况,给出了固支边界下功能梯度板的前六阶模态形状,它们体现了不同方向上的三维变形情况。其他边界条件下的三维模态形状也可类似给出。

5.3.2.1 常数 ρ_{rat}($=\rho_c/\rho_m$)条件下 E_{rat}($=E_c/E_m$)的影响

在表 5.16 ~ 表 5.21 中,揭示了 E_{rat} 对指数律变化型功能梯度矩形板的频率影响情况,其中考虑了各种边界条件,且设定了 $\rho_{rat}=1$。表 5.16 针对的是长宽比固定的情形,考察了 E_{rat} 的变化对频率的影响,其中的 $E_{rat}=0.25,0.5,1.0,2.0$。类似地,表 5.17 ~ 表 5.21 分别针对的是 CCCS、CCSS、CCCF、SSSS 和 FFFF 等边界条件情况。从这些表格不难看出,无论长宽比和边界条件如何,随着 E_{rat} 的增大,固有频率均呈现出下降趋势。实际上,根据固有频率表达式我们不难观

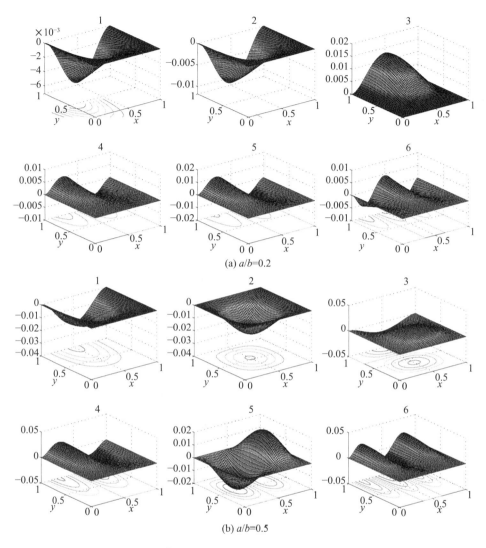

(a) a/b=0.2

(b) a/b=0.5

图 5.10　CCCC 边界条件下功能梯度矩形板的前六阶模态形状(见彩图)

（数据源自于：Chakraverty，S.，Pradhan，K. K.，Free vibration of exponential functionally graded rectangular plates in thermal environment with general boundary conditions. Aerospace Science and Technology 2014；36：132 – 156。）

察到,它是与功能梯度矩形板的陶瓷组分的杨氏模量成反比关系的,由此不难理解此处的变化趋势。

对于 CCCC 边界下的功能梯度方板($a/b = 1$),图 5.12 和图 5.13 给出了 $E_{rat} = 0.25, 0.5, 1.0, 2.0$ 情况下的前六阶模态形状。有趣的是,这里我们可以发

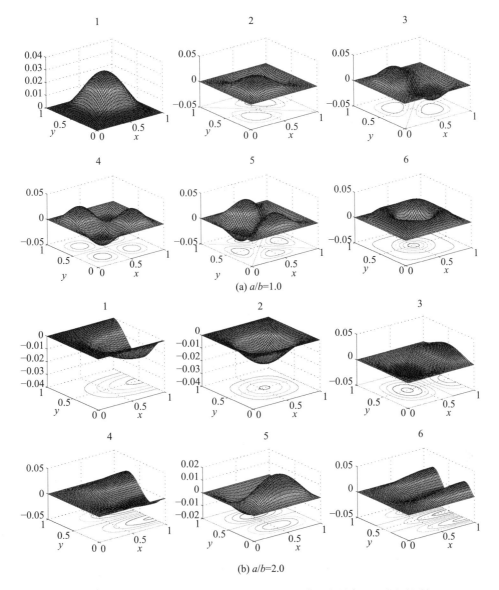

(a) a/b=1.0

(b) a/b=2.0

图 5.11　CCCC 边界条件下功能梯度矩形板的前六阶模态形状（见彩图）

（数据源自于：Chakraverty，S.，Pradhan，K. K.，Free vibration of exponential functionally graded rectangular plates in thermal environment with general boundary conditions. Aerospace Science and Technology 2014；36：132–156。）

现各种三维形状是十分相似的，只是对于高阶模态来说变形出现在不同的方向上。

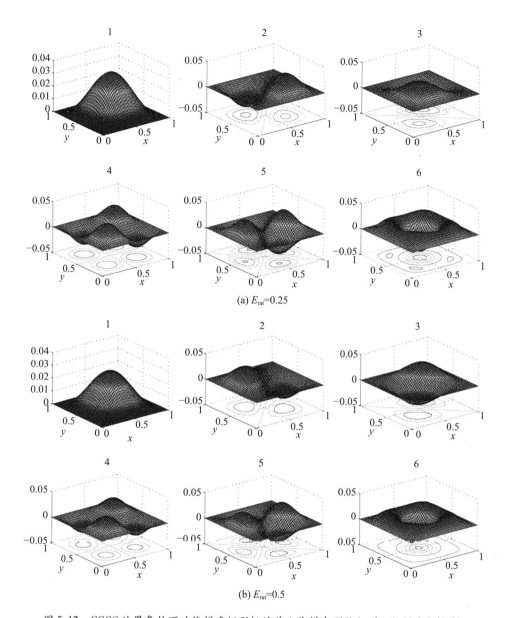

图 5.12　CCCC 边界条件下功能梯度矩形板的前六阶模态形状($a/b = 1.0$)(见彩图)

（数据源自于：Chakraverty, S. , Pradhan, K. K. , Free vibration of exponential functionally graded rectangular plates in thermal environment with general boundary conditions. Aerospace Science and Technology 2014;36: 132 − 156。)

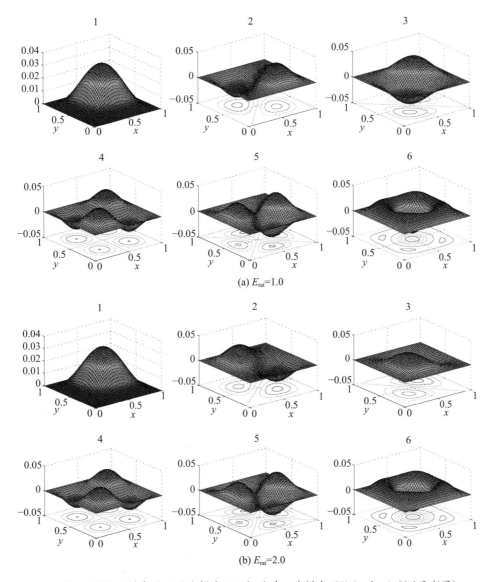

图 5.13　CCCC 边界条件下功能梯度矩形板的前六阶模态形状($a/b=1.0$)（见彩图）

（数据源自于：Chakraverty，S. ，Pradhan，K. K. ，Free vibration of exponential functionally graded rectangular plates in thermal environment with general boundary conditions. Aerospace Science and Technology 2014；36：132 – 156。）

表 5.15 长宽比对指数型功能梯度板量纲频率的影响（不同边界条件）

边界条件	a/b	Al/Al₂O₃ 的陶瓷组分($\delta=0$)						指数型 Al/Al₂O₃ 功能梯度板					
		λ_1	λ_2	λ_3	λ_4	λ_5	λ_6	λ_1	λ_2	λ_3	λ_4	λ_5	λ_6
CCCC	0.2	17.824	18.459	19.591	21.293	24.269	28.570	15.024	15.559	16.514	17.949	20.458	24.083
	0.5	19.357	25.066	35.296	50.084	50.390	56.008	16.316	21.129	29.752	42.217	42.475	47.210
	1.0	28.342	57.803	57.803	85.261	103.87	104.29	23.890	48.724	48.724	71.868	87.556	87.905
	2.0	77.427	100.26	141.18	200.34	201.56	224.03	65.265	84.515	119.01	168.87	169.90	188.84
	2.5	116.38	136.88	174.46	230.44	310.51	331.93	98.099	115.38	147.06	194.24	261.74	279.79
CCCS	0.2	12.420	13.269	14.729	16.899	20.392	28.283	10.469	11.185	12.416	14.244	17.189	23.840
	0.5	14.450	21.307	32.524	41.457	47.796	48.307	12.181	17.961	27.416	34.945	40.289	40.719
	1.0	25.065	49.881	55.979	79.405	91.779	102.86	21.128	42.046	47.187	66.933	77.364	86.704
	2.0	76.054	95.297	131.62	192.34	200.81	221.07	64.108	80.328	110.94	162.13	169.27	186.34
	2.5	115.37	132.98	166.38	223.12	309.95	310.47	97.247	112.09	140.25	188.07	261.27	261.71
CCSS	0.2	12.397	13.178	14.533	16.626	21.072	39.639	10.449	11.108	12.250	14.015	17.762	33.413
	0.5	13.994	19.846	29.969	41.232	46.022	46.987	11.795	16.729	25.262	34.756	38.793	39.607
	1.0	21.306	47.681	47.879	73.171	90.528	90.673	17.959	40.191	40.359	61.678	76.309	76.431
	2.0	55.975	79.384	119.88	164.93	184.09	187.95	47.183	66.915	101.05	139.02	155.17	158.43
	2.5	82.925	105.13	144.09	206.27	253.32	275.85	69.899	88.618	121.46	173.87	213.53	232.53
CCFF	0.2	2.8455	3.4662	4.6581	6.6611	9.9880	17.390	2.3985	2.9217	3.9264	5.6148	8.4191	14.666
	0.5	3.3783	7.1716	14.492	17.917	22.746	27.608	2.8476	6.0451	12.216	15.103	19.173	23.271
	1.0	5.4626	18.859	20.950	37.614	49.524	51.805	4.6046	15.897	17.659	31.706	41.745	43.668
	2.0	13.513	28.686	57.967	71.669	90.983	110.43	11.391	24.180	48.862	60.412	76.692	93.085

边界条件	a/b	AL/Al₂O₃ 的陶瓷组分(δ=0)						指数型 AL/Al₂O₃ 功能梯度板					
		λ_1	λ_2	λ_3	λ_4	λ_5	λ_6	λ_1	λ_2	λ_3	λ_4	λ_5	λ_6
CCFF	2.5	19.597	35.148	64.339	109.07	117.08	130.50	16.519	29.627	54.233	91.935	98.686	110.00
CFCF	0.2	0.6907	1.8975	2.2735	3.7425	4.7072	6.2334	0.5822	1.5995	1.9164	3.1547	3.9678	5.2543
	0.5	4.3539	7.0912	11.989	16.309	21.785	23.679	3.6700	5.9774	10.106	13.747	18.363	19.959
	1.0	17.502	20.852	34.708	48.248	53.275	64.776	14.753	17.576	29.256	40.669	44.907	54.602
	2.0	70.230	73.798	87.423	114.67	193.72	199.20	59.199	62.206	73.692	96.659	163.29	167.92
	2.5	109.82	113.39	127.02	153.44	258.69	302.94	92.568	95.578	107.07	129.34	218.07	255.36
CFSF	0.2	0.4710	1.5277	2.1591	3.2077	4.4666	5.8671	0.3970	1.2878	1.8200	2.7038	3.7650	4.9456
	0.5	2.9711	6.1647	9.6692	14.413	20.353	21.363	2.5044	5.1964	8.1504	12.149	17.156	18.007
	1.0	11.984	16.234	31.666	39.008	44.629	63.238	10.102	13.684	26.693	32.881	37.619	53.305
	2.0	48.238	52.989	69.830	102.23	156.92	162.95	40.661	44.667	58.862	86.175	132.27	137.36
	2.5	75.483	80.288	97.580	130.38	242.74	245.64	63.627	67.677	82.253	109.89	204.61	207.05
CFFF	0.2	0.1080	0.6734	1.0726	1.8875	3.2859	3.9726	0.0910	0.5676	0.9041	1.5911	2.7698	3.3486
	0.5	0.6808	2.9177	4.2303	9.5320	11.888	18.570	0.5738	2.4594	3.5658	8.0348	10.021	15.653
	1.0	2.7457	6.7112	16.794	21.717	24.526	43.705	2.3144	5.6570	14.156	18.306	20.674	36.840
	2.0	11.041	16.902	32.543	62.634	68.992	78.866	9.3065	14.247	27.431	52.796	58.156	66.478
	2.5	17.267	23.533	40.323	70.959	107.66	117.13	14.555	19.836	33.989	59.813	90.747	98.732
SCSC	0.2	17.792	18.331	19.311	20.853	27.891	37.204	14.997	15.452	16.278	17.578	23.510	31.360
	0.5	18.755	22.799	30.989	44.215	50.034	54.632	15.809	19.218	26.122	37.269	42.175	46.051
	1.0	22.799	43.112	54.596	74.580	81.679	101.84	19.218	36.340	46.021	62.866	68.849	85.839

边界条件	a/b	Al/Al₂O₃ 的陶瓷组分 ($\delta=0$)						指数型 Al/Al₂O₃ 功能梯度板					
		λ_1	λ_2	λ_3	λ_4	λ_5	λ_6	λ_1	λ_2	λ_3	λ_4	λ_5	λ_6
SCSC	2.0	43.111	74.487	122.04	134.16	163.28	185.60	36.339	62.787	102.87	113.09	137.63	156.45
	2.5	59.727	90.391	137.79	201.39	203.69	232.24	50.345	76.193	116.15	169.76	171.69	195.76
SCSS	0.2	12.376	13.095	14.362	16.657	24.523	36.826	10.432	11.038	12.106	14.041	20.671	31.041
	0.5	13.649	18.623	27.835	41.031	42.956	46.215	11.505	15.698	23.463	34.586	36.209	38.956
	1.0	18.622	40.705	46.188	67.919	80.174	89.286	15.697	34.311	38.933	57.251	67.581	75.261
	2.0	40.694	67.836	111.02	133.14	159.35	177.29	34.302	57.181	93.585	112.23	134.32	149.44
	2.5	57.835	84.600	127.67	193.64	202.97	229.04	48.750	71.312	107.62	163.22	171.09	193.06
SCSF	0.2	3.0361	3.8593	5.3156	7.6423	17.728	17.783	2.5592	3.2531	4.4806	6.4419	14.943	14.989
	0.5	4.4919	9.9930	19.644	19.791	26.067	34.827	3.7863	8.4233	16.559	16.683	21.973	29.356
	1.0	9.9915	26.039	32.851	49.818	57.032	72.870	8.4221	21.949	27.691	41.993	48.074	61.424
	2.0	32.842	49.627	81.274	125.56	133.73	143.24	27.683	41.832	68.508	105.84	112.72	120.74
	2.5	50.152	66.961	98.972	151.77	195.33	213.48	42.275	56.444	83.426	127.93	164.65	179.95
SSSF	0.2	1.0591	2.3691	4.1472	6.5860	12.592	13.936	0.8928	1.9970	3.4958	5.5515	10.614	11.747
	0.5	3.1766	9.2034	14.822	19.220	21.939	33.191	2.6776	7.7578	12.494	16.201	18.494	27.977
	1.0	9.2018	21.859	32.462	46.747	49.189	72.507	7.7564	18.426	27.363	39.404	41.463	61.118
	2.0	32.445	46.522	74.986	123.32	125.49	141.15	27.349	39.215	63.208	103.95	105.78	118.98
	2.5	49.845	64.283	93.376	142.81	195.37	211.54	42.016	54.186	78.709	120.38	164.69	178.31
SFSF	0.2	0.2972	1.1951	2.0510	2.7607	4.2458	5.0731	0.2505	1.0074	1.7289	2.3271	3.5789	4.2763
	0.5	1.8728	5.4185	7.5860	12.800	17.621	20.974	1.5786	4.5674	6.3945	10.789	14.853	17.679

边界条件	a/b	Al/Al$_2$O$_3$ 的陶瓷组分($\delta=0$)						指数型 Al/Al$_2$O$_3$ 功能梯度板					
		λ_1	λ_2	λ_3	λ_4	λ_5	λ_6	λ_1	λ_2	λ_3	λ_4	λ_5	λ_6
SFSF	1.0	7.5851	12.707	29.280	30.691	37.234	56.743	6.3937	10.711	24.681	25.870	31.386	47.830
	2.0	30.683	36.817	56.582	90.338	123.71	131.31	25.864	31.034	47.694	76.149	104.28	110.69
	2.5	48.076	54.351	75.298	110.35	193.62	201.62	40.524	45.814	63.470	93.017	163.21	169.95
SSFF	0.2	0.5115	1.6366	3.0719	5.2221	11.623	12.331	0.4311	1.3795	2.5893	4.4018	9.7975	10.394
	0.5	1.3080	4.9964	11.671	12.865	17.624	23.622	1.1026	4.2116	9.8381	10.844	14.855	19.912
	1.0	2.6516	13.639	15.199	30.247	40.676	42.669	2.2351	11.497	12.811	25.496	34.287	35.967
	2.0	5.2321	19.985	46.685	51.461	70.494	94.488	4.4103	16.846	39.352	43.378	59.421	79.647
	2.5	6.4949	23.286	51.303	77.812	96.479	101.57	5.4747	19.628	43.245	65.589	81.325	85.612
SFFF	0.2	0.4644	1.0167	1.5312	3.1175	3.3623	5.5602	0.3915	0.8570	1.2907	2.6278	2.8341	4.6869
	0.5	2.5675	2.9229	8.4955	9.7022	17.099	18.296	2.1642	2.4638	7.1611	8.1782	14.413	15.422
	1.0	5.2326	11.739	20.185	20.709	39.009	40.869	4.4107	9.8954	17.015	17.457	32.881	34.449
	2.0	10.607	27.808	48.202	55.396	62.704	85.923	8.9411	23.440	40.630	46.695	52.855	72.427
	2.5	13.238	32.406	64.151	75.178	86.535	115.42	11.158	27.316	54.074	63.369	72.943	97.293
FFFF	0.2	0.6802	1.9284	2.0528	4.2735	6.7357	8.8357	0.5733	1.6255	1.7304	3.6022	5.6777	7.4478
	0.5	4.2691	5.3007	11.874	12.122	17.566	20.833	3.5985	4.4681	10.009	10.218	14.806	17.560
	1.0	10.800	15.573	19.338	28.033	28.033	49.754	9.1037	13.127	16.301	23.629	23.629	41.939
	2.0	17.067	21.203	47.497	48.489	70.262	83.331	14.394	17.872	40.036	40.873	59.226	70.242
	2.5	17.076	26.246	48.536	57.468	109.12	122.72	14.386	22.123	40.912	48.441	91.977	103.44
SFSC	0.2	3.0361	3.8593	5.3156	7.6423	17.728	17.783	2.5592	3.2531	4.4806	6.4419	14.943	14.989

边界条件	a/b	Al/Al₂O₃ 的陶瓷组分（δ=0）						指数型 Al/Al₂O₃ 功能梯度板					
		λ_1	λ_2	λ_3	λ_4	λ_5	λ_6	λ_1	λ_2	λ_3	λ_4	λ_5	λ_6
SFSC	0.5	4.4919	9.9930	19.644	19.791	26.067	34.827	3.7863	8.4233	16.559	16.683	21.973	29.356
	1.0	9.9915	26.039	32.851	49.818	57.032	72.870	8.4221	21.949	27.691	41.993	48.074	61.424
	2.0	32.842	49.627	81.274	125.56	133.73	143.24	27.683	41.832	68.508	105.84	112.72	120.74
	2.5	50.152	66.961	98.972	151.77	195.33	213.48	42.275	56.444	83.426	127.93	164.65	179.95
SCCC	0.2	17.807	18.393	19.436	21.119	23.698	42.702	15.010	15.504	16.383	17.802	19.976	35.995
	0.5	19.013	23.824	32.904	48.085	50.204	55.267	16.027	20.082	27.736	40.532	42.318	46.586
	1.0	25.065	49.881	55.979	79.406	91.779	102.86	21.128	42.046	47.187	66.933	77.364	86.704
	2.0	57.802	85.229	130.09	165.83	191.19	193.23	48.723	71.842	109.66	139.78	161.16	162.88
	2.5	84.302	109.95	153.12	214.99	254.01	278.29	71.060	92.682	129.07	181.22	214.11	234.58
SCCS	0.2	12.397	13.178	14.533	16.626	21.072	39.639	10.449	11.108	12.250	14.015	17.762	33.413
	0.5	13.994	19.846	29.969	41.232	46.022	46.987	11.796	16.729	25.262	34.756	38.793	39.607
	1.0	21.306	47.681	47.879	73.171	90.528	90.673	17.959	40.191	40.359	61.678	76.309	76.431
	2.0	55.975	79.384	119.88	164.93	184.09	187.95	47.183	66.915	101.05	139.02	155.17	158.43
	2.5	82.925	105.13	144.09	206.27	253.32	275.85	69.899	88.618	121.46	173.87	213.53	232.53
CFFS	0.2	0.5663	1.8037	3.3425	5.5653	8.7082	12.219	0.4774	1.5204	2.8175	4.6911	7.3403	10.299
	0.5	1.6770	6.1013	12.634	14.008	18.423	26.835	1.4136	5.1429	10.649	11.808	15.529	22.619
	1.0	4.2211	15.029	19.447	34.097	42.151	50.362	3.5581	12.668	16.393	28.741	35.529	42.452
	2.0	12.718	24.798	50.541	71.198	88.088	98.969	10.720	20.903	42.602	60.015	74.252	83.424
	2.5	18.954	31.535	57.343	102.98	111.54	128.70	15.977	26.582	48.336	86.807	94.023	108.48

边界条件	a/b	Al/Al$_2$O$_3$ 的陶瓷组分（$\delta=0$）						指数型 Al/Al$_2$O$_3$ 功能梯度板					
		λ_1	λ_2	λ_3	λ_4	λ_5	λ_6	λ_1	λ_2	λ_3	λ_4	λ_5	λ_6
CFSC	0.2	3.0831	4.0285	5.6171	8.1424	12.205	17.755	2.5988	3.3957	4.7348	6.8634	10.288	14.966
	0.5	5.1769	11.771	19.971	22.368	27.148	38.658	4.3637	9.9223	16.834	18.855	22.884	32.586
	1.0	13.825	28.377	40.842	56.086	58.659	83.709	11.654	23.920	34.427	47.276	49.445	70.561
	2.0	49.831	63.482	92.001	141.51	158.42	173.31	42.004	53.511	77.550	119.28	133.54	146.09
	2.5	77.008	90.308	118.09	166.24	246.70	251.23	64.912	76.123	99.539	140.13	207.95	211.77
CFSS	0.2	1.1735	2.6178	4.5139	7.2444	11.106	12.628	0.9892	2.2066	3.8049	6.1065	9.3613	10.644
	0.5	4.0568	11.091	15.229	21.874	23.168	35.412	3.4196	9.3490	12.837	18.438	19.529	29.849
	1.0	13.239	24.511	40.520	50.979	53.367	82.578	11.159	20.661	34.156	42.972	44.985	69.607
	2.0	49.559	60.967	86.374	134.43	158.36	171.75	41.775	51.391	72.807	113.31	133.48	144.78
	2.5	76.803	88.233	113.33	161.24	246.83	260.38	64.739	74.374	95.529	135.92	208.06	219.48
SSSS	0.2	8.0834	9.0161	10.628	12.941	22.455	31.402	6.8137	7.6000	8.9582	10.908	18.928	26.469
	0.5	9.7156	15.545	25.532	33.034	39.107	40.097	8.1895	13.103	21.522	27.845	32.964	33.799
	1.0	15.545	38.863	38.863	62.529	78.888	78.899	13.103	32.759	32.759	52.708	66.497	66.506
	2.0	38.862	62.180	102.13	132.13	156.43	160.39	32.758	52.414	86.087	111.38	131.86	135.19
	2.5	56.350	79.669	119.59	177.75	202.09	226.85	47.499	67.155	100.81	149.83	170.35	191.22
CCCF	0.2	3.1423	4.2277	5.9897	8.4500	13.056	17.779	2.6487	3.5636	5.0489	7.1227	11.005	14.987
	0.5	6.1328	13.828	20.362	25.483	28.392	40.584	5.1695	11.656	17.164	21.480	23.933	34.209
	1.0	18.869	31.516	49.843	60.449	63.544	92.815	15.905	26.566	42.014	50.954	53.563	78.236
	2.0	71.395	82.038	106.40	151.94	195.08	208.09	60.181	69.152	89.690	128.08	164.44	175.40

边界条件	a/b	Al/Al₂O₃ 的陶瓷组分(δ=0)						指数型 Al/Al₂O₃ 功能梯度板					
		λ_1	λ_2	λ_3	λ_4	λ_5	λ_6	λ_1	λ_2	λ_3	λ_4	λ_5	λ_6
CCCF	2.5	110.93	121.09	143.87	186.19	256.03	304.19	93.509	102.07	121.27	156.95	215.82	256.41
CSCF	0.2	1.3110	2.9023	4.9560	7.5924	12.261	12.653	1.1050	2.4464	4.1776	6.3998	10.335	10.666
	0.5	5.2078	13.245	15.717	24.558	25.039	37.512	4.3898	11.165	13.249	20.701	21.106	31.620
	1.0	18.437	28.032	49.582	53.044	61.064	87.741	15.541	23.629	41.794	44.712	51.473	73.959
	2.0	71.205	80.058	101.47	143.37	195.06	206.69	60.021	67.483	85.530	120.85	164.42	174.23
	2.5	110.79	119.51	139.85	179.91	304.26	315.98	93.388	100.73	117.88	151.65	256.47	266.35

(本表数据源自于:Chakraverty,S.,Pradhan,K. K.,Free vibration of exponential functionally graded rectangular plates in thermal environment with general boundary conditions. Aerospace Science and Technology 2014;36:132 – 156。)

表 5.16 E_{rat} 对指数型功能梯度矩形板无量纲频率的影响(CCCC 边界条件)

长宽比	E_{rat}	λ_1	λ_2	λ_3	λ_4	λ_5	λ_6
0.2	0.25	34.299	35.522	37.699	40.976	46.704	54.979
	0.5	27.399	28.376	30.116	32.733	37.308	43.919
	1.0	22.633	23.440	24.877	27.039	30.818	36.279
	2.0	19.374	20.065	21.295	23.146	26.381	31.056
	4.0	17.149	17.761	18.849	20.488	23.352	27.489
0.5	0.25	37.249	48.236	67.921	96.379	96.969	107.78
	0.5	29.756	38.532	54.258	76.991	77.462	86.097
	1.0	24.579	31.829	44.819	63.598	63.986	71.119
	2.0	21.041	27.246	38.366	54.441	54.774	60.879
	4.0	18.625	24.118	33.961	48.189	48.484	53.889
1.0	0.25	54.539	111.23	111.23	164.07	199.89	200.68
	0.5	43.568	88.856	88.856	131.07	159.68	160.31
	1.0	35.989	73.399	73.399	108.27	131.89	132.42
	2.0	30.807	62.831	62.831	92.677	112.91	113.36
	4.0	27.269	55.617	55.617	82.036	99.943	100.34
2.0	0.25	148.99	192.94	271.69	385.52	387.88	431.12
	0.5	119.02	154.13	217.03	307.96	309.85	344.39
	1.0	98.318	127.32	179.28	254.39	255.95	284.48
	2.0	84.162	108.99	153.46	217.76	219.09	243.52
	4.0	74.498	96.472	135.84	192.76	193.94	215.56

(本表数据源自于:Chakraverty,S.,Pradhan,K. K.,Free vibration of exponential functionally graded rectangular plates in thermal environment with general boundary conditions. Aerospace Science and Technology 2014;36:132 – 156。)

表 5.17 E_{rat} 对指数型功能梯度矩形板无量纲频率的影响(CCCS 边界条件)

长宽比	E_{rat}	λ_1	λ_2	λ_3	λ_4	λ_5	λ_6
0.2	0.25	23.901	25.535	28.345	32.519	39.242	54.426
	0.5	19.093	20.398	22.643	25.977	31.347	43.477
	1.0	15.771	16.849	18.704	21.458	25.894	35.914
	2.0	13.500	14.424	16.011	18.369	22.166	30.743
	4.0	11.950	12.767	14.173	16.259	19.621	27.213
0.5	0.25	27.808	41.003	62.588	79.778	91.977	92.960

长宽比	E_{rat}	λ_1	λ_2	λ_3	λ_4	λ_5	λ_6
0.5	0.5	22.214	32.754	49.997	63.729	73.474	74.259
	1.0	18.349	27.056	41.299	52.643	60.693	61.341
	2.0	15.707	23.161	35.353	45.063	51.954	52.509
	4.0	13.904	20.502	31.294	39.889	45.989	46.480
1.0	0.25	48.234	95.989	107.72	152.80	176.62	197.94
	0.5	38.531	76.679	86.053	122.06	141.09	158.12
	1.0	31.828	63.339	71.084	100.83	116.54	130.61
	2.0	27.245	54.220	60.849	86.313	99.763	111.81
	4.0	24.117	47.995	53.862	76.402	88.308	98.969
2.0	0.25	146.35	183.39	253.28	370.13	386.44	425.41
	0.5	116.91	146.49	202.33	295.67	308.69	339.83
	1.0	96.574	121.01	167.13	244.24	254.99	280.71
	2.0	82.669	103.59	143.07	209.07	218.28	240.29
	4.0	73.177	91.693	126.64	185.06	193.22	212.71

（本表数据源自于：Chakraverty，S.，Pradhan，K. K.，Free vibration of exponential functionally graded rectangular plates in thermal environment with general boundary conditions. Aerospace Science and Technology 2014；36：132 – 156。）

表 5.18 E_{rat} 对指数型功能梯度矩形板无量纲频率的影响（CCSS 边界条件）

长宽比	E_{rat}	λ_1	λ_2	λ_3	λ_4	λ_5	λ_6
0.2	0.25	23.856	25.359	27.967	31.994	40.550	76.281
	0.5	19.057	20.258	22.341	25.558	32.393	60.935
	1.0	15.742	16.734	18.454	21.112	26.758	50.335
	2.0	13.475	14.325	15.797	18.072	22.905	43.088
	4.0	11.928	12.679	13.983	15.997	20.275	38.140
0.5	0.25	26.929	38.191	57.672	79.345	88.562	90.421
	0.5	21.512	30.508	46.070	63.383	70.746	72.231
	1.0	17.769	25.201	38.056	52.357	58.439	59.665
	2.0	15.211	21.572	32.576	44.819	50.025	51.075
	4.0	13.465	19.095	28.836	39.673	44.281	45.210
1.0	0.25	41.001	91.755	92.137	140.81	174.21	174.49
	0.5	32.753	73.296	73.602	112.48	139.16	139.39

长宽比	E_{rat}	λ_1	λ_2	λ_3	λ_4	λ_5	λ_6
	1.0	27.055	60.546	60.798	92.914	114.95	115.14
1.0	2.0	23.159	51.828	52.044	79.536	98.403	98.560
	4.0	20.501	45.877	46.068	70.403	87.104	87.243
	0.25	107.72	152.76	230.69	317.38	354.25	361.68
	0.5	86.047	122.03	184.28	253.53	282.98	288.92
2.0	1.0	71.079	100.80	152.22	209.43	233.76	238.66
	2.0	60.845	86.289	130.31	179.27	200.10	204.29
	4.0	53.858	76.381	115.34	158.69	177.12	180.84

（本表数据源自于：Chakraverty，S.，Pradhan，K. K.，Free vibration of exponential functionally graded rectangular plates in thermal environment with general boundary conditions. Aerospace Science and Technology 2014；36：132 – 156。）

表 5.19　E_{rat}对指数型功能梯度矩形板无量纲频率的影响（CCCF 边界条件）

长宽比	E_{rat}	λ_1	λ_2	λ_3	λ_4	λ_5	λ_6
	0.25	6.0469	8.1356	11.526	16.261	25.124	34.214
	0.5	4.8305	6.4989	9.2075	12.989	20.070	27.331
0.2	1.0	3.9902	5.3684	7.6058	10.729	16.579	22.576
	2.0	3.4157	4.5955	6.5107	9.1850	14.192	19.326
	4.0	3.0235	4.0678	5.7631	8.1304	12.562	17.107
	0.25	11.802	26.609	39.183	49.038	54.637	78.099
	0.5	9.4276	21.257	31.301	39.173	43.646	62.387
0.5	1.0	7.7876	17.559	25.856	32.359	36.053	51.535
	2.0	6.6663	15.031	22.133	27.699	30.862	44.115
	4.0	5.9009	13.305	19.592	24.519	27.319	39.049
	0.25	36.311	60.648	95.916	116.32	122.28	178.61
	0.5	29.007	48.447	76.620	92.924	97.682	142.68
1.0	1.0	23.961	40.019	63.291	76.759	80.689	117.86
	2.0	20.511	34.257	54.179	65.707	69.072	100.89
	4.0	18.156	30.324	47.958	58.162	61.141	89.304
	0.25	137.39	157.87	204.76	292.39	375.40	400.43
2.0	0.5	109.75	126.11	163.57	233.57	299.88	319.86
	1.0	90.659	104.17	135.11	192.94	247.72	264.23

长宽比	E_{rat}	λ_1	λ_2	λ_3	λ_4	λ_5	λ_6
2.0	2.0	77.606	89.174	115.66	165.16	212.05	226.19
	4.0	68.695	78.935	102.38	146.19	187.70	200.22

（本表数据源于：Chakraverty,S.,Pradhan,K. K.,Free vibration of exponential functionally rectangular plates in thermal environment with general boundary conditions. Aerospace Science and Technology 2014；36：132 – 156。）

表 5.20　E_{rat} 对指数型功能梯度矩形板无量纲频率的影响（SSSS 边界条件）

长宽比	E_{rat}	λ_1	λ_2	λ_3	λ_4	λ_5	λ_6
0.2	0.25	15.555	17.350	20.451	24.903	43.211	60.428
	0.5	12.426	13.859	16.337	19.893	34.519	48.271
	1.0	10.264	11.449	13.495	16.433	28.514	39.874
	2.0	8.7865	9.8004	11.552	14.067	24.408	34.133
	4.0	7.7776	8.6751	10.226	12.451	21.606	30.214
0.5	0.25	18.696	29.914	49.133	63.569	75.256	77.160
	0.5	14.935	23.896	39.249	50.781	60.117	61.638
	1.0	12.337	19.739	32.421	41.947	49.659	50.916
	2.0	10.561	16.897	27.753	35.907	42.509	43.585
	4.0	9.3481	14.957	24.566	31.784	37.628	38.580
1.0	0.25	29.914	74.786	74.786	120.33	151.81	151.83
	0.5	23.896	59.742	59.742	96.122	121.27	121.29
	1.0	19.739	49.349	49.349	79.401	100.17	100.19
	2.0	16.897	42.244	42.244	67.969	85.749	85.762
	4.0	14.957	37.393	37.393	60.164	75.904	75.915
2.0	0.25	74.785	119.66	196.53	254.27	301.02	308.64
	0.5	59.740	95.586	156.99	203.12	240.47	246.55
	1.0	49.348	78.958	129.68	167.79	198.63	203.66
	2.0	42.243	67.589	111.01	143.63	170.04	174.34
	4.0	37.392	59.829	98.265	127.14	150.51	154.32

（本表数据源于：Chakraverty,S.,Pradhan,K. K.,Free vibration of exponential functionally rectangular plates in thermal environment with general boundary conditions. Aerospace Science and Technology 2014；36：132 – 156。）

表 5.21 E_{rat} 对指数型功能梯度矩形板无量纲频率的影响(FFFF 边界条件)

长宽比	E_{rat}	λ_1	λ_2	λ_3	λ_4	λ_5	λ_6
0.2	0.25	1.3089	3.7109	3.9503	8.2237	12.962	17.003
	0.5	1.0456	2.9643	3.1556	6.5693	10.354	13.583
	1.0	0.8637	2.4487	2.6067	5.4265	8.5531	11.219
	2.0	0.7393	2.0961	2.2314	4.6452	7.3216	9.6043
	4.0	0.6544	1.8554	1.9751	4.1118	6.4809	8.5015
0.5	0.25	8.2152	10.201	22.850	23.328	33.802	40.089
	0.5	6.5626	8.1484	18.254	18.635	27.002	32.025
	1.0	5.4209	6.7309	15.078	15.393	22.305	26.454
	2.0	4.6404	5.7618	12.907	13.177	19.094	22.645
	4.0	4.1076	5.1002	11.425	11.664	16.901	20.045
1.0	0.25	20.783	29.967	37.214	53.946	53.946	95.745
	0.5	16.602	23.939	29.728	43.093	43.093	76.484
	1.0	13.714	19.774	24.556	35.597	35.597	63.179
	2.0	11.739	16.927	21.021	30.472	30.472	54.082
	4.0	10.392	14.984	18.607	26.973	26.973	47.872
2.0	0.25	32.861	40.802	91.401	93.310	135.21	160.36
	0.5	26.250	32.594	73.014	74.539	108.01	128.09
	1.0	21.684	26.924	60.312	61.572	89.219	105.81
	2.0	18.562	23.047	51.629	52.707	76.374	90.579
	4.0	16.430	20.401	45.701	46.655	67.605	80.179

（本表数据源于：Chakraverty，S.，Pradhan，K. K.，Free vibration of exponential functionally graded rectangular plates in thermal environment with general boundary conditions. Aerospace Science and Technology 2014；36：132－156。）

5.3.2.2 常数 E_{rat} 条件下 ρ_{rat} 的影响

表 5.22 ~ 表 5.27 给出了 ρ_{rat} 对指数律变化型的功能梯度矩形板固有频率的影响情况，其中考虑了多种边界条件，且 $E_{rat}=1$。针对处于 CCCC 边界下的这种功能梯度板，当长宽比保持不变时，ρ_{rat} 的影响如表 5.22 所列，其中考虑了 $\rho_{rat}=$ 0.25,0.5,1.0,2.0 等情形。类似地，表 5.23 ~ 表 5.27 则针对的是其他边界情况，即 CCCS、CCSS、CCCF、SSSS 和 FFFF 等。从这些表格不难总结出一个结论：无论长宽比和边界条件情况如何，随着 ρ_{rat} 的增大，固有频率值均呈现出增大趋势。事实上，这一点已经从无量纲频率的表达式中体现出来了，因为固有频率是

95

与功能梯度矩形板陶瓷组分的质量密度成正比关系的。

图 5. 14 和图 5. 15 中示出了 CCCC 边界下功能梯度矩形板的前六阶模态形状,其中体现了不同的 ρ_{rat}(ρ_{rat} = 0. 25, 0. 5, 1. 0, 2. 0)的影响。其他边界情况下的三维模态形状也可类似给出。

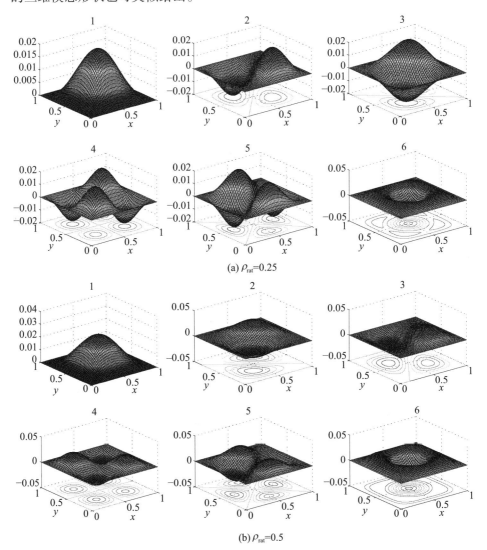

(a) ρ_{rat}=0.25

(b) ρ_{rat}=0.5

图 5. 14 CCCC 边界条件下功能梯度矩形板的前六阶模态形状(a/b = 1. 0)(见彩图)

（数据源自于:Chakraverty,S. ,Pradhan,K. K. ,Free vibration of exponential functionally graded rectangular plates in thermal environment with general boundary conditions. Aerospace Science and Technology 2014;36: 132 - 156。)

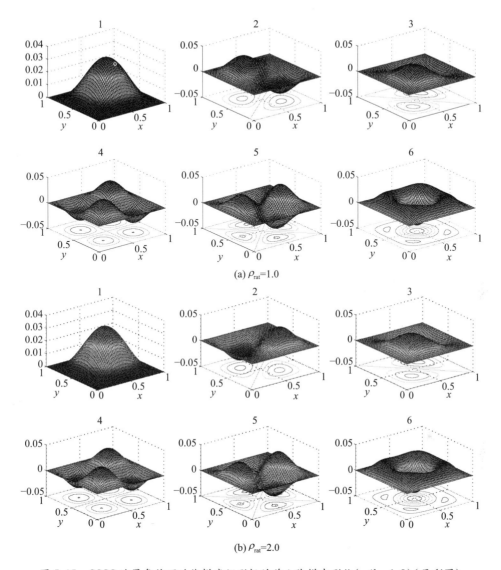

(a) $\rho_{rat}=1.0$

(b) $\rho_{rat}=2.0$

图 5.15　CCCC 边界条件下功能梯度矩形板的前六阶模态形状($a/b=1.0$)(见彩图)

（数据源自于：Chakraverty，S.，Pradhan，K. K.，Free vibration of exponential functionally graded rectangular plates in thermal environment with general boundary conditions. Aerospace Science and Technology 2014；36：132－156。）

表 5.22 ρ_{rat}对指数型功能梯度矩形板无量纲频率的影响(CCCC边界条件)

长宽比	ρ_{rat}	λ_1	λ_2	λ_3	λ_4	λ_5	λ_6
0.2	0.25	15.385	15.934	16.911	18.380	20.949	24.662
	0.5	18.843	19.515	20.711	22.511	25.658	30.204
	1.0	22.633	23.439	24.877	27.039	30.818	36.279
	2.0	26.648	27.598	29.290	31.836	36.285	42.715
	4.0	30.771	31.868	33.821	36.761	41.899	49.323
0.5	0.25	16.709	21.637	30.467	43.232	43.497	48.346
	0.5	20.464	26.499	37.314	52.948	53.272	59.211
	1.0	24.579	31.829	44.819	63.598	63.986	71.119
	2.0	28.940	37.476	52.770	74.880	75.338	83.737
	4.0	33.417	43.274	60.934	86.464	86.993	96.691
1.0	0.25	24.464	49.895	49.895	73.596	89.662	90.019
	0.5	29.963	61.109	61.109	90.137	109.81	110.25
	1.0	35.989	73.399	73.399	108.27	131.89	132.42
	2.0	42.374	86.421	86.421	127.47	155.29	155.92
	4.0	48.929	99.789	99.789	147.19	179.32	180.04
2.0	0.25	66.834	86.547	121.87	172.93	173.99	193.38
	0.5	81.855	105.99	149.26	211.79	213.09	236.84
	1.0	98.318	127.32	179.28	254.39	255.95	284.48
	2.0	115.76	149.90	211.08	299.52	301.35	334.95
	4.0	133.67	173.09	243.74	345.86	347.97	386.76

(本表数据源自于:Chakraverty,S.,Pradhan,K. K.,Free vibration of exponential functionally graded rectangular plates in thermal environment with general boundary conditions. Aerospace Science and Technology 2014;36:132-156。)

表 5.23 ρ_{rat}对指数型功能梯度矩形板无量纲频率的影响(CCCS边界条件)

长宽比	ρ_{rat}	λ_1	λ_2	λ_3	λ_4	λ_5	λ_6
0.2	0.25	10.721	11.454	12.715	14.587	17.602	24.413
	0.5	13.130	14.028	15.572	17.865	21.558	29.900
	1.0	15.771	16.849	18.704	21.458	25.894	35.914
	2.0	18.569	19.839	22.022	25.265	30.488	42.285
	4.0	21.442	22.908	25.429	29.174	35.205	48.827
0.5	0.25	12.474	18.392	28.075	35.785	41.257	41.698

长宽比	ρ_{rat}	λ_1	λ_2	λ_3	λ_4	λ_5	λ_6
0.5	0.5	15.277	22.526	34.384	43.828	50.529	51.069
	1.0	18.349	27.056	41.299	52.643	60.693	61.341
	2.0	21.605	31.857	48.627	61.982	71.460	72.224
	4.0	24.947	36.785	56.149	71.570	82.515	83.397
1.0	0.25	21.636	43.057	48.321	68.542	79.224	88.788
	0.5	26.498	52.734	59.181	83.947	97.029	108.74
	1.0	31.828	63.339	71.084	100.83	116.54	130.61
	2.0	37.474	74.577	83.694	118.72	137.22	153.79
	4.0	43.272	86.114	96.642	137.08	158.45	177.58
2.0	0.25	65.649	82.259	113.61	166.03	173.34	190.82
	0.5	80.403	100.75	139.14	203.34	212.29	233.71
	1.0	96.574	121.01	167.13	244.24	254.99	280.71
	2.0	113.71	142.48	196.78	287.57	300.24	330.52
	4.0	131.29	164.52	227.22	332.05	346.68	381.65

（本表数据源自于：Chakraverty, S., Pradhan, K. K., Free vibration of exponential functionally graded rectangular plates in thermal environment with general boundary conditions. Aerospace Science and Technology 2014；36：132 – 156。）

表 5.24 ρ_{rat} 对指数型功能梯度矩形板无量纲频率的影响（CCSS 边界条件）

长宽比	ρ_{rat}	λ_1	λ_2	λ_3	λ_4	λ_5	λ_6
0.2	0.25	10.701	11.375	12.545	14.351	18.189	34.217
	0.5	13.106	13.932	15.364	17.577	22.277	41.907
	1.0	15.742	16.734	18.454	21.112	26.758	50.335
	2.0	18.534	19.703	21.728	24.857	31.505	59.265
	4.0	21.402	22.751	25.089	28.703	36.379	68.433
0.5	0.25	12.079	17.131	25.869	35.591	39.726	40.559
	0.5	14.794	20.981	31.683	43.590	48.654	49.675
	1.0	17.769	25.201	38.056	52.357	58.439	59.665
	2.0	20.922	29.672	44.807	61.646	68.807	70.251
	4.0	24.159	34.262	51.739	71.182	79.451	81.118
1.0	0.25	18.392	41.158	41.329	63.161	78.143	78.268
	0.5	22.525	50.408	50.618	77.356	95.705	95.859

长宽比	ρ_{rat}	λ_1	λ_2	λ_3	λ_4	λ_5	λ_6
1.0	1.0	27.055	60.546	60.798	92.914	114.95	115.14
	2.0	31.855	71.287	71.584	109.39	135.35	135.56
	4.0	36.783	82.315	82.658	126.32	156.29	156.54
2.0	0.25	48.318	68.523	103.48	142.36	158.90	162.24
	0.5	59.177	83.924	126.73	174.36	194.62	198.69
	1.0	71.079	100.80	152.22	209.43	233.76	238.66
	2.0	83.689	118.69	179.23	246.58	275.23	281.00
	4.0	96.635	137.05	206.96	284.73	317.81	324.47

（本表数据源于：Chakraverty,S.,Pradhan,K.K.,Free vibration of exponential functionally graded rectangular plates in thermal environment with general boundary conditions. Aerospace Science and Technology 2014；36：132－156。）

表5.25 ρ_{rat}对指数型功能梯度矩形板无量纲频率的影响（CCCF边界条件）

长宽比	ρ_{rat}	λ_1	λ_2	λ_3	λ_4	λ_5	λ_6
0.2	0.25	2.7124	3.6493	5.1703	7.2939	11.269	15.347
	0.5	3.3220	4.4695	6.3322	8.9333	13.803	18.796
	1.0	3.9902	5.3684	7.6058	10.729	16.579	22.576
	2.0	4.6981	6.3208	8.9551	12.634	19.519	26.582
	4.0	5.4249	7.2987	10.341	14.588	22.539	30.694
0.5	0.25	5.2938	11.936	17.576	21.997	24.508	35.032
	0.5	6.4836	14.619	21.526	26.940	30.016	42.905
	1.0	7.7876	17.559	25.856	32.359	36.053	51.535
	2.0	9.1691	20.674	30.443	38.099	42.449	60.677
	4.0	10.588	23.872	35.152	43.993	49.016	70.064
1.0	0.25	16.288	27.204	43.024	52.179	54.851	80.117
	0.5	19.948	33.318	52.694	63.906	67.178	98.123
	1.0	23.961	40.019	63.291	76.759	80.689	117.86
	2.0	28.211	47.119	74.519	90.376	95.005	138.77
	4.0	32.576	54.409	86.048	104.36	109.70	160.23
2.0	0.25	61.628	70.814	91.847	131.16	168.39	179.62
	0.5	75.478	86.729	112.49	160.63	206.24	219.99
	1.0	90.659	104.17	135.11	192.94	247.72	264.23

长宽比	ρ_{rat}	λ_1	λ_2	λ_3	λ_4	λ_5	λ_6
2.0	2.0	106.74	122.65	159.08	227.17	291.66	311.11
	4.0	123.26	141.63	183.69	262.31	336.78	359.24

（本表数据源自于：Chakraverty,S.,Pradhan,K. K.,Free vibration of exponential functionally rectangular plates in thermal environment with general boundary conditions. Aerospace Science and Technology 2014；36：132 – 156。）

表 5.26 ρ_{rat} 对指数型功能梯度矩形板无量纲频率的影响（SSSS 边界条件）

长宽比	ρ_{rat}	λ_1	λ_2	λ_3	λ_4	λ_5	λ_6
0.2	0.25	6.9775	7.7827	9.1736	11.170	19.383	27.106
	0.5	8.5457	9.5318	11.235	13.681	23.739	33.197
	1.0	10.264	11.449	13.495	16.433	28.514	39.874
	2.0	12.085	13.480	15.889	19.348	33.572	46.948
	4.0	13.955	15.565	18.347	22.341	38.766	54.211
0.5	0.25	8.3864	13.418	22.039	28.514	33.757	34.611
	0.5	10.271	16.434	26.992	34.923	41.344	42.389
	1.0	12.337	19.739	32.421	41.947	49.659	50.916
	2.0	14.526	23.241	38.173	49.389	58.469	59.948
	4.0	16.773	26.837	44.078	57.029	67.514	69.223
1.0	0.25	13.418	33.546	33.546	53.975	68.095	68.105
	0.5	16.434	41.086	41.086	66.105	83.399	83.411
	1.0	19.739	49.349	49.349	79.401	100.17	100.19
	2.0	23.241	58.104	58.104	93.487	117.94	117.96
	4.0	26.837	67.093	67.093	107.95	136.19	136.21
2.0	0.25	33.546	53.674	88.156	114.06	135.03	138.45
	0.5	41.085	65.737	107.97	139.69	165.37	169.56
	1.0	49.348	78.958	129.68	167.79	198.63	203.66
	2.0	58.103	92.966	152.69	197.55	233.87	239.79
	4.0	67.091	107.35	176.31	228.12	270.06	276.89

（本表数据源自于：Chakraverty,S.,Pradhan,K. K.,Free vibration of exponential functionally rectangular plates in thermal environment with general boundary conditions. Aerospace Science and Technology 2014；36：132 – 156。）

表 5.27　ρ_{rat} 对指数型功能梯度矩形板无量纲频率的影响（FFFF 边界条件）

长宽比	ρ_{rat}	λ_1	λ_2	λ_3	λ_4	λ_5	λ_6
0.2	0.25	0.5871	1.6645	1.7719	3.6888	5.8142	7.6269
	0.5	0.7191	2.0386	2.1702	4.5179	7.1209	9.3409
	1.0	0.8637	2.4487	2.6067	5.4265	8.5531	11.219
	2.0	1.0169	2.8831	3.0691	6.3893	10.070	13.210
	4.0	1.1742	3.3291	3.5439	7.3777	11.628	15.254
0.5	0.25	3.6850	4.5755	10.249	10.464	15.162	17.983
	0.5	4.5132	5.6039	12.553	12.816	18.570	22.024
	1.0	5.4209	6.7309	15.078	15.393	22.305	26.454
	2.0	6.3827	7.9251	17.753	18.124	26.262	31.147
	4.0	7.3701	9.1511	20.499	20.928	30.325	35.965
1.0	0.25	9.3225	13.442	16.693	24.198	24.198	42.947
	0.5	11.418	16.463	20.444	29.636	29.636	52.599
	1.0	13.714	19.774	24.556	35.597	35.597	63.179
	2.0	16.147	23.283	28.913	41.912	41.912	74.387
	4.0	18.645	26.884	33.385	48.396	48.396	85.895
2.0	0.25	14.740	18.302	40.999	41.855	60.649	71.931
	0.5	18.053	22.415	50.213	51.262	74.280	88.097
	1.0	21.684	26.924	60.312	61.572	89.219	105.81
	2.0	25.531	31.700	71.012	72.496	105.05	124.59
	4.0	29.480	36.604	81.998	83.711	121.29	143.86

（本表数据源自于：Chakraverty，S.，Pradhan，K. K.，Free vibration of exponential functionally graded rectangular plates in thermal environment with general boundary conditions. Aerospace Science and Technology 2014；36：132 – 156。）

5.4　本章小结

　　本章主要针对功能梯度薄板在各种边界条件下所具有的固有频率和模态形状情况进行了阐述，这些结果是基于经典板理论分析计算得到的。所考察的功能梯度分布包括了两种，即幂律型和指数律型。此外，本章还介绍了不同边界条件下各向同性矩形厚板的振动问题。在自由振动的分析中，主要借助的是瑞利 – 里茨方法，由此导出了广义特征值问题，这一方法能够轻松地处理任何边界条件组合类型。通过观察相关数值描述及其结果，可以归纳出如下结论：

（1）对于功能梯度矩形板和方板而言,长宽比、幂指数以及材料分布是影响自由振动特性的关键因素。

（2）在瑞利－里茨方法中,位移分量所包含的多项式个数对于无量纲频率的收敛性来说至关重要。

（3）从所给出的表格和图像中可以观察到,功能梯度板的固有频率随着长宽比的增加而增大(对于给定的幂指数),随着幂指数的增大而减小(对于给定的长宽比)。这一特性与边界条件、梯度变化类型以及板的构型无关。

（4）对于指数律型的功能梯度板,固有频率随着 E_{rat} 的增大而减小,随着 ρ_{rat} 的增大而增大。这些结果也可从固有频率的计算式中观察得到。

（5）利用所给出的分析过程,可以很容易引入其他类型的剪切变形板理论方法。

第6章　功能梯度椭圆板的振动问题

　　人们已经对各向同性椭圆板和圆板的振动行为进行了相当多的研究,然而在功能梯度型椭圆板和圆板方面的研究却相当有限。这里我们对相关的一些主要研究工作做一介绍。

　　Mazumdar[100]针对固支和简支边界下的椭圆板进行了研究,基于定挠度线方法计算了基本频率值。Leissa 和 Narita[101]分析了简支圆板的固有频率,采用的是经典板理论,其中利用了第一类贝塞尔函数(普通的和修正的)。Chen 和 Hwang[102]基于 Galerkin 和 Bolotin 的方法,研究了径向周期载荷作用下各向同性Mindlin 圆板的动力稳定性问题。Cheung 和 Tham[103]采用了带次参数映射的样条有限条法考察了任意形状板的静态和自由振动问题。Singh 和 Chakraverty[48-50]针对各种经典边界条件下的各向同性椭圆板,研究了横向振动问题。他们[104]还考察了厚度变化的圆板与椭圆板的情况,其中涉及了三种经典边界。Chakraverty 和 Petyt[105]借助二维正交多项式分析了非均匀圆板和椭圆板的自由振动频率。Liew 等人[106]采用微分求积法和线性剪切变形 Mindlin 理论,对中厚圆板的轴对称自由振动行为做了分析。Reddy 等人[107]利用一阶剪切变形 Mindlin 板理论,考察了功能梯度实心圆板和环板的轴对称弯曲和伸缩问题。Liu 和Lee[108]基于有限元方法,Zhao 等人[109]基于切比雪夫 - 里茨法,都对圆板和环板的三维振动问题做了研究。Wu 和 Liu[110]、Wu 等人[111]探讨了实心圆板的自由振动特性,其中应用了广义微分求积方法。Najafizadeh 和 Eslami[112]针对径向受载的功能梯度实心圆板,考虑了固支边界或简支边界两种情形下的屈曲问题。Ma 和 Wang[113]研究了功能梯度圆板在机械、热以及组合型热 - 机载荷下的轴对称大变形弯曲和热屈曲后行为特性,采用的是经典非线性 von Karman 板理论。Hsieh 和 Lee[114]考察了均匀受载的功能梯度椭圆板的反问题,其中涉及了大变形情况。Prakash 和 Ganpathi[115]通过有限元分析过程得到了功能梯度圆板的自由振动和热弹性稳定性等方面的特性。Chakraverty 等人[116]还通过考察非均匀性的效应得到了板的振动规律。

　　在本章中,我们将采用瑞利 - 里茨法对各类经典边界条件下功能梯度椭圆薄板的自由振动特性进行讨论,其中的应力 - 应变关系是基于经典板理论的。

在厚度方向上我们设定材料特性为幂律形式变化,且针对位移分量的试函数仍然表示为简单的代数多项式,它们可以用于处理各种经典边界条件。我们还将针对一些特定情况对固有频率的收敛性进行分析和验证,并进而讨论几何构型和材料特性变化对固有频率的影响规律。最后,本章针对各种边界条件进一步给出了功能梯度圆板和椭圆板的三维模态形状。

6.1 数值建模

对于这里所考察的材料特性按照式(2.1)给出的幂律型变化的功能梯度椭圆薄板,其自由振动的数学建模工作与3.3.2节中给出的过程类似,同时那里也给出了功能梯度椭圆板的容许函数。在数值描述基础上,通过导出形如式(3.26)的广义特征值问题后,我们就可以计算出相应的固有频率了,不仅如此,进一步还可以针对特定的边界条件情况绘制出反映椭圆板变形状态的三维模态。Pradhan 和 Chakraverty[68]已经给出了相当详尽的计算结果,下面对此做一阐述和讨论。

6.2 收敛性与对比分析

本节针对各向同性椭圆板或圆板(功能梯度板情况中假定 $k=0$),分析无量纲频率的收敛性问题,考察位移分量所包含的多项式个数对计算结果的影响。功能梯度板的材料特性可参见表6.1。

表6.1 功能梯度椭圆板的组分材料特性

材料特性	单位	Al	Al₂O₃
E	GPa	70	380
ρ	kg/m³	2700	3800
ν	—	0.3	0.3

(本表数据源自于:Pradhan,K. K. ,Chakraverty,S. ,2014. Free vibration of functionally graded thinelliptic plates with various edge supports. Structural Engineering and Mechanics 53(2) ,337 – 354。)

对于功能梯度椭圆板,其无量纲频率可以表示为如下形式:

$$\lambda = \omega a^2 \sqrt{\frac{\rho_c h}{D_c}} \tag{6.1}$$

式中: $D_c = \dfrac{E_c h^3}{12(1-v^2)}$ 代表的是功能梯度板的弯曲刚度。

表 6.2 和表 6.3 中列出了各向同性圆板和椭圆板的前六阶无量纲频率计算结果,其中的表 6.2 为圆板情形,表 6.3 为椭圆板情形(长半轴与短半轴之比 $a/b=2$),边界条件分别是固支(C)和简支(S)。这里一次性给出的是所有模式对应的频率值,没有单独区分对称模式和反对称模式情况。实际上,早期的研究者大多采用分别关于 x 和 y 的奇/奇、偶/奇、奇/偶和偶/偶次多项式变形函数来分析,而这里为了计算方便起见,采用了关于 x 和 y 的所有幂次的函数,显然此处用于近似的多项式个数要更多。从所给出的结果不难看出,位移分量中采用的多项式个数的增大对于无量纲频率的收敛性至关重要,无论是哪种几何构型和哪种边界条件。

进一步,我们将椭圆板(或圆板)的无量纲频率与相关文献中给出的结果进行对比。考虑到与功能梯度椭圆板的自由振动相关的研究较少,因此这里主要针对各向同性板进行比较。表 6.4 中列出了各向同性圆板和椭圆板在各种边界条件下的前五阶无量纲频率,计算中假定了泊松比为 $v=0.3$。从这些数据对比可以归纳出一个结论,即此处得到的频率值与文献中的结果是相当吻合的。

表 6.2　各向同性圆板无量纲频率的收敛性

边界条件	多项式个数	λ_1	λ_2	λ_3	λ_4	λ_5	λ_6
C	10×10	10.217	21.275	36.661	43.058	54.650	69.202
	13×13	10.216	21.275	35.609	41.210	54.650	69.202
	16×16	10.216	21.266	34.941	39.921	52.479	64.682
	19×19	10.216	21.263	34.941	39.921	51.914	62.439
	20×20	10.216	21.261	34.941	39.921	51.209	61.407
S	10×10	4.941	13.987	35.665	46.706	59.195	88.161
	13×13	4.938	13.987	30.391	39.456	59.195	88.161
	16×16	4.935	13.941	25.986	30.503	46.102	59.195
	19×19	4.935	13.915	25.986	30.503	42.362	45.976
	20×20	4.935	13.899	25.986	30.503	40.915	42.362

(本表数据源自于:Pradhan,K. K. ,Chakraverty,S. ,2014. Free vibration of functionally graded thinelliptic plates with various edge supports. Structural Engineering and Mechanics 53(2),337 – 354。)

表 6.3　各向同性椭圆板($a/b=2$)无量纲频率的收敛性

边界条件	多项式个数	λ_1	λ_2	λ_3	λ_4	λ_5	λ_6
C	10×10	27.395	39.594	61.455	70.023	88.595	95.687
	13×13	27.378	39.594	56.329	70.023	88.595	89.812
	16×16	27.378	39.503	56.328	70.023	78.029	88.665
	19×19	27.378	39.500	56.328	69.884	78.025	88.665
	20×20	27.378	39.499	56.328	69.884	78.020	88.665
S	10×10	13.258	23.910	46.747	55.136	91.258	93.936
	13×13	13.218	23.910	39.388	46.747	76.705	93.936
	16×16	13.214	23.696	39.366	46.747	62.309	64.636
	19×19	13.214	23.653	39.366	46.341	60.605	64.636
	20×20	13.214	23.645	39.366	46.341	60.497	64.636

（本表数据源自于：Pradhan,K. K. ,Chakraverty,S. ,2014. Free vibration of functionally graded thinelliptic plates with various edge supports. Structural Engineering and Mechanics 53(2) ,337 – 354。）

表 6.4　各向同性椭圆板的前五阶无量纲频率值的对比

a/b	边界条件	数据来源	λ_1	λ_2	λ_3	λ_4	λ_5
1.0	C	本书	10.2158	21.261	34.878	39.773	51.209
	C	精确值	10.216	21.260	34.878	39.773	—
	C	Leissa[69]	10.2158	21.26	34.88	39.771	51.04
	C	Mazumdar[100]	10.2151	—	—	—	—
	C	Cheung 和 Tham[103]	10.2062	21.27	34.94	40.21	52.05
	C	Singh 和 Chakraverty[49,104]	10.216	21.260	34.878	39.773	—
	C	Rajalingham 等[52]	10.2158	21.2604	34.8770	39.7711	51.0300
	C	Chakraverty 和 Petyt[105]	10.216	21.260	34.878	39.773	51.030
	C	Wu 和 Liu[110]；Wu 等[111]	10.216	21.260	34.877	39.771	51.030

107

a/b	边界条件	数据来源	λ_1	λ_2	λ_3	λ_4	λ_5
1.0	C	Prakash 和 Ganpathi[115]	10.213	21.259	34.849	—	50.974
	C	Chakraverty 等[116]	10.2158	21.2604	34.8770	39.7712	—
	S	本书	4.9351	13.899	25.619	29.737	40.915
	S	精确值	4.935	13.898	25.613	29.720	—
	S	Leissa[69]	4.9351	13.8982	25.6173	29.7200	39.9573
	S	Leissa 和 Narita[101]	4.93515	13.8982	25.6133	29.7200	39.9573
	S	Cheung 和 Tham[103]	4.927	13.88	25.54	29.84	40.30
	S	Singh 和 Chakraverty[50,104]	4.9351	13.898	25.613	29.720	—
	S	Chakraverty 和 Petyt[105]	4.9351	13.898	25.613	29.720	39.957
	S	Wu 和 Liu[110]；Wu 等[111]	4.935	13.898	25.613	29.720	39.957
	S	Prakash 和 Ganpathi[115]	4.935	13.898	25.613	—	39.957
	S	Chakraverty 等[116]	4.9351	13.8982	25.6133	29.7201	—
	F	本书	5.3583	9.0035	12.5645	21.2331	22.1935
	F	精确值	5.3583	9.0031	12.439	20.475	—
	F	Leissa[69]	5.253	9.084	12.23	20.52	21.6
	F	Singh 和 Chakraverty[48,104]	5.3583	9.0031	12.439	20.475	—
	F	Chakraverty 和 Petyt[105]	5.3583	9.0031	12.439	20.475	21.835

a/b	边界条件	数据来源	λ_1	λ_2	λ_3	λ_4	λ_5
1.0	F	Wu 和 Liu[110]；Wu 等[111]	5.358	9.003	12.439	20.475	21.835
	F	Chakraverty 等[116]	5.3583	9.0031	12.4390	20.4746	—
2.0	C	本书	27.377	39.499	55.985	69.863	78.020
	C	Leissa[69]	27.378	—	—	—	—
	C	Mazumdar[100]	27.741	—	—	—	—
	C	Singh 和 Chakraverty[49]	27.377	39.497	55.985	69.858	—
	C	Singh 和 Chakraverty[104]	27.377	39.497	55.985	69.858	77.037
	C	Chakraverty 等[116]	27.3774	39.4974	55.9758	69.8580	—
	S	本书	13.213	23.645	38.354	46.165	60.497
	S	Singh 和 Chakraverty[50]	13.213	23.641	38.354	46.151	57.625
	S	Singh 和 Chakraverty[104]	13.213	23.641	38.354	46.151	—
	S	Chakraverty 等[116]	13.2135	23.6410	38.3259	46.1504	—
	F	本书	6.6706	10.548	17.213	22.353	32.696
	F	Singh 和 Chakraverty[104]	6.6706	10.548	16.923	22.019	—
	F	Chakraverty 等[116]	6.6705	10.5476	16.9212	22.0149	—

（本表数据源自于：Pradhan，K. K.，Chakraverty，S.，2014. Free vibration of functionally graded thin elliptic plates with various edge supports. Structural Engineering and Mechanics 53（2），337 – 354。）

6.3　结果与讨论

这里我们来讨论长宽比（a/b）对前六阶无量纲频率的影响，如表 6.5 ~

109

表6.7所列,其中给出了功能梯度板在各种边界条件和材料变化形式下的计算结果。固支边界情况可参见表6.5,考虑了不同幂指数(k)条件下功能梯度椭圆板的前六个频率值。类似地,简支边界和自由边界情况可分别参见表6.6和表6.7。从固支边界和简支边界情况中,我们不难观察到,频率值是随着长宽比的增加而不断增大的,而随着幂指数的增大则逐渐降低。自由边界情况稍微特殊一些,即,频率值随着幂指数的增大是逐渐减小的,但是在高阶模式处随着长宽比的增加则会呈现出一定的波动起伏。

进一步,表6.8和表6.9考察了泊松比的变化对功能梯度椭圆板(或圆板)固有频率的影响,包括了各种边界条件情形,其中长宽比和幂指数保持不变。对于各向同性($k=0$)板和功能梯度板,很容易观察到,当边界为固支情形时,不同泊松比对应的频率值保持不变;当边界为简支情形时,随着泊松比的增大,频率值也逐渐增大;当边界为自由情形时,频率将表现出一定的波动。由此不难得出一个结论,即,边界条件和泊松比对功能梯度椭圆板的自由振动响应的影响与它们对各向同性椭圆板的影响是相当类似的。

下面再来观察功能梯度圆板和椭圆板的三维模态形状,如图6.1~图6.3所示,其中考虑了不同的边界条件,且设定$k=1$。图6.1针对的是固支边界下的功能梯度板,图6.2为简支边界情况,而图6.3是自由边界情况。根据这些模态形状,我们很容易判断出边界状态是固支、简支或自由的,无论几何构型和幂指数如何。

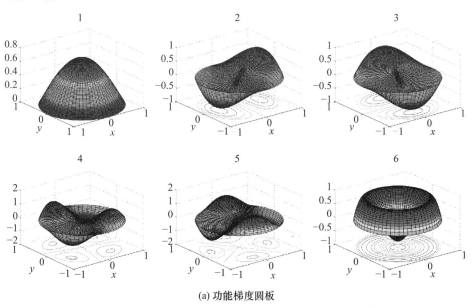

(a) 功能梯度圆板

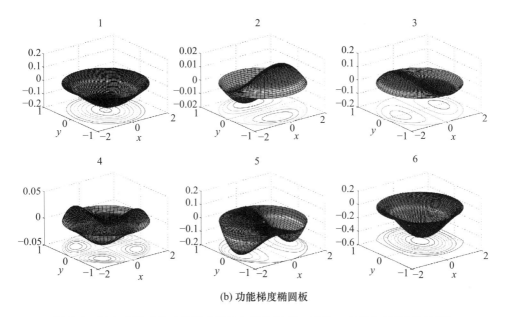

(b) 功能梯度椭圆板

图 6.1　固支边界下的功能梯度圆板与椭圆板($k=1$)的三维模态形状(见彩图)

（数据源自于：Pradhan, K. K. , Chakraverty, S. , 2014. Free vibration of functionally graded thin elliptic plates with various edge supports. Structural Engineering and Mechanics 53(2),337 – 354。）

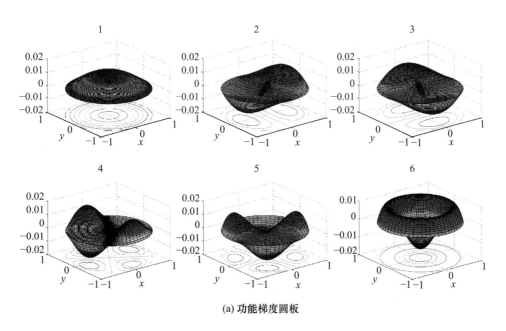

(a) 功能梯度圆板

111

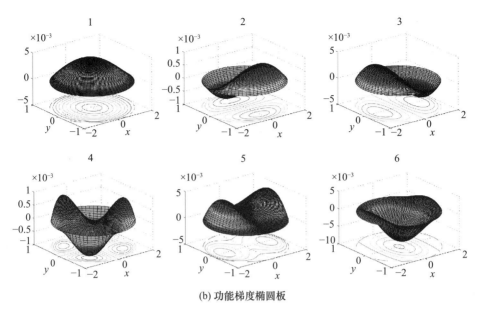

(b) 功能梯度椭圆板

图 6.2　简支边界下的功能梯度圆板与椭圆板($k=1$)的三维模态形状(见彩图)

（数据源自于：Pradhan，K. K. ，Chakraverty，S. ，2014. Free vibration of functionally graded thin elliptic plates with various edge supports. Structural Engineering and Mechanics 53（2），337 – 354。）

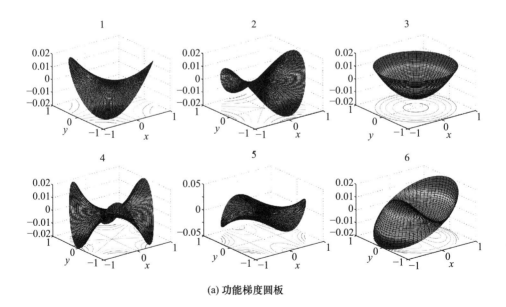

(a) 功能梯度圆板

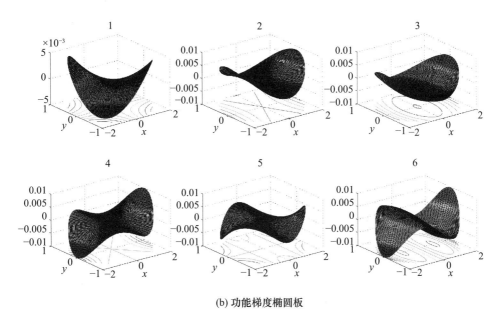

(b) 功能梯度椭圆板

图 6.3　自由边界下的功能梯度圆板与椭圆板($k=1$)的三维模态形状(见彩图)

(数据源自于: Pradhan, K. K. , Chakraverty, S. , 2014. Free vibration of functionally graded thin elliptic plates with various edge supports. Structural Engineering and Mechanics 53(2),337－354。)

表6.5　长宽比(a/b)对功能梯度椭圆板(固支边界条件)最低阶频率值的影响

a/b	k	λ_1	λ_2	λ_3	λ_4	λ_5	λ_6
1.0	0.0	10.216	21.261	34.878	39.773	51.209	61.407
	0.1	9.851	20.501	33.631	38.352	49.379	59.213
	1.0	8.500	17.689	29.020	33.093	42.609	51.094
	2.0	8.125	16.909	27.741	31.634	40.730	48.841
1.5	0.0	17.129	28.472	41.487	44.392	57.038	65.369
	0.1	16.517	27.454	40.005	42.806	54.999	63.032
	1.0	14.253	23.690	34.519	36.936	47.458	54.389
	2.0	13.624	22.646	32.998	35.308	45.366	51.992
2.0	0.0	27.377	39.499	55.985	69.863	78.020	88.074
	0.1	26.399	38.087	53.984	67.366	75.232	84.926
	1.0	22.779	32.865	46.582	58.129	64.917	73.282
	2.0	21.775	31.416	44.529	55.566	62.055	70.051
3.0	0.0	56.801	71.626	90.350	116.81	147.34	150.18

a/b	k	λ_1	λ_2	λ_3	λ_4	λ_5	λ_6
	0.1	54.771	69.066	87.121	112.64	142.08	144.81
3.0	1.0	47.261	59.596	75.176	97.195	122.59	124.95
	2.0	45.177	56.969	71.862	92.909	117.19	119.44

（本表数据源自于：Pradhan，K. K. ，Chakraverty，S. ，2014. Free vibration of functionally graded thin elliptic plates with various edge supports. Structural Engineering and Mechanics 53（2），337－354。）

表6.6 长宽比（a/b）对功能梯度椭圆板（简支边界条件）最低阶频率值的影响

a/b	k	λ_1	λ_2	λ_3	λ_4	λ_5	λ_6
	0.0	4.935	13.899	25.619	29.736	40.915	51.072
1.0	0.1	4.759	13.402	24.703	28.674	39.453	49.247
	1.0	4.106	11.564	21.316	24.742	34.043	42.495
	2.0	3.925	11.055	20.376	23.651	32.542	40.621
	0.0	8.282	17.835	27.452	31.805	41.409	52.246
1.5	0.1	7.986	17.198	26.471	30.668	39.929	50.379
	1.0	6.891	14.839	22.842	26.463	34.454	43.472
	2.0	6.587	14.186	21.835	25.297	32.935	41.555
	0.0	13.213	23.645	38.354	46.165	60.497	62.848
2.0	0.1	12.741	22.799	36.984	44.515	58.335	60.602
	1.0	10.994	19.673	31.913	38.412	50.337	52.292
	2.0	10.509	18.806	30.506	36.718	48.118	49.987
	0.0	27.081	40.146	57.050	84.282	98.673	116.06
3.0	0.1	26.114	38.711	55.011	81.269	95.146	111.91
	1.0	22.533	33.403	47.469	70.127	82.101	96.569
	2.0	21.539	31.931	45.376	67.035	78.481	92.312

（本表数据源自于：Pradhan，K. K. ，Chakraverty，S. ，2014. Free vibration of functionally graded thin elliptic plates with various edge supports. Structural Engineering and Mechanics 53（2），337－354。）

表6.7 长宽比（a/b）对功能梯度椭圆板（全自由边界条件）最低阶频率值的影响

a/b	k	λ_1	λ_2	λ_3	λ_4	λ_5	λ_6
	0.0	5.358	9.003	12.564	21.233	22.193	37.564
1.0	0.1	5.167	8.682	12.115	20.474	21.400	36.221
	1.0	4.458	7.491	10.454	17.667	18.466	31.255
	2.0	4.262	7.161	9.993	16.888	17.652	29.877

a/b	k	λ_1	λ_2	λ_3	λ_4	λ_5	λ_6
1.5	0.0	6.477	7.986	16.309	16.510	17.767	29.971
	0.1	6.245	7.701	15.726	15.920	17.132	28.899
	1.0	5.389	6.645	13.569	13.737	14.783	24.937
	2.0	5.151	6.352	12.971	13.132	14.131	23.838
2.0	0.0	6.671	10.548	17.212	22.353	27.773	32.696
	0.1	6.432	10.171	16.596	21.554	26.780	31.527
	1.0	5.550	8.776	14.321	18.599	23.108	27.205
	2.0	5.306	8.389	13.689	17.779	22.089	26.005
3.0	0.0	6.757	15.615	17.618	31.415	33.961	51.246
	0.1	6.516	15.057	16.988	30.292	32.748	49.414
	1.0	5.622	12.992	14.659	26.139	28.258	42.639
	2.0	5.374	12.419	14.013	24.986	27.012	40.759

（本表数据源于：Pradhan，K. K.，Chakraverty，S.，2014. Free vibration of functionally graded thin elliptic plates with various edge supports. Structural Engineering and Mechanics 53（2），337－354。）

表 6.8　泊松比（ν）对功能梯度椭圆板无量纲频率值的影响
（不同边界条件，k＝0）

a/b	边界条件	ν	λ_1	λ_2	λ_3	λ_4	λ_5	λ_6
1.0	C	0.00	10.216	21.260	34.878	39.773	51.209	61.407
		0.25	10.216	21.260	34.878	39.773	51.209	61.407
		0.33	10.216	21.260	34.878	39.773	51.209	61.407
		0.50	10.216	21.260	34.878	39.773	51.209	61.407
	S	0.00	4.4436	13.502	25.249	29.379	40.519	50.644
		0.25	4.8601	13.835	25.559	29.678	40.851	51.002
		0.33	4.9790	13.936	25.654	29.771	40.953	51.114
		0.50	5.2127	14.141	25.849	29.963	41.166	51.347
	F	0.00	6.1531	8.2441	14.148	20.758	24.659	37.779
		0.25	5.5112	8.8902	12.881	21.158	22.701	37.599
		0.33	5.2620	9.0692	12.363	21.277	21.867	37.543
		0.50	4.6404	9.4141	11.021	19.648	21.519	34.641
2.0	C	0.00	27.377	39.499	55.985	69.862	78.019	88.074
		0.25	27.377	39.499	55.985	69.862	78.019	88.074

a/b	边界条件	ν	λ_1	λ_2	λ_3	λ_4	λ_5	λ_6
2.0	C	0.33	27.377	39.499	55.985	69.862	78.019	88.074
		0.50	27.377	39.499	55.985	69.862	78.019	88.074
	S	0.00	12.646	22.829	37.367	45.803	59.139	62.416
		0.25	13.125	23.519	38.201	46.106	60.283	62.777
		0.33	13.265	23.718	38.444	46.201	60.624	62.889
		0.50	13.546	24.115	38.930	46.399	61.314	63.126
	F	0.00	7.060	12.269	18.235	25.329	27.675	34.809
		0.25	6.778	10.870	17.473	22.938	27.775	33.196
		0.33	6.597	10.346	17.034	21.981	27.768	32.359
		0.50	6.037	9.0676	15.683	19.540	27.710	29.828

（本表数据源自于：Pradhan，K. K.，Chakraverty，S.，2014. Free vibration of functionally graded thin elliptic plates with various edge supports. Structural Engineering and Mechanics 53（2），337－354。）

表 6.9　泊松比（ν）对功能梯度椭圆板无量纲频率值的影响

（不同边界条件，$k=1$）

a/b	边界条件	ν	λ_1	λ_2	λ_3	λ_4	λ_5	λ_6
1.0	C	0.00	8.5001	17.689	29.019	33.093	42.609	51.094
		0.25	8.5001	17.689	29.019	33.093	42.609	51.094
		0.33	8.5001	17.689	29.019	33.093	42.609	51.094
		0.50	8.5001	17.689	29.019	33.093	42.609	51.094
	S	0.00	3.6973	11.234	21.009	24.445	33.715	42.139
		0.25	4.0439	11.512	21.266	24.694	33.989	42.436
		0.33	4.1428	11.596	21.346	24.771	34.075	42.529
		0.50	4.3372	11.766	21.508	24.931	34.253	42.724
	F	0.00	5.1197	6.8595	11.772	17.272	20.517	31.434
		0.25	4.5856	7.3971	10.718	17.605	18.889	31.284
		0.33	4.3783	7.5461	10.286	17.704	18.194	31.238
		0.50	3.8610	7.8330	9.1701	16.348	17.9045	28.823
2.0	C	0.00	22.779	32.865	46.582	58.129	64.916	73.282
		0.25	22.779	32.865	46.582	58.129	64.916	73.282
		0.33	22.779	32.865	46.582	58.129	64.916	73.282
		0.50	22.779	32.865	46.582	58.129	64.916	73.282

a/b	边界条件	ν	λ_1	λ_2	λ_3	λ_4	λ_5	λ_6
2.0	S	0.00	10.522	18.995	31.092	38.111	49.207	51.933
		0.25	10.921	19.569	31.785	38.362	50.158	52.234
		0.33	11.038	19.735	31.988	38.441	50.442	52.328
		0.50	11.271	20.065	32.392	38.607	51.017	52.524
	F	0.00	5.874	10.208	15.173	21.075	23.027	28.962
		0.25	5.639	9.0445	14.538	19.085	23.111	27.621
		0.33	5.489	8.6086	14.173	18.289	23.105	26.925
		0.50	5.023	7.5447	13.049	16.258	23.056	24.819

（本表数据源自于：Pradhan，K. K.，Chakraverty，S.，2014. Free vibration of functionally graded thin elliptic plates with various edge supports. Structural Engineering and Mechanics 53(2)，337 – 354。）

6.4　本章小结

本章主要基于经典板理论考察了功能梯度椭圆板和圆板在各种边界条件下的固有频率和模态形状。借助瑞利－里茨方法，我们可以导出自由振动的广义特征值方程。在位移分量中所采用的试函数，能够非常轻松地处理各种经典边界情况。根据数值分析结果，可以归纳得到以下结论：

（1）对于功能梯度椭圆板或圆板来说，长宽比、幂指数以及材料分布特性都是影响其自由振动特性的关键因素。

（2）在瑞利－里茨方法中，多项式数量的增加是保证无量纲频率收敛性的重要因素。

（3）根据本章给出的相关表格和图像可以观察到，对于固支和简支边界情形，随着长宽比的增加频率也将增大（幂指数固定）；随着幂指数的增大频率将减小（长宽比固定）。对于自由边界下的功能梯度板，长宽比对频率的影响规律不是特别明显。

（4）当保持长宽比和幂指数固定不变时，对于固支椭圆板，频率与泊松比无关；对于简支椭圆板，频率随泊松比增加而增大；对于自由椭圆板，则会表现出一定的波动性。

（5）采用类似的分析过程，我们可以很轻松地拓展到其他类型的剪切变形板理论。

第 7 章 功能梯度三角形板的振动问题

在很多结构设计领域中,除了矩形板和椭圆板以外,三角形板也有着非常广泛而重要的应用。为此,我们对这一问题做一文献回顾,从而了解人们在各向同性三角形板以及功能梯度三角形板方面所做出的研究工作。

Mirza 和 Bijlani[117]曾基于有限元方法考察过悬臂型三角形板(变厚度)的固有频率与模态形状。Gorman[35-37]针对简支边界、固支/简支组合边界以及其他边界情况(单边处于自由边界)下的直角三角形板的自由振动问题,分别提出了高精度的解析求解方法(叠加法)。Saliba[118]在考察简支边界下的直角三角形薄板的自由振动时,给出了一种高精度的简化求解过程。Singh 和 Chakraverty[53]详尽分析了各向同性三角形板,采用了瑞利-里茨方法来处理所有类型的经典边界情况。Wanji 和 Cheung[119]考察了一种精化的三角形离散克希霍夫薄板单元(RDKT)的弯曲、振动以及屈曲行为,用以改进原来的三角形离散克希霍夫薄板单元(DKT)的结果。Sakiyama 和 Huang[120]在分析变厚度的直角三角形板的自由振动时,基于格林函数给出了一种近似分析方法。Zhong[121]采用三角形微分求积法对等腰三角形 Mindlin 板的横向自由振动进行了研究。Cheng 和 Batra[122]针对放置在 Winkler-Pasternak 型弹性基础上的简支边界下的功能梯度多边形板,采用 Reddy 的三阶板理论分析了它的屈曲与稳态振动问题。Kang 和 Lee[123]借助无量纲影响函数(格林函数)进行了固支边界下任意形状板的自由振动分析。Cheung 和 Zhou[124]基于精确的三维弹性理论,考察了等腰三角形板在悬臂和完全自由状态下的自由振动行为。除此之外,还有少量研究人员针对功能梯度三角形板进行了研究。Belalia 和 Houomat[125]基于曲边三角形 p 单元提出了一种 p 型有限元方法,并将其用于分析功能梯度扇形板的非线性自由振动。

本章主要针对功能梯度三角形薄板的自由振动进行讨论,其中将考虑三条边界处的各种经典边界情形。所考察的三角形板包括了四种类型,分别是两个直角三角形板、一个等边三角形板以及一个等腰三角形板。对于功能梯度三角形板,这里也考虑了材料特性呈现幂律型变化这一情况。板的位移分量是表示为简单代数多项式的线性组合形式的,这些多项式可根据帕斯卡三角来生成。

为了导出广义特征值方程,采用了瑞利 – 里茨分析过程。一般来说,我们需要将三角形板经过坐标转换变换成标准形式的三角形,这就要求对瑞利 – 里茨法中的能量表达式做适当的修正。类似于前几章,本章也将针对一些特定情形,对由此计算得到的固有频率结果进行收敛性验证,并将其与相关文献给出的结果进行对比。最后,本章还将给出三角形板在固支/固支/固支(C – C – C)和固支/自由/自由(C – F – F)边界条件下,与前六阶无量纲频率对应的三维模态形状。

7.1　功能梯度三角形单元的类型

如图 7.1 所示,在笛卡儿坐标系中,一般三角形可以通过三个参数完全确定,即 a、b 和 c。现在我们引入一个从笛卡儿坐标系 (x,y) 到自然坐标系 (ξ,η) 的坐标变换,使得这个一般三角形能够转化为一个标准三角形,这一变换如下(Singh 和 Chakraverty[53]):

$$\xi = \frac{x - \dfrac{by}{c}}{a}, \eta = \frac{y}{c}; x = a\xi + b\eta, y = c\eta \tag{7.1}$$

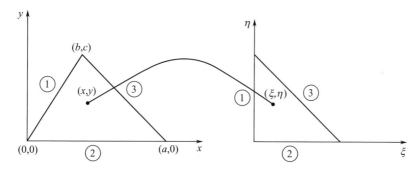

图 7.1　坐标变换:从一般三角形变换到标准三角形

正如 Singh 和 Chakraverty[53] 所指出的,这一变换是与有限元方法(将一个单元变换成另一相似形状的单元)不同的,我们完全可以利用上式对整块板来进行分析。

在此处的分析中,我们将考察功能梯度三角形板的四种特定情况(类似于 Singh 和 Chakraverty[53] 的工作),如图 7.2 所示。这四种情况的特征如下:

(1)图 7.2(a)所示的是直角三角形板,$\theta = 0$,边①、②和③的长度分别为 μ、1 和 $\sqrt{1 + \mu^2}$,其中的 μ 值可以有多种,即 1.0,1.5,2.0,2.5,3.0。

（2）图7.2(b)所示的是等边三角形板,无量纲形式的边长记为1,其他几何参数为 $\theta = 1/\sqrt{3}$ 和 $\mu = \sqrt{3}/2$。

（3）图7.2(c)所示的是内角分别为30°、60°和90°的直角三角形板,边①、②和③的无量纲长度分别为 $1/\sqrt{3}$、1 和 $2/\sqrt{3}$,于是可以看出对应的 $\theta = 0$、$\mu = 1/\sqrt{3}$。

（4）图7.2(d)所示的是等腰三角形板,内角为30°、30°和120°。边①、②和③的无量纲长度分别为1、1 和 $\sqrt{3}$,对应的 $\theta = -1/\sqrt{3}$、$\mu = \sqrt{3}/2$。

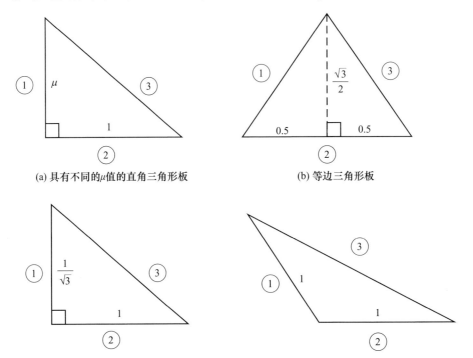

(a) 具有不同的 μ 值的直角三角形板　　　(b) 等边三角形板

(c) 直角三角形板（角度分别为30°、60°和90°）　(d) 等腰三角形板（角度分别为30°、30°和120°）

图 7.2　功能梯度三角形板的四种不同情形

在这些图中,我们只需分别在边①、边②和边③上做出相应的边界条件设定即可。

7.2　数值建模

在考察功能梯度三角形板时,我们首先是引入了坐标变换,将板的几何构型变换成标准的三角形形式。为此,数值建模过程就需要进行一些修正,从而才能确定出与自由振动相关的广义特征值问题。

类似地,我们需要建立形如式(3.19)和式(3.20)的板的应变能 U 与动能 T。在图 7.1 所示的坐标变换基础上,最大应变能和最大动能可以表示为如下形式:

$$U_{\max} = \frac{1}{2}\int_{\Omega}\left[D_{11}\left\{\left(\frac{\partial^2 W}{\partial \xi^2}\right)^2 + \left(\frac{\partial^2 W}{\partial \eta^2}\right)^2\right\} + 2D_{12}\frac{\partial^2 W}{\partial \xi^2}\frac{\partial^2 W}{\partial \eta^2} + \right.$$
$$\left. 4D_{66}\left(\frac{\partial^2 W}{\partial \xi \partial \eta}\right)^2\right]\mid J(\xi,\eta)\mid \mathrm{d}\xi\mathrm{d}\eta \tag{7.2}$$

$$T_{\max} = \frac{\omega^2}{2}\int_{\Omega}I_0 W^2 \mid J(\xi,\eta)\mid \mathrm{d}\xi\mathrm{d}\eta \tag{7.3}$$

在上面这两个式子中, $\mid J(\xi,\eta)\mid$ 代表的是从 (x,y) 到 (ξ,η) 这一坐标变换的雅可比行列式,可由下式给出:

$$J(\xi,\eta) = \frac{\partial(x,y)}{\partial(\xi,\eta)} = \begin{pmatrix} \dfrac{\partial x}{\partial \xi} & \dfrac{\partial x}{\partial \eta} \\ \dfrac{\partial y}{\partial \xi} & \dfrac{\partial y}{\partial \eta} \end{pmatrix} = \begin{pmatrix} a & b \\ 0 & c \end{pmatrix} = ac$$

下面基于瑞利 – 里茨法进行分析。幅值 $W(\xi,\eta)$ 可以表示为一系列简单代数多项式的求和形式,这些多项式都是关于 ξ 和 η 的函数,于是有:

$$W(\xi,\eta) = \sum_{i=1}^{n}c_i\varphi_i(\xi,\eta)$$

式中: c_i 是待定常数; φ_i 为容许函数,它们应满足基本的边界条件,可以表示为

$$\varphi_i(\xi,\eta) = f\psi_i(\xi,\eta), \quad i = 0,1,2,\cdots,n$$

式中: n 代表的是容许函数中包含的多项式个数;函数 $f = \xi^p \eta^q (1 - \xi - \eta)^r$ 决定了各种边界条件类型。参数 p 的取值为 0、1 或 2,分别对应于边 $\xi = 0$ 的自由(F)、简支(S)或固支(C)边界状态。参数 q 和 r 的取值情况也是类似的,只是分别针对的是边 $\eta = 0$ 和 $\xi + \eta = 1$。此外, ψ_i 可以根据帕斯卡三角来生成,参见表 7.1。

表 7.1 从帕斯卡三角得到的 10 个代数多项式

i	1	2	3	4	5	6	7	8	9	10
ψ_i	1	ξ	η	ξ^2	$\xi\eta$	η^2	ξ^3	$\xi^2\eta$	$\xi\eta^2$	η^3

假定泊松比为常数,那么令 $U_{\max}$ 与 $T_{\max}$ 相等即可得到瑞利商,即

$$\omega^2 = \frac{\int_\Omega D_{11}\Big[\Big\{\Big(\dfrac{\partial^2 W}{\partial \xi^2}\Big)^2 + \Big(\dfrac{\partial^2 W}{\partial \eta^2}\Big)^2\Big\} + 2\nu \dfrac{\partial^2 W}{\partial \xi^2}\dfrac{\partial^2 W}{\partial \eta^2} + 2(1-\nu)\Big(\dfrac{\partial^2 W}{\partial \xi \partial \eta}\Big)^2\Big]\mathrm{d}\xi\mathrm{d}\eta}{\int_\Omega I_0 W^2 \mathrm{d}\xi\mathrm{d}\eta}$$

$$(7.4)$$

下面将 ω^2 相对于待定常数求偏导数,则有

$$\frac{\partial \omega^2}{\partial c_i} = 0, \quad i = 1,2,3,\cdots,n \tag{7.5}$$

对上式做进一步处理后,不难导得广义特征值问题,其形式如下:

$$\sum_{j=1}^n (a_{ij} - \lambda^2 b_{ij}) c_j = 0, \quad i = 1,2,3,\cdots,n \tag{7.6}$$

式(7.6)中的相关参数如下:

$$a_{ij} = \Big[12\Big(1 - \frac{1}{E_r}\Big)\Big\{\frac{1}{k+3} - \frac{1}{k+2} + \frac{1}{4(k+1)}\Big\} + \frac{1}{E_r}\Big] \times$$

$$\int_\Omega \Big[A_1 \varphi_i^{\xi\xi}\varphi_j^{\xi\xi} + A_2 \varphi_i^{\eta\eta}\varphi_j^{\eta\eta} + A_3 \varphi_i^{\xi\eta}\varphi_j^{\xi\eta} + A_4(\varphi_i^{\xi\xi}\varphi_j^{\xi\eta} + \varphi_i^{\xi\eta}\varphi_j^{\xi\xi}) +$$

$$A_5(\varphi_i^{\xi\eta}\varphi_j^{\eta\eta} + \varphi_i^{\eta\eta}\varphi_j^{\xi\eta}) + A_6(\varphi_i^{\xi\xi}\varphi_j^{\eta\eta} + \varphi_i^{\eta\eta}\varphi_j^{\xi\xi})\Big]\mathrm{d}\xi\mathrm{d}\eta$$

$$b_{ij} = \Big\{\frac{1 - 1/\rho_r}{k+1} + \frac{1}{\rho_r}\Big\}\int_\Omega \varphi_i\varphi_j\mathrm{d}\xi\mathrm{d}\eta$$

$$\lambda^2 = \omega^2 a^4 \rho_c h / D_c$$

其中的 $E_r = E_c/E_m$ 和 $\rho_r = \rho_c/\rho_m$ 分别代表的是功能梯度板各个组分之间的杨氏模量比与质量密度比,$D_c = E_c h^3/12(1-\nu^2)$ 则代表了板的陶瓷组分的弯曲刚度。在 a_{ij} 的表达式中,上标符号是指求偏导数,而 $A_1,A_2,\cdots,A_6$ 的表达式如下:

$$A_1 - (1 + \theta^2)^2, A_2 = \frac{1}{\mu^4}, A_3 = \frac{2(1 - \nu + 2\theta^2)}{\mu^2}, A_4 = \frac{-2\theta(1 + \theta^2)}{\mu},$$

$$A_5 = \frac{-2\theta}{\mu^3}, A_6 = \frac{\nu + \theta^2}{\mu^2}$$

式中:$\theta = \dfrac{b}{c}$;$\mu = \dfrac{c}{a}$。

在特征值方程式(7.6)中,λ 和 $c_j = [c_1,c_2,c_3,\cdots,c_n]^T$ 分别代表的是无量纲频率(或频率参数)与未知常数的列矢量。

根据上述过程,我们就可以计算出各种类型的功能梯度三角形板的自由振动特性以及三维模态形状了,后面将对其加以讨论。

7.3 收敛性与对比分析

影响功能梯度板自由振动特性的主要物理参数包括了幂指数(k)、E_r和ρ_r。除此之外，几何参数θ和μ也会产生重要的影响。为此，本节将针对图 7.2(a)所示的功能梯度三角形板，考察无量纲频率的收敛性，并将其与相关文献给出的结果进行对比验证。

表 7.2 中针对不同的幂指数(k)、E_r和ρ_r值，列出了 C－C－C 边界下功能梯度三角形板(图 7.2(a))的前六阶无量纲频率值，此处对应的θ和μ分别为 0 和 1。从这一表格中不难看出，无论何种参数和何种边界条件，随着位移分量中包含的多项式数量的增加，无量纲频率均将趋于收敛。不仅如此，还可注意到$k=0$情况下的结果与$E_r=1.0$、$\rho_r=1.0$这一组合情况下的结果是相同的。因此，各向同性板的结果是可以从功能梯度板导出的，要么假定k为零，要么令E_r和ρ_r同时为 1。

表 7.3 ～ 表 7.5 将此处的计算结果与相关文献给出的结果做了比较，针对的是$k=0$的情形，此时功能梯度板将表现为各向同性。考虑到功能梯度三角形板振动分析方面的文献较少，这里的对比验证是针对各向同性板的。针对μ值分别为 1.0、1.5、2.0、2.5、3.0 的各向同性直角三角形板，表 7.3 给出了无量纲基本频率值。类似地，针对图 7.2(b)和 7.2(c)所示的直角三角形板和等边三角形板，表 7.4 中给出了它们的前五阶无量纲频率结果。表 7.5 则针对的是等腰三角形板情况(内角为30°、30°和120°)，给出了前六阶无量纲频率的对比。根据这些表格，我们很容易看出此处得到的计算结果与文献中的结果是相当一致的。

表 7.2 功能梯度三角形板前六阶无量纲频率的
收敛性(针对不同参数，其中$\theta=0,\mu=1$)

相关参数	参数值	n	λ_1	λ_2	λ_3	λ_4	λ_5	λ_6
$k(E_r=2.0,\rho_r=1.0)$	0	5	94.4970	179.7568	222.8206	305.4952	421.2256	—
		8	94.2693	164.0299	209.9348	291.1884	334.5662	442.9953
		10	94.1526	159.8475	202.0756	290.8454	328.9007	371.6805
		13	93.8589	159.6815	196.7425	255.4264	310.7635	363.8529
		15	93.8094	159.5177	196.4910	248.4158	299.3326	354.9414
	0.1	5	91.7145	174.4639	216.2597	296.4999	408.8226	—
		8	91.4936	159.2000	203.7533	282.6144	324.7150	429.9514

123

相关参数	参数值	n	λ_1	λ_2	λ_3	λ_4	λ_5	λ_6
$k(E_r=2.0, \rho_r=1.0)$	0.1	10	91.3803	155.1408	196.1256	282.2815	319.2162	360.7364
		13	91.0953	154.9797	190.9494	247.9054	301.6131	353.1393
		15	91.0472	154.8207	190.7053	241.1012	290.5188	344.4903
	2.0	5	79.0618	150.3953	186.4251	255.5956	352.4226	—
		8	78.8714	137.2372	175.6441	243.6257	279.9182	370.6365
		10	78.7737	133.7380	169.0686	243.3387	275.1780	310.9702
		13	78.5280	133.5991	164.6066	213.7051	260.0034	304.4212
		15	78.4866	133.4621	164.3961	207.8396	250.4396	296.9653
$E_r(k=1.0, \rho_r=1.0)$	1.0	5	94.4970	179.7568	222.8206	305.4952	421.2256	—
		8	94.2693	164.0299	209.9348	291.1884	334.5662	442.9953
		10	94.1526	159.8475	202.0756	290.8454	328.9007	371.6805
		13	93.8589	159.6815	196.7425	255.4264	310.7635	363.8529
		15	93.8094	159.5177	196.4910	248.4158	299.3326	354.9414
	2.0	5	81.8368	155.6740	192.9683	264.5666	364.7920	—
		8	81.6396	142.0540	181.8089	252.1766	289.7428	383.6452
		10	81.5385	138.4320	175.0026	251.8795	284.8363	321.8848
		13	81.2842	138.2882	170.3840	221.2057	269.1291	315.1059
		15	81.2413	138.1464	170.1662	215.1344	259.2296	307.3883
	2.5	5	79.0618	150.3953	186.4251	255.5956	352.4226	—
		8	78.8714	137.2372	175.6441	243.6257	279.9182	370.6365
		10	78.7737	133.7380	169.0686	243.3387	275.1780	310.9702
		13	78.5280	133.5991	164.6066	213.7051	260.0034	304.4212
		15	78.4866	133.4621	164.3961	207.8396	250.4396	296.9653
$\rho_r(k=1.0, E_r=1.0)$	1.0	5	94.4970	179.7568	222.8206	305.4952	421.2256	—
		8	94.2693	164.0299	209.9348	291.1884	334.5662	442.9953
		10	94.1526	159.8475	202.0756	290.8454	328.9007	371.6805
		13	93.8589	159.6815	196.7425	255.4264	310.7635	363.8529
		15	93.8094	159.5177	196.4910	248.4158	299.3326	354.9414
	2.0	5	109.1157	207.5653	257.2911	352.7554	486.3894	—
		8	108.8528	189.4054	242.4119	336.2354	386.3238	511.5269
		10	108.7180	184.5760	233.3369	335.8393	379.7818	429.1797

相关参数	参数值	n	λ_1	λ_2	λ_3	λ_4	λ_5	λ_6
$\rho_r(k=1.0,E_r=1.0)$	2.0	13	108.3790	184.3843	227.1786	294.9410	358.8388	420.1412
		15	108.3217	184.1952	226.8882	286.8458	345.6395	409.8511
	2.5	5	112.9455	214.8505	266.3215	365.1366	503.4608	—
		8	112.6734	196.0532	250.9201	348.0367	399.8831	529.4807
		10	112.5338	191.0543	241.5266	347.6267	393.1115	444.2432
		13	112.1829	190.8559	235.1522	305.2929	371.4334	434.8874
		15	112.1237	190.6601	234.8516	296.9136	357.7708	424.2362

表7.3 各向同性直角三角形板的无量纲基本频率值的对比(针对不同的 μ)

板边1-2-3的边界条件	数据来源	$\mu=c/a$				
		1.0	1.5	2.0	2.5	3.0
C-C-C	本书	93.8002	65.4639	53.4671	46.9018	42.7799
	Kim 和 Dickinson[46]	93.79	65.46	53.45	46.89	42.76
	Singh 和 Chakraverty[53]	93.80	65.46	53.46	46.91	42.81
	Singh 和 Saxena[56]	93.791	—	53.448	—	—
F-S-C	本书	31.7854	19.3552	14.4568	11.9106	10.3690
	Kim 和 Dickinson[46]	31.78	19.35	14.46	11.91	10.36
	Singh 和 Chakraverty[53]	31.78	19.35	14.46	11.93	10.39
	Singh 和 Saxena[56]	31.784	—	14.455	—	—
F-C-F	本书	6.1730	2.8786	1.6581	1.0753	0.7528
	Kim 和 Dickinson[46]	6.168	2.876	1.656	1.074	0.7514
	Singh 和 Chakraverty[53]	6.173	2.878	1.658	1.075	0.7528
	Singh 和 Saxena[56]	6.1693	—	1.6569	—	—

表7.4 各向同性三角形板(图7.2(b)和(c))前五阶无量纲频率值的对比

板边1-2-3的边界条件	类型	数据来源	λ_1	λ_2	λ_3	λ_4	λ_5
C-C-C	图7.2(b)	本书	99.0221	189.0510	189.0510	296.8529	316.8320
		Singh 和 Chakraverty[53]	99.022	189.05	189.22	296.85	316.83
		Singh 和 Saxena[56]	99.020	189.02	189.22	—	—

板边1-2-3 的边界条件	类型	数据来源	λ_1	λ_2	λ_3	λ_4	λ_5
C - C - C	图7.2(c)	本书	176.5822	280.9494	380.8706	416.4873	558.4695
		Singh 和 Chakraverty[53]	176.58	280.95	380.92	416.53	558.48
		Singh 和 Saxena[56]	176.58	279.80	380.06	—	—
C - C - S	图7.2(b)	本书	81.6027	165.1243	165.3528	268.1460	286.8021
		Singh 和 Chakraverty[53]	81.604	165.12	165.52	271.30	286.95
		Singh 和 Saxena[56]	81.601	165.00	165.33	—	—
	图7.2(c)	本书	137.0544	231.2049	323.9988	362.3161	493.2550
		Singh 和 Chakraverty[53]	137.05	231.20	324.00	362.31	493.97
		Singh 和 Saxena[56]	137.02	230.52	321.25	—	—
F - F - S	图7.2(b)	本书	22.6596	26.6623	70.6584	74.2863	91.5426
		Singh 和 Chakraverty[53]	22.666	26.717	71.033	74.867	91.959
		Singh 和 Saxena[56]	22.646	26.661	69.488	—	—
	图7.2(c)	本书	31.8430	68.7922	88.4578	150.3555	167.7079
		Singh 和 Chakraverty[53]	31.843	68.904	88.635	150.70	167.90
		Singh 和 Saxena[56]	31.836	68.252	86.485	—	—
F - C - F	图7.2(b)	本书	8.9216	35.1313	38.5031	90.5857	93.5195
		Bhat[43]	8.9221	35.132	38.505	90.590	93.525
		Singh 和 Chakraverty[53]	8.9219	35.155	38.503	91.624	96.725

126

板边1-2-3的边界条件	类型	数据来源	λ_1	λ_2	λ_3	λ_4	λ_5
F-C-F	图7.2(b)	Singh 和 Saxena[56]	8.9208	35.105	38.487	—	—
	图7.2(c)	本书	16.9606	49.7370	87.6047	108.4652	180.4222
		Singh 和 Chakraverty[53]	16.960	49.737	87.604	108.46	180.78
		Singh 和 Saxena[56]	16.948	49.712	87.338	—	—

表7.5 各向同性等腰三角形板(角度分别为30°、30°和120°)前六阶无量纲频率值的对比

板边1-2-3的边界条件	数据来源	λ_1	λ_2	λ_3	λ_4	λ_5	λ_6
F-C-F	本书	5.7167	21.5246	37.4540	56.0597	74.6846	120.6420
	Mirza 和 Bijlani[117]	5.7667	21.100	35.950	54.143	67.425	102.56
	Bhat[43]	5.7170	21.525	37.455	56.061	74.625	120.65
	Singh 和 Chakraverty[53]	5.7167	21.524	37.456	56.141	74.769	121.16

7.4 结果与讨论

在进行了收敛性和对比研究以后,这里我们针对不同边界条件的组合情况,对图7.2(a)~(d)中的功能梯度三角形板的前六个无量纲频率做一讨论。类似于7.3节,下面分三个小节来分别阐明三个主要物理参数(k、E_r 和 ρ_r)的影响规律。

7.4.1 幂指数 k 的影响

针对图7.2(a)所示的功能梯度直角三角形板,表7.6~表7.11列出了 k 增大时前六个无量纲频率的变化情况,分别考虑了六种不同的边界情形,即 C-C-C、C-C-S、S-S-S、C-C-F、C-S-F 和 C-F-F,并且也考虑了 $\mu=1.0,1.5,2.0,2.5,3.0$ 等取值情况。类似地,表7.12~表7.14分别给出了

图 7.2(b)~(d)所示的功能梯度三角形板的结果,其中考虑了十种边界组合情况,即 C – C – C、C – C – S、C – C – F、S – S – S、S – C – S、S – C – F、S – F – S、F – F、F – C – F 以及 F – F – S。这些板的物理参数和几何参数与 7.1 节中的是相同的,功能梯度材料组分的杨氏模量比(E_r)和质量密度比(ρ_r)分别设定为 2.0 和 1.0,而幂指数 k 分别取值为 0.1、0.2、1.0 和 2.0。根据这些表格我们可以注意到,无论边界情况和几何构型如何,无量纲频率总是随着 k 的增大而减小的。除此以外,从表 7.6~表 7.11 还可以发现,随着 μ 的增大对应的无量纲频率也是逐渐减小的。值得指出的是,对于其他边界情况下的幂指数对功能梯度三角形板的频率的影响规律,我们可以发现结果也是类似的。

表 7.6　C – C – C 边界条件下功能梯度直角三角形板
(图 7.2(a),$\theta = 0$,$E_r = 2.0$,$\rho_r = 1.0$)的前六阶无量纲频率值受幂指数 k 的影响

μ	k	λ_1	λ_2	λ_3	λ_4	λ_5	λ_6
1.0	0.1	91.0472	154.8207	190.7053	241.1012	290.5188	344.4903
	0.2	88.8830	151.1406	186.1722	235.3702	283.6130	336.3016
	1.0	81.2413	138.1464	170.1662	215.1344	259.2296	307.3883
	2.0	78.4866	133.4621	164.3961	207.8396	250.4396	296.9653
1.5	0.1	63.5941	103.6130	137.4716	164.7291	207.8836	247.8950
	0.2	62.0825	101.1501	134.2039	160.8134	202.9421	242.0024
	1.0	56.7450	92.4538	122.6658	146.9876	185.4943	221.1964
	2.0	54.8208	89.3189	118.5064	142.0035	179.2045	213.6961
2.0	0.1	51.8958	81.3229	116.2544	127.2009	167.5871	184.1184
	0.2	50.6622	79.3899	113.4910	124.1773	163.6035	179.7419
	1.0	46.3065	72.5644	103.7337	113.5012	149.5378	164.2887
	2.0	44.7364	70.1038	100.2163	109.6526	144.4673	158.7180
2.5	0.1	45.5936	69.5275	98.9260	106.8867	148.7133	160.8342
	0.2	44.5098	67.8748	96.5745	104.3459	145.1783	157.0111
	1.0	40.6831	62.0393	88.2716	95.3749	132.6967	143.5122
	2.0	39.3036	59.9357	85.2785	92.1409	128.1972	138.6459
3.0	0.1	41.6979	61.2381	85.8599	99.1123	139.5690	151.6590
	0.2	40.7067	59.7824	83.8190	96.7564	136.2514	148.0540
	1.0	37.2070	54.6427	76.6127	88.4378	124.5372	135.3252
	2.0	35.9453	52.7898	74.0149	85.4391	120.3144	130.7365

表 7.7　C－C－S 边界条件下功能梯度直角三角形板
（图 7.2(a)，$\theta = 0$，$E_r = 2.0$，$\rho_r = 1.0$）的前六阶无量纲频率值受幂指数 k 的影响

μ	k	λ_1	λ_2	λ_3	λ_4	λ_5	λ_6
1.0	0.1	71.2630	129.1405	163.5442	216.1318	268.2843	314.6799
	0.2	69.5691	126.0708	159.6567	210.9943	261.9071	307.1998
	1.0	63.5879	115.2320	145.9303	192.8542	239.3898	280.7885
	2.0	61.4318	111.3246	140.9821	186.3149	231.2725	271.2675
1.5	0.1	49.5298	86.3298	117.5549	146.0365	186.6522	228.8853
	0.2	48.3524	84.2777	114.7606	142.5651	182.2154	223.4446
	1.0	44.1954	77.0320	104.8941	130.3082	166.5496	204.2341
	2.0	42.6968	74.4199	101.3373	125.8897	160.9022	197.3089
2.0	0.1	40.1110	67.3078	98.9876	107.7777	154.1249	183.8509
	0.2	39.1575	65.7079	96.6347	105.2157	150.4613	179.4807
	1.0	35.7910	60.0587	88.3266	96.1699	137.5255	164.0500
	2.0	34.5774	58.0222	85.3316	92.9089	132.8622	158.4874
2.5	0.1	34.9769	56.4548	84.9497	91.4952	139.2663	167.6156
	0.2	34.1455	55.1128	82.9304	89.3204	135.9559	163.6313
	1.0	31.2098	50.3746	75.8006	81.6411	124.2672	149.5632
	2.0	30.1516	48.6664	73.2303	78.8728	120.0535	144.4918
3.0	0.1	31.7412	49.0864	75.6319	85.3760	131.7924	160.4156
	0.2	30.9867	47.9196	73.8341	83.3466	128.6596	156.6025
	1.0	28.3226	43.7997	67.4863	76.1809	117.5982	143.1387
	2.0	27.3623	42.3145	65.1980	73.5977	113.6106	138.2851

表 7.8　S－S－S 边界条件下功能梯度直角三角形板
（图 7.2(a)，$\theta = 0$，$E_r = 2.0$，$\rho_r = 1.0$）的前六阶无量纲频率值受幂指数 k 的影响

μ	k	λ_1	λ_2	λ_3	λ_4	λ_5	λ_6
1.0	0.1	47.9233	99.3824	128.9791	176.4169	232.3638	278.5150
	0.2	46.7842	97.0200	125.9132	172.2234	226.8404	271.8945
	1.0	42.7619	88.6788	115.0879	157.4166	207.3380	248.5186
	2.0	41.3120	85.6718	111.1855	152.0789	200.3075	240.0918
1.5	0.1	33.3722	65.1384	93.2169	125.9122	169.3949	197.5589
	0.2	32.5789	63.5900	91.0011	122.9192	165.3684	192.8628
	1.0	29.7780	58.1229	83.1773	112.3513	151.1509	176.2816

μ	k	λ_1	λ_2	λ_3	λ_4	λ_5	λ_6
1.5	2.0	28.7682	56.1521	80.3569	108.5417	146.0257	170.3042
2.0	0.1	27.0194	49.9471	79.9467	104.5365	139.2573	167.1121
	0.2	26.3771	48.7598	78.0464	102.0516	135.9471	163.1398
	1.0	24.1094	44.5678	71.3364	93.2778	124.2591	149.1140
	2.0	23.2919	43.0565	68.9175	90.1149	120.0457	144.0578
2.5	0.1	23.4781	42.6898	72.4929	87.0437	119.2492	145.1404
	0.2	22.9200	41.6751	70.7697	84.9746	116.4146	141.6903
	1.0	20.9495	38.0921	64.6854	77.6690	106.4059	129.5086
	2.0	20.2391	36.8005	62.4920	75.0354	102.7979	125.1172
3.0	0.1	21.2926	38.4803	67.1948	71.3749	107.6519	128.4438
	0.2	20.7864	37.5656	65.5975	69.6783	105.0930	125.3906
	1.0	18.9993	34.3359	59.9578	63.6877	96.0577	114.6103
	2.0	18.3551	33.1717	57.9248	61.5282	92.8005	110.7240

表 7.9 C – C – F 边界条件下功能梯度直角三角形板

(图 7.2(a),$\theta = 0, E_r = 2.0, \rho_r = 1.0$)的前六阶无量纲频率值受幂指数 k 的影响

μ	k	λ_1	λ_2	λ_3	λ_4	λ_5	λ_6
1.0	0.1	28.2419	61.9956	87.7987	114.9823	166.0811	207.7691
	0.2	27.5706	60.5219	85.7117	112.2492	162.1333	202.8303
	1.0	25.2003	55.3186	78.3427	102.5986	148.1940	185.3921
	2.0	24.3458	53.4428	75.6863	99.1197	143.1690	179.1058
1.5	0.1	19.2022	40.4770	62.9945	75.6968	115.1200	137.8951
	0.2	18.7458	39.5149	61.4971	73.8974	112.3836	134.6173
	1.0	17.1341	36.1176	56.2099	67.5441	102.7215	123.0437
	2.0	16.5531	34.8929	54.3039	65.2538	99.2384	118.8715
2.0	0.1	14.9956	29.7532	52.2692	57.3964	87.6623	96.9940
	0.2	14.6392	29.0460	51.0267	56.0320	85.5785	94.6884
	1.0	13.3806	26.5488	46.6398	51.2147	78.2210	86.5477
	2.0	12.9269	25.6485	45.0583	49.4781	75.5686	83.6130
2.5	0.1	12.5795	23.9678	42.3090	48.7249	72.5474	83.1392
	0.2	12.2805	23.3981	41.3033	47.5667	70.8229	81.1630
	1.0	11.2247	21.3864	37.7523	43.4772	64.7340	74.1851

μ	k	λ_1	λ_2	λ_3	λ_4	λ_5	λ_6
2.5	2.0	10.8441	20.6613	36.4722	42.0029	62.5390	71.6696
3.0	0.1	11.0219	20.4341	34.0282	44.5809	66.1853	76.3127
	0.2	10.7599	19.9483	33.2194	43.5212	64.6120	74.4987
	1.0	9.8348	18.2333	30.3633	39.7795	59.0571	68.0938
	2.0	9.5014	17.6150	29.3338	38.4306	57.0545	65.7848

表 7.10　C－S－F 边界条件下功能梯度直角三角形板
（图 7.2(a),$\theta=0,E_r=2.0,\rho_r=1.0$）的前六阶无量纲频率值受幂指数 k 的影响

μ	k	λ_1	λ_2	λ_3	λ_4	λ_5	λ_6
1.0	0.1	17.4411	46.7136	73.4769	97.7727	150.6387	194.8939
	0.2	17.0266	45.6032	71.7303	95.4486	147.0580	190.2612
	1.0	15.5627	41.6825	65.5633	87.2425	134.4148	173.9036
	2.0	15.0350	40.2691	63.3402	84.2842	129.8570	168.0069
1.5	0.1	13.3522	33.3703	52.8577	67.2324	107.6886	137.9586
	0.2	13.0349	32.5771	51.6013	65.6343	105.1288	134.6793
	1.0	11.9142	29.7763	47.1649	59.9914	96.0904	123.1003
	2.0	11.5102	28.7666	45.5656	57.9572	92.8322	118.9262
2.0	0.1	11.1886	25.5073	44.5847	52.2049	89.3005	115.0949
	0.2	10.9226	24.9010	43.5249	50.9640	87.1778	112.3591
	1.0	9.9835	22.7601	39.7829	46.5824	79.6828	102.6991
	2.0	9.6450	21.9884	38.4339	45.0029	76.9809	99.2167
2.5	0.1	9.8524	20.6162	39.8671	45.4740	76.3031	93.2331
	0.2	9.6182	20.1262	38.9195	44.3930	74.4893	91.0170
	1.0	8.7913	18.3958	35.5734	40.5764	68.0852	83.1918
	2.0	8.4932	17.7721	34.3672	39.2005	65.7765	80.3710
3.0	0.1	8.9312	17.6209	36.4697	41.7231	65.9988	73.2754
	0.2	8.7189	17.2020	35.6028	40.7314	64.4299	71.5336
	1.0	7.9693	15.7231	32.5419	37.2295	58.8906	65.3836
	2.0	7.6990	15.1899	31.4384	35.9671	56.8938	63.1665

表 7.11　C-F-F 边界条件下功能梯度直角三角形板
（图 7.2（a），$\theta=0$，$E_r=2.0$，$\rho_r=1.0$）的前六阶无量纲频率值受幂指数 k 的影响

μ	k	λ_1	λ_2	λ_3	λ_4	λ_5	λ_6
1.0	0.1	5.9987	22.8112	31.8762	58.0127	80.5269	112.6798
	0.2	5.8561	22.2690	31.1185	56.6337	78.6127	110.0014
	1.0	5.3527	20.3544	28.4431	51.7646	71.8540	100.5441
	2.0	5.1712	19.6642	27.4786	50.0094	69.4176	97.1348
1.5	0.1	5.6303	17.9534	29.0088	41.0118	69.1853	85.0815
	0.2	5.4965	17.5266	28.3192	40.0370	67.5408	83.0591
	1.0	5.0239	16.0198	25.8845	36.5948	61.7340	75.9182
	2.0	4.8536	15.4766	25.0068	35.3540	59.6407	73.3439
2.0	0.1	5.3557	14.9572	27.8093	31.4758	61.5841	77.7571
	0.2	5.2284	14.6017	27.1482	30.7276	60.1202	75.9088
	1.0	4.7789	13.3463	24.8142	28.0858	54.9514	69.3826
	2.0	4.6169	12.8938	23.9728	27.1335	53.0881	67.0300
2.5	0.1	5.1512	12.9362	26.7216	27.1358	56.0674	71.4806
	0.2	5.0287	12.6287	26.0864	26.4908	54.7346	69.7815
	1.0	4.5964	11.5429	23.8437	24.2133	50.0288	63.7821
	2.0	4.4405	11.1515	23.0352	23.3922	48.3325	61.6193
3.0	0.1	4.9914	11.5374	24.1492	26.5355	51.7979	56.1124
	0.2	4.8727	11.2631	23.5752	25.9048	50.5667	54.7785
	1.0	4.4538	10.2948	21.5483	23.6776	46.2193	50.0690
	2.0	4.3028	9.9457	20.8176	22.8748	44.6520	48.3712

表 7.12　功能梯度等边三角形板（图 7.2（b），$\theta=1/\sqrt{3}$，$\mu=\sqrt{3}/2$）
前六阶无量纲频率值受幂指数 k 的影响

k	边界条件	λ_1	λ_2	λ_3	λ_4	λ_5	λ_6
0.1	C-C-C	96.1142	183.7803	183.7803	293.5942	310.8578	310.8578
	C-C-S	79.2065	160.7861	161.0844	265.9415	287.1341	291.1617
	C-C-F	38.8604	93.1608	99.0763	171.5459	198.5175	200.1511
	S-S-S	51.0889	120.9208	120.9208	212.9728	236.0465	236.0465
	S-C-S	64.2459	139.6457	140.1539	246.0838	261.1685	265.6640
	S-C-F	25.7909	73.3945	82.4641	148.2524	177.4789	180.2259

132

k	边界条件	λ_1	λ_2	λ_3	λ_4	λ_5	λ_6
0.1	S－F－S	15.6200	56.4846	66.7480	121.1134	151.6160	153.6938
	F－F－F	34.2342	35.5200	35.5200	108.6637	108.6637	115.2961
	F－C－F	8.6622	34.3530	37.4139	92.8219	96.3350	112.0160
	F－F－S	22.0114	26.0639	70.0937	73.3966	90.1712	185.3062
0.2	C－C－C	93.8295	179.4117	179.4117	286.6154	303.4686	303.4686
	C－C－S	77.3238	156.9641	157.2553	259.6200	280.3089	284.2406
	C－C－F	37.9366	90.9463	96.7212	167.4682	193.7986	195.3935
	S－S－S	49.8745	118.0464	118.0464	207.9103	230.4355	230.4355
	S－C－S	62.7188	136.3262	136.8223	240.2343	254.9605	259.3490
	S－C－F	25.1778	71.6498	80.5039	144.7283	173.2602	175.9419
	S－F－S	15.2487	55.1419	65.1614	118.2345	148.0120	150.0405
	F－F－F	33.4205	34.6757	34.6757	106.0807	106.0807	112.5554
	F－C－F	8.4563	33.5364	36.5246	90.6155	94.0451	109.3533
	F－F－S	21.4882	25.4444	68.4276	71.6519	88.0278	180.9014
1.0	C－C－C	85.7626	163.9869	163.9869	261.9738	277.3781	277.3781
	C－C－S	70.6759	143.4692	143.7354	237.2993	256.2095	259.8033
	C－C－F	34.6751	83.1273	88.4057	153.0702	177.1369	178.5946
	S－S－S	45.5866	107.8975	107.8975	190.0354	210.6240	210.6240
	S－C－S	57.3266	124.6057	125.0591	219.5804	233.0404	237.0517
	S－C－F	23.0132	65.4898	73.5826	132.2854	158.3643	160.8154
	S－F－S	13.9377	50.4011	59.5592	108.0694	135.2868	137.1409
	F－F－F	30.5472	31.6945	31.6945	96.9605	96.9605	102.8786
	F－C－F	7.7293	30.6531	33.3844	82.8249	85.9596	99.9518
	F－F－S	19.6407	23.2568	62.5446	65.4917	80.4597	165.3485
2.0	C－C－C	82.8545	158.4264	158.4264	253.0908	267.9727	267.9727
	C－C－S	68.2794	138.6044	138.8616	229.2529	247.5219	250.9938
	C－C－F	33.4993	80.3086	85.4080	147.8799	171.1305	172.5388
	S－S－S	44.0408	104.2389	104.2389	183.5916	203.4821	203.4821
	S－C－S	55.3827	120.3805	120.8186	212.1348	225.1384	229.0137
	S－C－F	22.2328	63.2692	71.0875	127.7999	152.9944	155.3624
	S－F－S	13.4651	48.6921	57.5396	104.4049	130.6994	132.4907

k	边界条件	λ_1	λ_2	λ_3	λ_4	λ_5	λ_6
2.0	F－F－F	29.5114	30.6198	30.6198	93.6728	93.6728	99.3901
	F－C－F	7.4672	29.6137	32.2524	80.0164	83.0449	96.5626
	F－F－S	18.9748	22.4682	60.4238	63.2710	77.7314	159.7418
5.0	C－C－C	79.4007	151.8224	151.8224	242.5406	256.8022	256.8022
	C－C－S	65.4332	132.8267	133.0732	219.6965	237.2039	240.5311
	C－C－F	32.1029	76.9609	81.8477	141.7155	163.9969	165.3465
	S－S－S	42.2050	99.8936	99.8936	175.9386	194.9999	194.9999
	S－C－S	53.0741	115.3625	115.7823	203.2919	215.7535	219.4672
	S－C－F	21.3061	60.6318	68.1242	122.4725	146.6168	148.8861
	S－F－S	12.9038	46.6624	55.1411	100.0528	125.2512	126.9678
	F－F－F	28.2812	29.3434	29.3434	89.7680	89.7680	95.2470
	F－C－F	7.1559	28.3793	30.9080	76.6809	79.5831	92.5373
	F－F－S	18.1838	21.5316	57.9050	60.6335	74.4912	153.0830

表7.13 功能梯度直角三角形板(图7.2(c),角度分别为30°、60°和90°)
前六阶无量纲频率受幂指数 k 的影响

k	边界条件	λ_1	λ_2	λ_3	λ_4	λ_5	λ_6
0.1	C－C－C	171.4750	273.4001	378.0292	436.6760	557.5210	638.2764
	C－C－S	133.0728	227.5203	322.4896	376.8116	504.7479	608.4365
	C－C－F	50.7597	103.8812	172.2018	197.2515	303.4861	338.8338
	S－S－S	89.7121	169.7380	257.5380	344.1051	462.1235	540.3853
	S－C－S	116.0340	206.8043	296.1916	365.4608	507.7390	596.6455
	S－C－F	36.6036	87.7666	144.9766	176.0460	294.0350	376.8694
	S－F－S	22.3134	64.3916	126.2444	139.7782	279.1071	346.0023
	F－F－F	24.8248	52.9835	78.6936	98.3006	139.4496	225.1636
	F－C－F	16.4769	49.2063	85.1041	107.1639	196.0819	242.0130
	F－F－S	31.1018	67.2067	86.4201	165.3371	217.8876	234.3610
0.2	C－C－C	167.3990	266.9013	369.0433	426.2960	544.2685	623.1044
	C－C－S	129.9096	222.1121	314.8239	367.8546	492.7498	593.9737
	C－C－F	49.5532	101.4119	168.1085	192.5628	296.2721	330.7796
	S－S－S	87.5796	165.7033	251.4162	335.9256	451.1386	527.5401
	S－C－S	113.2758	201.8885	289.1510	356.7737	495.6699	582.4630

k	边界条件	λ_1	λ_2	λ_3	λ_4	λ_5	λ_6
0.2	S－C－F	35.7335	85.6803	141.5304	171.8613	287.0457	367.9110
	S－F－S	21.7830	62.8609	123.2435	136.4556	272.4726	337.7777
	F－F－F	24.2347	51.7241	76.8231	95.9639	136.1349	219.8114
	F－C－F	16.0853	48.0367	83.0812	104.6166	191.4209	236.2602
	F－F－S	30.3625	65.6092	84.3659	161.4070	212.7083	228.7901
1.0	C－C－C	153.0070	243.9546	337.3150	389.6455	497.4754	569.5334
	C－C－S	118.7408	203.0162	287.7571	336.2286	450.3860	542.9073
	C－C－F	45.2929	92.6931	153.6555	176.0073	270.8003	302.3411
	S－S－S	80.0500	151.4571	229.8009	307.0447	412.3523	482.1852
	S－C－S	103.5370	184.5313	264.2914	326.1003	453.0550	532.3862
	S－C－F	32.6613	78.3140	129.3624	157.0856	262.3671	336.2801
	S－F－S	19.9102	57.4565	112.6477	124.7239	249.0470	308.7375
	F－F－F	22.1511	47.2771	70.2183	87.7135	124.4308	200.9133
	F－C－F	14.7024	43.9067	75.9383	95.6222	174.9637	215.9479
	F－F－S	27.7521	59.9685	77.1126	147.5301	194.4209	209.1200
2.0	C－C－C	147.8188	235.6826	325.8773	376.4334	480.6069	550.2216
	C－C－S	114.7145	196.1323	277.9998	324.8277	435.1142	524.4983
	C－C－F	43.7571	89.5500	148.4453	170.0392	261.6180	292.0892
	S－S－S	77.3356	146.3214	222.0088	296.6333	398.3702	465.8352
	S－C－S	100.0263	178.2742	255.3298	315.0428	437.6927	514.3339
	S－C－F	31.5538	75.6585	124.9760	151.7591	253.4707	324.8775
	S－F－S	19.2351	55.5083	108.8280	120.4948	240.6022	298.2687
	F－F－F	21.4000	45.6740	67.8373	84.7393	120.2115	194.1007
	F－C－F	14.2038	42.4179	73.3634	92.3799	169.0310	208.6255
	F－F－S	26.8111	57.9351	74.4978	142.5277	187.8284	202.0292
5.0	C－C－C	141.6570	225.8581	312.2930	360.7417	460.5727	527.2855
	C－C－S	109.9326	187.9565	266.4113	311.2872	416.9764	502.6345
	C－C－F	41.9331	85.8171	142.2573	162.9511	250.7124	279.9135
	S－S－S	74.1119	140.2220	212.7543	284.2681	381.7641	446.4168
	S－C－S	95.8566	170.8428	244.6863	301.9102	419.4475	492.8938
	S－C－F	30.2385	72.5047	119.7664	145.4330	242.9048	311.3349

k	边界条件	λ_1	λ_2	λ_3	λ_4	λ_5	λ_6
5.0	S－F－S	18.4333	53.1944	104.2915	115.4719	230.5727	285.8354
	F－F－F	20.5080	43.7701	65.0095	81.2069	115.2005	186.0096
	F－C－F	13.6117	40.6497	70.3052	88.5290	161.9849	199.9289
	F－F－S	25.6934	55.5200	71.3924	136.5864	179.9987	193.6075

表 7.14 功能梯度等腰三角形板(图 7.2(d),角度分别为30°、30°和120°)
前六阶无量纲频率受幂指数 k 的影响

k	边界条件	λ_1	λ_2	λ_3	λ_4	λ_5	λ_6
0.1	C－C－C	137.6361	213.6173	296.0524	354.9282	453.3632	616.0397
	C－C－S	104.1299	172.6731	261.8057	313.4529	425.4168	547.3025
	C－C－F	33.8016	68.5302	111.8262	154.5037	243.4675	320.7225
	S－S－S	71.6489	135.0420	214.8276	256.3671	386.7775	508.6849
	S－C－S	86.6240	152.3939	239.0463	288.2326	401.4156	526.6853
	S－C－F	18.6026	47.2619	81.2986	131.6930	209.0212	253.5735
	S－F－S	23.9881	59.8452	106.6091	150.9550	208.1678	317.1308
	F－F－F	13.3306	27.4809	49.3394	54.9804	99.5320	138.8216
	F－C－F	5.5679	21.1764	37.5645	55.5857	92.0183	138.1714
	F－F－S	22.1655	43.6699	88.7802	93.6692	170.7119	202.5393
0.2	C－C－C	134.3645	208.5395	289.0151	346.4914	442.5866	601.3962
	C－C－S	101.6547	168.5686	255.5825	306.0020	415.3045	534.2929
	C－C－F	32.9981	66.9012	109.1680	150.8311	237.6802	313.0988
	S－S－S	69.9458	131.8320	209.7210	250.2731	377.5837	496.5933
	S－C－S	84.5649	148.7714	233.3641	281.3812	391.8738	514.1658
	S－C－F	18.1604	46.1385	79.3661	128.5626	204.0527	247.5460
	S－F－S	23.4179	58.4227	104.0750	147.3667	203.2196	309.5924
	F－F－F	13.0137	26.8277	48.1665	53.6735	97.1661	135.5217
	F－C－F	5.4355	20.6731	36.6716	54.2644	89.8310	134.8870
	F－F－S	21.6386	42.6319	86.6699	91.4427	166.6540	197.7249
1.0	C－C－C	122.8126	190.6105	264.1672	316.7021	404.5355	549.6916
	C－C－S	92.9150	154.0760	233.6090	279.6937	379.5990	488.3574
	C－C－F	30.1611	61.1494	99.7824	137.8635	217.2458	286.1804
	S－S－S	63.9323	120.4979	191.6904	228.7561	345.1212	453.8990

k	边界条件	λ_1	λ_2	λ_3	λ_4	λ_5	λ_6
1.0	S – C – S	77.2945	135.9809	213.3008	257.1897	358.1827	469.9607
	S – C – F	16.5990	42.1717	72.5427	117.5095	186.5094	226.2634
	S – F – S	21.4046	53.3998	95.1272	134.6970	185.7480	282.9755
	F – F – F	11.8949	24.5212	44.0255	49.0590	88.8123	123.8704
	F – C – F	4.9682	18.8957	33.5188	49.5990	82.1078	123.2902
	F – F – S	19.7783	38.9666	79.2185	83.5810	152.3261	180.7256
2.0	C – C – C	118.6482	184.1472	255.2098	305.9633	390.8184	531.0526
	C – C – S	89.7644	148.8516	225.6877	270.2098	366.7275	471.7981
	C – C – F	29.1384	59.0760	96.3989	133.1888	209.8794	276.4765
	S – S – S	61.7644	116.4120	185.1906	220.9994	333.4188	438.5081
	S – C – S	74.6735	131.3701	206.0681	248.4689	346.0374	454.0252
	S – C – F	16.0362	40.7418	70.0829	113.5250	180.1852	218.5912
	S – F – S	20.6788	51.5892	91.9016	130.1296	179.4496	273.3803
	F – F – F	11.4916	23.6897	42.5326	47.3955	85.8008	119.6701
	F – C – F	4.7997	18.2550	32.3822	47.9172	79.3237	119.1096
	F – F – S	19.1076	37.6454	76.5323	80.7469	147.1610	174.5975
5.0	C – C – C	113.7024	176.4710	244.5713	293.2091	374.5271	508.9156
	C – C – S	86.0226	142.6467	216.2799	258.9460	351.4404	452.1311
	C – C – F	27.9237	56.6134	92.3805	127.6368	201.1305	264.9516
	S – S – S	59.1898	111.5593	177.4709	211.7870	319.5202	420.2288
	S – C – S	71.5608	125.8939	197.4781	238.1114	331.6127	435.0991
	S – C – F	15.3677	39.0434	67.1615	108.7927	172.6742	209.4792
	S – F – S	19.8168	49.4386	88.0707	124.7051	171.9692	261.9844
	F – F – F	11.0125	22.7022	40.7597	45.4198	82.2242	114.6817
	F – C – F	4.5997	17.4940	31.0324	45.9198	76.0171	114.1445
	F – F – S	18.3111	36.0761	73.3421	77.3809	141.0265	167.3194

7.4.2 杨氏模量比（E_r）的影响

杨氏模量比对前六个无量纲频率的影响如表 7.15 ~ 表 7.23 所列,这里对应的公共参数是 $k = 1.0$ 和 $\rho_r = 1.0$,而所考察的杨氏模量比则分别取 1.0、1.5、2.0、2.5 和 3.0。与前一节中的表 7.6 ~ 表 7.11 不同的是,这里的表 7.15 ~

表7.20针对的是相同的边界条件和相同的μ的情况下,功能梯度直角三角形板(图7.2(a))的计算结果。另外,表7.21~表7.23则考察了与表7.12~表7.14相似的边界条件情况,分别给出的是图7.2(b)~(d)中的功能梯度三角形板的本征频率情况。不难看出,此处的无量纲频率值是随着杨氏模量比的增大而降低的,这一点也是容易理解的,因为从相关的计算式中可以看出杨氏模量E_c是与λ成反比关系的。

表7.15　C-C-C边界条件下功能梯度直角三角形板

(图7.2(a),$\theta=0,k=1.0,\rho_r=1.0$)的前六阶无量纲频率值受$E_r$的影响

μ	E_r	λ_1	λ_2	λ_3	λ_4	λ_5	λ_6
1.0	1.0	93.8094	159.5177	196.4910	248.4158	299.3326	354.9414
	2.0	81.2413	138.1464	170.1662	215.1344	259.2296	307.3883
	2.5	78.4866	133.4621	164.3961	207.8396	250.4396	296.9653
	3.0	76.5950	130.2457	160.4342	202.8306	244.4040	289.8085
1.5	1.0	65.5234	106.7565	141.6423	169.7267	214.1904	255.4156
	2.0	56.7450	92.4538	122.6658	146.9876	185.4943	221.1964
	2.5	54.8208	89.3189	118.5064	142.0035	179.2045	213.6961
	3.0	53.4997	87.1663	115.6504	138.5812	174.8857	208.5460
2.0	1.0	53.4702	83.7901	119.7814	131.0599	172.6714	189.7042
	2.0	46.3065	72.5644	103.7337	113.5012	149.5378	164.2887
	2.5	44.7364	70.1038	100.2163	109.6526	144.4673	158.7180
	3.0	43.6582	68.4144	97.8011	107.0100	140.9856	154.8929
2.5	1.0	46.9768	71.6368	101.9272	110.1294	153.2250	165.7136
	2.0	40.6831	62.0393	88.2716	95.3749	132.6967	143.5122
	2.5	39.3036	59.9357	85.2785	92.1409	128.1972	138.6459
	3.0	38.3564	58.4912	83.2232	89.9203	125.1077	135.3046
3.0	1.0	42.9629	63.0959	88.4648	102.1192	143.8032	156.2600
	2.0	37.2070	54.6427	76.6127	88.4378	124.5372	135.3252
	2.5	35.9453	52.7898	74.0149	85.4391	120.3144	130.7365
	3.0	35.0791	51.5176	72.2312	83.3800	117.4148	127.5858

表 7.16　C – C – S 边界条件下功能梯度直角三角形板
（图 7.2(a)，$\theta = 0, k = 1.0, \rho_r = 1.0$）的前六阶无量纲频率值受 E_r 的影响

μ	E_r	λ_1	λ_2	λ_3	λ_4	λ_5	λ_6
1.0	1.0	73.4250	133.0584	168.5058	222.6888	276.4235	324.2267
	2.0	63.5879	115.2320	145.9303	192.8542	239.3898	280.7885
	2.5	61.4318	111.3246	140.9821	186.3149	231.2725	271.2675
	3.0	59.9513	108.6417	137.5844	181.8247	225.6989	264.7300
1.5	1.0	51.0324	88.9488	121.1213	150.4670	192.3149	235.8292
	2.0	44.1954	77.0320	104.8941	130.3082	166.5496	204.2341
	2.5	42.6968	74.4199	101.3373	125.8897	160.9022	197.3089
	3.0	41.6678	72.6264	98.8951	122.8558	157.0245	192.5538
2.0	1.0	41.3279	69.3498	101.9907	111.0474	158.8008	189.4286
	2.0	35.7910	60.0587	88.3266	96.1699	137.5255	164.0500
	2.5	34.5774	58.0222	85.3316	92.9089	132.8622	158.4874
	3.0	33.7441	56.6239	83.2751	90.6698	129.6603	154.6678
2.5	1.0	36.0380	58.1675	87.5269	94.2710	143.4914	172.7007
	2.0	31.2098	50.3746	75.8006	81.6411	124.2672	149.5632
	2.5	30.1516	48.6664	73.2303	78.8728	120.0535	144.4918
	3.0	29.4249	47.4936	71.4655	76.9720	117.1603	141.0095
3.0	1.0	32.7042	50.5756	77.9265	87.9661	135.7907	165.2824
	2.0	28.3226	43.7997	67.4863	76.1809	117.5982	143.1387
	2.5	27.3623	42.3145	65.1980	73.5977	113.6106	138.2851
	3.0	26.7028	41.2948	63.6267	71.8240	110.8726	134.9525

表 7.17　S – S – S 边界条件下功能梯度直角三角形板
（图 7.2(a)，$\theta = 0, k = 1.0, \rho_r = 1.0$）的前六阶无量纲频率值受 E_r 的影响

μ	E_r	λ_1	λ_2	λ_3	λ_4	λ_5	λ_6
1.0	1.0	49.3772	102.3974	132.8920	181.7691	239.4133	286.9646
	2.0	42.7619	88.6788	115.0879	157.4166	207.3380	248.5186
	2.5	41.3120	85.6718	111.1855	152.0789	200.3075	240.0918
	3.0	40.3164	83.6072	108.5059	148.4138	195.4801	234.3056
1.5	1.0	34.3846	67.1145	96.0449	129.7321	174.5341	203.5525
	2.0	29.7780	58.1229	83.1773	112.3513	151.1509	176.2816
	2.5	28.7682	56.1521	80.3569	108.5417	146.0257	170.3042

μ	E_r	λ_1	λ_2	λ_3	λ_4	λ_5	λ_6
1.5	3.0	28.0749	54.7988	78.4204	105.9258	142.5065	166.1999
2.0	1.0	27.8391	51.4624	82.3722	107.7080	143.4821	172.1820
	2.0	24.1094	44.5678	71.3364	93.2778	124.2591	149.1140
	2.5	23.2919	43.0565	68.9175	90.1149	120.0457	144.0578
	3.0	22.7305	42.0189	67.2566	87.9432	117.1526	140.5860
2.5	1.0	24.1904	43.9850	74.6922	89.6844	122.8670	149.5437
	2.0	20.9495	38.0921	64.6854	77.6690	106.4059	129.5086
	2.5	20.2391	36.8005	62.4920	75.0354	102.7979	125.1172
	3.0	19.7514	35.9136	60.9859	73.2270	100.3205	122.1019
3.0	1.0	21.9385	39.6477	69.2333	73.5403	110.9179	132.3405
	2.0	18.9993	34.3359	59.9578	63.6877	96.0577	114.6103
	2.5	18.3551	33.1717	57.9248	61.5282	92.8005	110.7240
	3.0	17.9127	32.3722	56.5288	60.0454	90.5640	108.0556

表 7.18　C－C－F 边界条件下功能梯度直角三角形板
（图 7.2(a)）,$\theta=0$,$k=1.0$,$\rho_r=1.0$）的前六阶无量纲频率值受 E_r 的影响

μ	E_r	λ_1	λ_2	λ_3	λ_4	λ_5	λ_6
1.0	1.0	29.0988	63.8764	90.4624	118.4707	171.1197	214.0724
	2.0	25.2003	55.3186	78.3427	102.5986	148.1940	185.3921
	2.5	24.3458	53.4428	75.6863	99.1197	143.1690	179.1058
	3.0	23.7590	52.1549	73.8622	96.7309	139.7187	174.7894
1.5	1.0	19.7848	41.7050	64.9056	77.9933	118.6126	142.0786
	2.0	17.1341	36.1176	56.2099	67.5441	102.7215	123.0437
	2.5	16.5531	34.8929	54.3039	65.2538	99.2384	118.8715
	3.0	16.1542	34.0520	52.9952	63.6812	96.8468	116.0067
2.0	1.0	15.4506	30.6559	53.8549	59.1377	90.3218	99.9366
	2.0	13.3806	26.5488	46.6398	51.2147	78.2210	86.5477
	2.5	12.9269	25.6485	45.0583	49.4781	75.5686	83.6130
	3.0	12.6153	25.0304	43.9724	48.2857	73.7474	81.5979
2.5	1.0	12.9612	24.6949	43.5926	50.2031	74.7484	85.6615
	2.0	11.2247	21.3864	37.7523	43.4772	64.7340	74.1851
	2.5	10.8441	20.6613	36.4722	42.0029	62.5390	71.6696

μ	E_r	λ_1	λ_2	λ_3	λ_4	λ_5	λ_6
2.5	3.0	10.5828	20.1633	35.5932	40.9907	61.0318	69.9423
3.0	1.0	11.3563	21.0540	35.0606	45.9334	68.1932	78.6279
	2.0	9.8348	18.2333	30.3633	39.7795	59.0571	68.0938
	2.5	9.5014	17.6150	29.3338	38.4306	57.0545	65.7848
	3.0	9.2724	17.1905	28.6268	37.5044	55.6795	64.1994

表 7.19 C – S – F 边界条件下功能梯度直角三角形板
(图 7.2(a), $\theta=0, k=1.0, \rho_r=1.0$) 的前六阶无量纲频率值受 E_r 的影响

μ	E_r	λ_1	λ_2	λ_3	λ_4	λ_5	λ_6
1.0	1.0	17.9703	48.1308	75.7060	100.7389	155.2088	200.8066
	2.0	15.5627	41.6825	65.5633	87.2425	134.4148	173.9036
	2.5	15.0350	40.2691	63.3402	84.2842	129.8570	168.0069
	3.0	14.6727	39.2986	61.8137	82.2530	126.7274	163.9579
1.5	1.0	13.7573	34.3827	54.4613	69.2721	110.9556	142.1440
	2.0	11.9142	29.7763	47.1649	59.9914	96.0904	123.1003
	2.5	11.5102	28.7666	45.5656	57.9572	92.8322	118.9262
	3.0	11.2328	28.0733	44.4675	56.5604	90.5949	116.0601
2.0	1.0	11.5280	26.2811	45.9373	53.7887	92.0098	118.5867
	2.0	9.9835	22.7601	39.7829	46.5824	79.6828	102.6991
	2.5	9.6450	21.9884	38.4339	45.0029	76.9809	99.2167
	3.0	9.4126	21.4584	37.5077	43.9183	75.1256	96.8256
2.5	1.0	10.1513	21.2417	41.0766	46.8536	78.6180	96.0617
	2.0	8.7913	18.3958	35.5734	40.5764	68.0852	83.1918
	2.5	8.4932	17.7721	34.3672	39.2005	65.7765	80.3710
	3.0	8.2885	17.3438	33.5389	38.2558	64.1913	78.4340
3.0	1.0	9.2021	18.1554	37.5761	42.9889	68.0010	75.4984
	2.0	7.9693	15.7231	32.5419	37.2295	58.8906	65.3836
	2.5	7.6990	15.1899	31.4384	35.9671	56.8938	63.1665
	3.0	7.5135	14.8239	30.6808	35.1003	55.5226	61.6442

表 7.20　C-F-F 边界条件下功能梯度直角三角形板

（图 7.2(a)，$\theta=0,k=1.0,\rho_r=1.0$）的前六阶无量纲频率值受 E_r 的影响

μ	E_r	λ_1	λ_2	λ_3	λ_4	λ_5	λ_6
1.0	1.0	6.1807	23.5033	32.8433	59.7726	82.9699	116.0983
	2.0	5.3527	20.3544	28.4431	51.7646	71.8540	100.5441
	2.5	5.1712	19.6642	27.4786	50.0094	69.4176	97.1348
	3.0	5.0465	19.1903	26.8164	48.8042	67.7446	94.7939
1.5	1.0	5.8011	18.4980	29.8889	42.2561	71.2843	87.6627
	2.0	5.0239	16.0198	25.8845	36.5948	61.7340	75.9182
	2.5	4.8536	15.4766	25.0068	35.3540	59.6407	73.3439
	3.0	4.7366	15.1036	24.4041	34.5019	58.2034	71.5763
2.0	1.0	5.5182	15.4110	28.6530	32.4307	63.4524	80.1162
	2.0	4.7789	13.3463	24.8142	28.0858	54.9514	69.3826
	2.5	4.6169	12.8938	23.9728	27.1335	53.0881	67.0300
	3.0	4.5056	12.5830	23.3950	26.4796	51.8087	65.4146
2.5	1.0	5.3074	13.3286	27.5323	27.9591	57.7683	73.6492
	2.0	4.5964	11.5429	23.8437	24.2133	50.0288	63.7821
	2.5	4.4405	11.1515	23.0352	23.3922	48.3325	61.6193
	3.0	4.3335	10.8828	22.4800	22.8285	47.1676	60.1343
3.0	1.0	5.1428	11.8874	24.8818	27.3406	53.3694	57.8147
	2.0	4.4538	10.2948	21.5483	23.6776	46.2193	50.0690
	2.5	4.3028	9.9457	20.8176	22.8748	44.6520	48.3712
	3.0	4.1991	9.7060	20.3159	22.3235	43.5759	47.2055

表 7.21　功能梯度等边三角形板（图 7.2(b)，$\theta=1/\sqrt{3}$，$\mu=\sqrt{3}/2$）前六阶
无量纲频率受 E_r 的影响

E_r	边界条件	λ_1	λ_2	λ_3	λ_4	λ_5	λ_6
1.0	C-C-C	99.0301	189.3558	189.3558	302.5013	320.2886	320.2886
	C-C-S	81.6095	165.6640	165.9714	274.0097	295.8453	299.9950
	C-C-F	40.0393	95.9871	102.0821	176.7503	204.5401	206.2233
	S-S-S	52.6389	124.5893	124.5893	219.4339	243.2077	243.2077
	S-C-S	66.1950	143.8823	144.4059	253.5495	269.0919	273.7237
	S-C-F	26.5733	75.6211	84.9659	152.7500	182.8633	185.693

E_r	边界条件	λ_1	λ_2	λ_3	λ_4	λ_5	λ_6
1.0	S－F－S	16.0939	58.1982	68.7730	124.7878	156.2157	158.3566
	F－F－F	35.2728	36.5976	36.5976	111.9604	111.9604	118.7939
	F－C－F	8.9250	35.3952	38.5490	95.6379	99.2576	115.4143
	F－F－S	22.6792	26.8547	72.2202	75.6233	92.9068	190.9280
2.0	C－C－C	85.7626	163.9869	163.9869	261.9738	277.3781	277.3781
	C－C－S	70.6759	143.4692	143.7354	237.2993	256.2095	259.8033
	C－C－F	34.6751	83.1273	88.4057	153.0702	177.1369	178.5946
	S－S－S	45.5866	107.8975	107.8975	190.0354	210.6240	210.6240
	S－C－S	57.3266	124.6057	125.0591	219.5804	233.0404	237.0517
	S－C－F	23.0132	65.4898	73.5826	132.2854	158.3643	160.8154
	S－F－S	13.9377	50.4011	59.5592	108.0694	135.2868	137.1409
	F－F－F	30.5472	31.6945	31.6945	96.9605	96.9605	102.8786
	F－C－F	7.7293	30.6531	33.3844	82.8249	85.9596	99.9518
	F－F－S	19.6407	23.2568	62.5446	65.4917	80.4597	165.3485
2.5	C－C－C	82.8545	158.4264	158.4264	253.0908	267.9727	267.9727
	C－C－S	68.2794	138.6044	138.8616	229.2529	247.5219	250.9938
	C－C－F	33.4993	80.3086	85.4080	147.8799	171.1305	172.5388
	S－S－S	44.0408	104.2389	104.2389	183.5916	203.4821	203.4821
	S－C－S	55.3827	120.3805	120.8186	212.1348	225.1384	229.0137
	S－C－F	22.2328	63.2692	71.0875	127.7999	152.9944	155.3624
	S－F－S	13.4651	48.6921	57.5396	104.4049	130.6994	132.4907
	F－F－F	29.5114	30.6198	30.6198	93.6728	93.6728	99.3901
	F－C－F	7.4672	29.6137	32.2524	80.0164	83.0449	96.5626
	F－F－S	18.9748	22.4682	60.4238	63.2710	77.7314	159.7418
3.0	C－C－C	80.8577	154.6084	154.6084	246.9913	261.5146	261.5146
	C－C－S	66.6339	135.2641	135.5151	223.7280	241.5566	244.9449
	C－C－F	32.6920	78.3731	83.3497	144.3160	167.0063	168.3806
	S－S－S	42.9794	101.7267	101.7267	179.1671	198.5782	198.5782
	S－C－S	54.0480	117.4794	117.9069	207.0223	219.7126	223.4945
	S－C－F	21.6970	61.7444	69.3743	124.7199	149.3073	151.6182
	S－F－S	13.1406	47.5186	56.1529	101.8888	127.5496	129.2976

E_r	边界条件	λ_1	λ_2	λ_3	λ_4	λ_5	λ_6
3.0	F – F – F	28.8001	29.8818	29.8818	91.4153	91.4153	96.9948
	F – C – F	7.2872	28.9000	31.4751	78.0880	81.0435	94.2354
	F – F – S	18.5175	21.9267	58.9676	61.7462	75.8581	155.8921

表 7.22 功能梯度直角三角形板(图 7.2(c)),角度分别为30°、60°和90°)
前六阶无量纲频率受 E_r 的影响

E_r	边界条件	λ_1	λ_2	λ_3	λ_4	λ_5	λ_6
1.0	C – C – C	176.6773	281.6946	389.4979	449.9239	574.4351	657.6405
	C – C – S	137.1100	234.4229	332.2733	388.2433	520.0610	626.8953
	C – C – F	52.2997	107.0327	177.4260	203.2358	312.6933	349.1134
	S – S – S	92.4337	174.8875	265.3512	354.5446	476.1434	556.7795
	S – C – S	119.5542	213.0784	305.1774	376.5482	523.1429	614.7466
	S – C – F	37.7140	90.4292	149.3749	181.3869	302.9555	388.3029
	S – F – S	22.9903	66.3451	130.0744	144.0188	287.5747	356.4993
	F – F – F	25.5779	54.5909	81.0811	101.2828	143.6803	231.9947
	F – C – F	16.9768	50.6991	87.6860	110.4150	202.0306	249.3552
	F – F – S	32.0453	69.2456	89.0420	170.3531	224.4979	241.4710
2.0	C – C – C	153.0070	243.9546	337.3150	389.6455	497.4754	569.5334
	C – C – S	118.7408	203.0162	287.7571	336.2286	450.3860	542.9073
	C – C – F	45.2929	92.6931	153.6555	176.0073	270.8003	302.3411
	S – S – S	80.0500	151.4571	229.8009	307.0447	412.3523	482.1852
	S – C – S	103.5370	184.5313	264.2914	326.1003	453.0550	532.3862
	S – C – F	32.6613	78.3140	129.3624	157.0856	262.3671	336.2801
	S – F – S	19.9102	57.4565	112.6477	124.7239	249.0470	308.7375
	F – F – F	22.1511	47.2771	70.2183	87.7135	124.4308	200.9133
	F – C – F	14.7024	43.9067	75.9383	95.6222	174.9637	215.9479
	F – F – S	27.7521	59.9685	77.1126	147.5301	194.4209	209.1200
2.5	C – C – C	147.8188	235.6826	325.8773	376.4334	480.6069	550.2216
	C – C – S	114.7145	196.1323	277.9998	324.8277	435.1142	524.4983
	C – C – F	43.7571	89.5500	148.4453	170.0392	261.6180	292.0892
	S – S – S	77.3356	146.3214	222.0088	296.6333	398.3702	465.8352
	S – C – S	100.0263	178.2742	255.3298	315.0428	437.6927	514.3339

E_r	边界条件	λ_1	λ_2	λ_3	λ_4	λ_5	λ_6
2.5	S – C – F	31.5538	75.6585	124.9760	151.7591	253.4707	324.8775
	S – F – S	19.2351	55.5083	108.8280	120.4948	240.6022	298.2687
	F – F – F	21.4000	45.6740	67.8373	84.7393	120.2115	194.1007
	F – C – F	14.2038	42.4179	73.3634	92.3799	169.0310	208.6255
	F – F – S	26.8111	57.9351	74.4978	142.5277	187.8284	202.0292
3.0	C – C – C	144.2564	230.0026	318.0237	367.3613	469.0243	536.9613
	C – C – S	111.9499	191.4055	271.3000	316.9994	424.6280	511.8579
	C – C – F	42.7025	87.3919	144.8677	165.9413	255.3130	285.0499
	S – S – S	75.4718	142.7951	216.6584	289.4845	388.7695	454.6086
	S – C – S	97.6156	173.9778	249.1763	307.4503	427.1444	501.9385
	S – C – F	30.7934	73.8352	121.9641	148.1018	247.3621	317.0480
	S – F – S	18.7715	54.1705	106.2053	117.5909	234.8037	291.0805
	F – F – F	20.8843	44.5733	66.2024	82.6971	117.3144	189.4229
	F – C – F	13.8615	41.3957	71.5953	90.1535	164.9573	203.5977
	F – F – S	26.1649	56.5388	72.7025	139.0928	183.3018	197.1603

表 7.23　功能梯度等腰三角形板(图 7.2(d),角度分别为30°、30°和120°)
前六阶无量纲频率受 E_r 的影响

E_r	边界条件	λ_1	λ_2	λ_3	λ_4	λ_5	λ_6
1.0	C – C – C	141.8117	220.0980	305.0341	365.6960	467.1174	634.7292
	C – C – S	107.2890	177.9117	269.7484	322.9624	438.3232	563.9066
	C – C – F	34.8270	70.6093	115.2188	159.1910	250.8538	330.4526
	S – S – S	73.8226	139.1389	221.3450	264.1448	398.5116	524.1175
	S – C – S	89.2520	157.0172	246.2985	296.9771	413.5938	542.6639
	S – C – F	19.1669	48.6957	83.7651	135.6883	215.3625	261.2665
	S – F – S	24.7159	61.6608	109.8434	155.5346	214.4833	326.7519
	F – F – F	13.7350	28.3146	50.8362	56.6484	102.5516	143.0332
	F – C – F	5.7368	21.8189	38.7042	57.2720	94.8100	142.3632
	F – F – S	22.8380	44.9948	91.4736	96.5110	175.8910	208.6840
2.0	C – C – C	122.8126	190.6105	264.1672	316.7021	404.5355	549.6916
	C – C – S	92.9150	154.0760	233.6090	279.6937	379.5990	488.3574
	C – C – F	30.1611	61.1494	99.7824	137.8635	217.2458	286.1804

E_r	边界条件	λ_1	λ_2	λ_3	λ_4	λ_5	λ_6
	S – S – S	63.9323	120.4979	191.6904	228.7561	345.1212	453.8990
	S – C – S	77.2945	135.9809	213.3008	257.1897	358.1827	469.9607
	S – C – F	16.5990	42.1717	72.5427	117.5095	186.5094	226.2634
2.0	S – F – S	21.4046	53.3998	95.1272	134.6970	185.7480	282.9755
	F – F – F	11.8949	24.5212	44.0255	49.0590	88.8123	123.8704
	F – C – F	4.9682	18.8957	33.5188	49.5990	82.1078	123.2902
	F – F – S	19.7783	38.9666	79.2185	83.5810	152.3261	180.7256
	C – C – C	118.6482	184.1472	255.2098	305.9633	390.8184	531.0526
	C – C – S	89.7644	148.8516	225.6877	270.2098	366.7275	471.7981
	C – C – F	29.1384	59.0760	96.3989	133.1888	209.8794	276.4765
	S – S – S	61.7644	116.4120	185.1906	220.9994	333.4188	438.5081
	S – C – S	74.6735	131.3701	206.0681	248.4689	346.0374	454.0252
2.5	S – C – F	16.0362	40.7418	70.0829	113.5250	180.1852	218.5912
	S – F – S	20.6788	51.5892	91.9016	130.1296	179.4496	273.3803
	F – F – F	11.4916	23.6897	42.5326	47.3955	85.8008	119.6701
	F – C – F	4.7997	18.2550	32.3822	47.9172	79.3237	119.1096
	F – F – S	19.1076	37.6454	76.5323	80.7469	147.1610	174.5975
	C – C – C	115.7888	179.7093	249.0593	298.5896	381.3997	518.2542
	C – C – S	87.6011	145.2643	220.2487	263.6977	357.8894	460.4278
	C – C – F	28.4362	57.6522	94.0757	129.9789	204.8213	269.8135
	S – S – S	60.2759	113.6065	180.7275	215.6733	325.3834	427.9401
	S – C – S	72.8739	128.2040	201.1019	242.4808	337.6979	443.0832
3.0	S – C – F	15.6497	39.7599	68.3939	110.7890	175.8428	213.3232
	S – F – S	20.1804	50.3459	89.6868	126.9935	175.1248	266.7918
	F – F – F	11.2146	23.1188	41.5076	46.2533	83.7330	116.7861
	F – C – F	4.6841	17.8151	31.6018	46.7624	77.4120	116.2391
	F – F – S	18.6471	36.7381	74.6879	78.8009	143.6144	170.3897

7.4.3 质量密度比（ρ_r）的影响

这里通过表7.24～表7.32来揭示质量密度比逐渐增大（$\rho_r = 1.0, 1.5, 2.0,$ 2.5,3.0）时,对功能梯度三角形板的自由振动频率值（λ）的影响规律。

图 7.2(a)所示的三角形板的结果如表 7.24 ~ 7.29 所列,其中考虑了与表 7.6 ~ 表 7.11 相同的 μ 和相同的边界条件情况。图 7.2(b) ~ (d)所示的板的无量纲频率结果分别如表 7.30 ~ 表 7.32 所列,且考虑了与表 7.12 ~ 表 7.14 相似的边界情况。这里所采用的公共参数是 $k = 1.0$ 和 $E_r = 1.0$。从这些表格可以发现,无量纲频率是随着质量密度比的增加而不断增大的,这一点也是容易理解的,因为在计算式中 λ 是正比于 ρ_c 的。对于其他类型的边界条件情况,我们也不难获得类似的影响规律。

表 7.24　C – C – C 边界条件下功能梯度直角三角形板

（图 7.2(a)，$\theta = 0$，$k = 1.0$，$E_r = 1.0$）前六阶无量纲频率值受 ρ_r 的影响

μ	ρ_r	λ_1	λ_2	λ_3	λ_4	λ_5	λ_6
1.0	1.0	93.8094	159.5177	196.4910	248.4158	299.3326	354.9414
	2.0	108.3217	184.1952	226.8882	286.8458	345.6395	409.8511
	2.5	112.1237	190.6601	234.8516	296.9136	357.7708	424.2362
	3.0	114.8926	195.3685	240.6513	304.2460	366.6060	434.7127
1.5	1.0	65.5234	106.7565	141.6423	169.7267	214.1904	255.4156
	2.0	75.6600	123.2717	163.5544	195.9835	247.3257	294.9286
	2.5	78.3155	127.5984	169.2949	202.8622	256.0065	305.2801
	3.0	80.2495	130.7494	173.4756	207.8719	262.3286	312.8190
2.0	1.0	53.4702	83.7901	119.7814	131.0599	172.6714	189.7042
	2.0	61.7421	96.7525	138.3116	151.3350	199.3838	219.0516
	2.5	63.9091	100.1484	143.1661	156.6466	206.3818	226.7399
	3.0	65.4873	102.6215	146.7016	160.5150	211.4784	232.3393
2.5	1.0	46.9768	71.6368	101.9272	110.1294	153.2250	165.7136
	2.0	54.2441	82.7191	117.6954	127.1665	176.9290	191.3496
	2.5	56.1480	85.6224	121.8264	131.6298	183.1389	198.0656
	3.0	57.5346	87.7368	124.8349	134.8804	187.6615	202.9569
3.0	1.0	42.9629	63.0959	88.4648	102.1192	143.8032	156.2600
	2.0	49.6093	72.8569	102.1503	117.9171	166.0497	180.4336
	2.5	51.3505	75.4140	105.7356	122.0558	171.8777	186.7665
	3.0	52.6186	77.2764	108.3468	125.0700	176.1223	191.3787

表 7.25　C－C－S 边界条件下功能梯度直角三角形板

（图 7.2(a),$\theta=0,k=1.0,E_r=1.0$）前六阶无量纲频率值受 ρ_r 的影响

μ	ρ_r	λ_1	λ_2	λ_3	λ_4	λ_5	λ_6
1.0	1.0	73.4250	133.0584	168.5058	222.6888	276.4235	324.2267
	2.0	84.7839	153.6426	194.5738	257.1389	319.1864	374.3847
	2.5	87.7597	159.0352	201.4030	266.1641	330.3893	387.5250
	3.0	89.9269	162.9626	206.3767	272.7370	338.5483	397.0949
1.5	1.0	51.0324	88.9488	121.1213	150.4670	192.3149	235.8292
	2.0	58.9272	102.7093	139.8588	173.7443	222.0661	272.3122
	2.5	60.9954	106.3142	144.7676	179.8424	229.8603	281.8699
	3.0	62.5017	108.9396	148.3427	184.2836	235.5367	288.8307
2.0	1.0	41.3279	69.3498	101.9907	111.0474	158.8008	189.4286
	2.0	47.7213	80.0782	117.7688	128.2265	183.3673	218.7333
	2.5	49.3963	82.8888	121.9022	132.7271	189.8032	226.4105
	3.0	50.6161	84.9358	124.9126	136.0048	194.4904	232.0017
2.5	1.0	36.0380	58.1675	87.5269	94.2710	143.4914	172.7007
	2.0	41.6131	67.1661	101.0674	108.8548	165.6896	199.4176
	2.5	43.0737	69.5235	104.6147	112.6754	171.5051	206.4168
	3.0	44.1374	71.2404	107.1982	115.4580	175.7404	211.5143
3.0	1.0	32.7042	50.5756	77.9265	87.9661	135.7907	165.2824
	2.0	37.7635	58.3996	89.9817	101.5745	156.7976	190.8516
	2.5	39.0890	60.4494	93.1399	105.1396	162.3009	197.5502
	3.0	40.0543	61.9422	95.4400	107.7361	166.3090	202.4287

表 7.26　S－S－S 边界条件下功能梯度直角三角形板

（图 7.2(a),$\theta-0,k-1.0,E_r=1.0$）前六阶无量纲频率值受 ρ_r 的影响

μ	ρ_r	λ_1	λ_2	λ_3	λ_4	λ_5	λ_6
1.0	1.0	49.3772	102.3974	132.8920	181.7691	239.4133	286.9646
	2.0	57.0159	118.2384	153.4505	209.8888	276.4506	331.3581
	2.5	59.0171	122.3883	158.8364	217.2556	286.1536	342.9883
	3.0	60.4745	125.4107	162.7588	222.6207	293.2202	351.4584
1.5	1.0	34.3846	67.1145	96.0449	129.7321	174.5341	203.5525
	2.0	39.7039	77.4972	110.9031	149.8018	201.5346	235.0421
	2.5	41.0975	80.2172	114.7956	155.0596	208.6081	243.2917

μ	ρ_r	λ_1	λ_2	λ_3	λ_4	λ_5	λ_6
1.5	3.0	42.1124	82.1982	117.6305	158.8888	213.7597	249.2998
2.0	1.0	27.8391	51.4624	82.3722	107.7080	143.4821	172.1820
	2.0	32.1458	59.4237	95.1152	124.3704	165.6788	198.8186
	2.5	33.2741	61.5093	98.4536	128.7356	171.4939	205.7968
	3.0	34.0958	63.0283	100.8849	131.9148	175.7290	210.8790
2.5	1.0	24.1904	43.9850	74.6922	89.6844	122.8670	149.5437
	2.0	27.9326	50.7895	86.2471	103.5586	141.8746	172.6782
	2.5	28.9130	52.5721	89.2743	107.1934	146.8541	178.7389
	3.0	29.6270	53.8704	91.4789	109.8405	150.4807	183.1528
3.0	1.0	21.9385	39.6477	69.2333	73.5403	110.9179	132.3405
	2.0	25.3324	45.7813	79.9438	84.9170	128.0769	152.8137
	2.5	26.2216	47.3881	82.7497	87.8974	132.5722	158.1772
	3.0	26.8691	48.5584	84.7932	90.0681	135.8461	162.0834

表 7.27　C - C - F 边界条件下功能梯度直角三角形板
（图 7.2(a)，$\theta = 0$，$k = 1.0$，$E_r = 1.0$）前六阶无量纲频率值受 ρ_r 的影响

μ	ρ_r	λ_1	λ_2	λ_3	λ_4	λ_5	λ_6
1.0	1.0	29.0988	63.8764	90.4624	118.4707	171.1197	214.0724
	2.0	33.6003	73.7581	104.4570	136.7982	197.5921	247.1895
	2.5	34.7797	76.3469	108.1232	141.5995	204.5272	255.8654
	3.0	35.6386	78.2323	110.7934	145.0964	209.5780	262.1841
1.5	1.0	19.7848	41.7050	64.9056	77.9933	118.6126	142.0786
	2.0	22.8455	48.1568	74.9465	90.0589	136.9620	164.0582
	2.5	23.6474	49.8470	77.5770	93.2198	141.7691	169.8164
	3.0	24.2313	51.0780	79.4928	95.5218	145.2701	174.0100
2.0	1.0	15.4506	30.6559	53.8549	59.1377	90.3218	99.9366
	2.0	17.8408	35.3983	62.1863	68.2863	104.2946	115.3969
	2.5	18.4670	36.6408	64.3690	70.6830	107.9552	119.4471
	3.0	18.9230	37.5456	65.9586	72.4286	110.6212	122.3969
2.5	1.0	12.9612	24.6949	43.5926	50.2031	74.7484	85.6615
	2.0	14.9663	28.5152	50.3364	57.9696	86.3120	98.9134
	2.5	15.4916	29.5161	52.1031	60.0042	89.3414	102.3851

μ	ρ_r	λ_1	λ_2	λ_3	λ_4	λ_5	λ_6
2.5	3.0	15.8741	30.2450	53.3898	61.4860	91.5477	104.9135
3.0	1.0	11.3563	21.0540	35.0606	45.9334	68.1932	78.6279
	2.0	13.1131	24.3111	40.4845	53.0393	78.7428	90.7917
	2.5	13.5734	25.1643	41.9054	54.9009	81.5065	93.9783
	3.0	13.9086	25.7858	42.9403	56.2567	83.5193	96.2991

表 7.28 C－S－F 边界条件下功能梯度直角三角形板
（图 7.2(a），$\theta=0$，$k=1.0$，$E_r=1.0$）前六阶无量纲频率值受 ρ_r 的影响

μ	ρ_r	λ_1	λ_2	λ_3	λ_4	λ_5	λ_6
1.0	1.0	17.9703	48.1308	75.7060	100.7389	155.2088	200.8066
	2.0	20.7503	55.5767	87.4178	116.3233	179.2197	231.8715
	2.5	21.4786	57.5273	90.4860	120.4060	185.5100	240.0098
	3.0	22.0090	58.9480	92.7206	123.3795	190.0912	245.9369
1.5	1.0	13.7573	34.3827	54.4613	69.2721	110.9556	142.1440
	2.0	15.8856	39.7017	62.8865	79.9885	128.1205	164.1338
	2.5	16.4432	41.0952	65.0937	82.7960	132.6174	169.8946
	3.0	16.8492	42.1100	66.7012	84.8407	135.8924	174.0902
2.0	1.0	11.5280	26.2811	45.9373	53.7887	92.0098	118.5867
	2.0	13.3114	30.3468	53.0438	62.1099	106.2437	136.9321
	2.5	13.7786	31.4119	54.9056	64.2898	109.9727	141.7382
	3.0	14.1189	32.1877	56.2615	65.8775	112.6885	145.2384
2.5	1.0	10.1513	21.2417	41.0766	46.8536	78.6180	96.0617
	2.0	11.7217	24.5278	47.4312	54.1018	90.7802	110.9225
	2.5	12.1331	25.3887	49.0959	56.0007	93.9665	114.8157
	3.0	12.4327	26.0157	50.3084	57.3837	96.2870	117.6510
3.0	1.0	9.2021	18.1554	37.5761	42.9889	68.0010	75.4984
	2.0	10.6257	20.9641	43.3891	49.6393	78.5208	87.1781
	2.5	10.9986	21.6999	44.9120	51.3816	81.2768	90.2379
	3.0	11.2702	22.2358	46.0211	52.6505	83.2839	92.4663

表 7.29　C-F-F 边界条件下功能梯度直角三角形板

（图 7.2(a)，$\theta=0$，$k=1.0$，$E_r=1.0$）前六阶无量纲频率值受 ρ_r 的影响

μ	ρ_r	λ_1	λ_2	λ_3	λ_4	λ_5	λ_6
1.0	1.0	6.1807	23.5033	32.8433	59.7726	82.9699	116.0983
	2.0	7.1369	27.1392	37.9241	69.0195	95.8054	134.0588
	2.5	7.3874	28.0918	39.2552	71.4420	99.1680	138.7640
	3.0	7.5698	28.7855	40.2246	73.2062	101.6170	142.1908
1.5	1.0	5.8011	18.4980	29.8889	42.2561	71.2843	87.6627
	2.0	6.6986	21.3597	34.5127	48.7931	82.3120	101.2242
	2.5	6.9337	22.1094	35.7240	50.5057	85.2010	104.7770
	3.0	7.1049	22.6554	36.6062	51.7529	87.3050	107.3645
2.0	1.0	5.5182	15.4110	28.6530	32.4307	63.4524	80.1162
	2.0	6.3719	17.7951	33.0856	37.4477	73.2685	92.5102
	2.5	6.5955	18.4197	34.2468	38.7621	75.8401	95.7571
	3.0	6.7584	18.8745	35.0926	39.7193	77.7130	98.1218
2.5	1.0	5.3074	13.3286	27.5323	27.9591	57.7683	73.6492
	2.0	6.1285	15.3906	31.7915	32.2843	66.7051	85.0428
	2.5	6.3436	15.9307	32.9074	33.4175	69.0464	88.0276
	3.0	6.5002	16.3242	33.7200	34.2427	70.7515	90.2015
3.0	1.0	5.1428	11.8874	24.8818	27.3406	53.3694	57.8147
	2.0	5.9384	13.7264	28.7311	31.5702	61.6257	66.7587
	2.5	6.1468	14.2082	29.7395	32.6783	63.7886	69.1018
	3.0	6.2986	14.5590	30.4739	33.4852	65.3639	70.8083

表 7.30　ρ_r 对功能梯度等边三角形板

（图 7.2(b)，$\theta=1/\sqrt{3}$，$\mu=\sqrt{3}/2$）前六阶无量纲频率值的影响

ρ_r	边界条件	λ_1	λ_2	λ_3	λ_4	λ_5	λ_6
1.0	C-C-C	99.0301	189.3558	189.3558	302.5013	320.2886	320.2886
	C-C-S	81.6095	165.6640	165.9714	274.0097	295.8453	299.9950
	C-C-F	40.0393	95.9871	102.0821	176.7503	204.5401	206.2233
	S-S-S	52.6389	124.5893	124.5893	219.4339	243.2077	243.2077
	S-C-S	66.1950	143.8823	144.4059	253.5495	269.0919	273.7237
	S-C-F	26.5733	75.6211	84.9659	152.7500	182.8633	185.6936

ρ_r	边界条件	λ_1	λ_2	λ_3	λ_4	λ_5	λ_6
1.0	S－F－S	16.0939	58.1982	68.7730	124.7878	156.2157	158.3566
	F－F－F	35.2728	36.5976	36.5976	111.9604	111.9604	118.7939
	F－C－F	8.9250	35.3952	38.5490	95.6379	99.2576	115.4143
	F－F－S	22.6792	26.8547	72.2202	75.6233	92.9068	190.9280
2.0	C－C－C	114.3501	218.6493	218.6493	349.2984	369.8374	369.8374
	C－C－S	94.2345	191.2923	191.6472	316.3991	341.6127	346.4044
	C－C－F	46.2334	110.8364	117.8742	204.0936	236.1826	238.1262
	S－S－S	60.7821	143.8633	143.8633	253.3805	280.8320	280.8320
	S－C－S	76.4354	166.1409	166.7455	292.7738	310.7206	316.0689
	S－C－F	30.6842	87.3197	98.1101	176.3806	211.1523	214.4205
	S－F－S	18.5837	67.2015	79.4122	144.0925	180.3824	182.8545
	F－F－F	40.7295	42.2593	42.2593	129.2807	129.2807	137.1714
	F－C－F	10.3057	40.8708	44.5126	110.4331	114.6128	133.2690
	F－F－S	26.1876	31.0091	83.3927	87.3223	107.2796	220.4647
2.5	C－C－C	118.3636	226.3235	226.3235	361.5582	382.8181	382.8181
	C－C－S	97.5420	198.0064	198.3737	327.5042	353.6027	358.5626
	C－C－F	47.8561	114.7265	122.0114	211.2570	244.4722	246.4840
	S－S－S	62.9155	148.9127	148.9127	262.2737	290.6888	290.6888
	S－C－S	79.1182	171.9722	172.5980	303.0497	321.6263	327.1624
	S－C－F	31.7612	90.3845	101.5536	182.5712	218.5634	221.9463
	S－F－S	19.2359	69.5602	82.1995	149.1499	186.7135	189.2724
	F－F－F	42.1591	43.7425	43.7425	133.8182	133.8182	141.9859
	F－C－F	10.6674	42.3053	46.0749	114.3092	118.6355	137.9465
	F－F－S	27.1068	32.0974	86.3197	90.3871	111.0449	228.2026
3.0	C－C－C	121.2866	231.9126	231.9126	370.4869	392.2718	392.2718
	C－C－S	99.9508	202.8961	203.2726	335.5919	362.3350	367.4173
	C－C－F	49.0380	117.5597	125.0245	216.4740	250.5094	252.5710
	S－S－S	64.4692	152.5901	152.5901	268.7506	297.8673	297.8673
	S－C－S	81.0720	176.2191	176.8603	310.5335	329.5689	335.2417
	S－C－F	32.5455	92.6166	104.0615	187.0798	223.9609	227.4273
	S－F－S	19.7109	71.2780	84.2294	152.8332	191.3244	193.9465

ρ_r	边界条件	λ_1	λ_2	λ_3	λ_4	λ_5	λ_6
3.0	F－F－F	43.2002	44.8227	44.8227	137.1229	137.1229	145.4923
	F－C－F	10.9308	43.3500	47.2127	117.1320	121.5652	141.3531
	F－F－S	27.7762	32.8901	88.4514	92.6193	113.7872	233.8381

表7.31 ρ_r 对功能梯度直角三角形板(图7.2(c),角度分别为30°、60°和90°)
前六阶无量纲频率值的影响

ρ_r	边界条件	λ_1	λ_2	λ_3	λ_4	λ_5	λ_6
1.0	C－C－C	176.6773	281.6946	389.4979	449.9239	574.4351	657.6405
	C－C－S	137.1100	234.4229	332.2733	388.2433	520.0610	626.8953
	C－C－F	52.2997	107.0327	177.4260	203.2358	312.6933	349.1134
	S－S－S	92.4337	174.8875	265.3512	354.5446	476.1434	556.7795
	S－C－S	119.5542	213.0784	305.1774	376.5482	523.1429	614.7466
	S－C－F	37.7140	90.4292	149.3749	181.3869	302.9555	388.3029
	S－F－S	22.9903	66.3451	130.0744	144.0188	287.5747	356.4993
	F－F－F	25.5779	54.5909	81.0811	101.2828	143.6803	231.9947
	F－C－F	16.9768	50.6991	87.6860	110.4150	202.0306	249.3552
	F－F－S	32.0453	69.2456	89.0420	170.3531	224.4979	241.4710
2.0	C－C－C	204.0093	325.2729	449.7534	519.5274	663.3006	759.3779
	C－C－S	158.3210	270.6882	383.6761	448.3048	600.5147	723.8764
	C－C－F	60.3905	123.5907	204.8739	234.6765	361.0671	403.1214
	S－S－S	106.7333	201.9427	306.4012	409.3929	549.8031	642.9136
	S－C－S	138.0493	246.0417	352.3886	434.8004	604.0734	709.8482
	S－C－F	43.5484	104.4187	172.4833	209.4475	349.8228	448.3735
	S－F－S	26.5470	76.6087	150.1970	166.2986	332.0626	411.6500
	F－F－F	29.5348	63.0362	93.6243	116.9514	165.9077	267.8844
	F－C－F	19.6031	58.5423	101.2511	127.4963	233.2849	287.9306
	F－F－S	37.0028	79.9580	102.8168	196.7069	259.2278	278.8267
2.5	C－C－C	211.1697	336.6894	465.5390	537.7619	686.5813	786.0308
	C－C－S	163.8778	280.1889	397.1425	464.0395	621.5917	749.2832
	C－C－F	62.5101	127.9286	212.0647	242.9132	373.7399	417.2703
	S－S－S	110.4795	209.0306	317.1554	423.7619	569.1003	665.4788
	S－C－S	142.8947	254.6774	364.7568	450.0612	625.2753	734.7627

153

ρ_r	边界条件	λ_1	λ_2	λ_3	λ_4	λ_5	λ_6
2.5	S – C – F	45.0769	108.0836	178.5371	216.7988	362.1010	464.1107
	S – F – S	27.4787	79.2975	155.4686	172.1354	343.7175	426.0982
	F – F – F	30.5715	65.2486	96.9104	121.0561	171.7308	277.2867
	F – C – F	20.2912	60.5971	104.8048	131.9712	241.4728	298.0365
	F – F – S	38.3015	82.7644	106.4255	203.6109	268.3263	288.6131
3.0	C – C – C	216.3846	345.0040	477.0355	551.0420	703.5365	805.4419
	C – C – S	167.9248	287.1082	406.9500	475.4990	636.9420	767.7868
	C – C – F	64.0538	131.0878	217.3016	248.9120	382.9695	427.5749
	S – S – S	113.2078	214.1926	324.9876	434.2267	583.1542	681.9129
	S – C – S	146.4234	260.9667	373.7645	461.1755	640.7166	752.9077
	S – C – F	46.1901	110.7527	182.9461	222.1526	371.0432	475.5719
	S – F – S	28.1573	81.2558	159.3080	176.3863	352.2056	436.6207
	F – F – F	31.3264	66.8600	99.3036	124.0456	175.9717	284.1343
	F – C – F	20.7923	62.0935	107.3930	135.2303	247.4360	305.3965
	F – F – S	39.2474	84.8082	109.0537	208.6391	274.9526	295.7404

表 7.32　ρ_r 对功能梯度等腰三角形板(图 7.2(d),角度分别为30°、30°和120°)
前六阶无量纲频率值的影响

ρ_r	边界条件	λ_1	λ_2	λ_3	λ_4	λ_5	λ_6
1.0	C – C – C	141.8117	220.0980	305.0341	365.6960	467.1174	634.7292
	C – C – S	107.2890	177.9117	269.7484	322.9624	438.3232	563.9066
	C – C – F	34.8270	70.6093	115.2188	159.1910	250.8538	330.4526
	S – S – S	73.8226	139.1389	221.3450	264.1448	398.5116	524.1175
	S – C – S	89.2520	157.0172	246.2985	296.9771	413.5938	542.6639
	S – C – F	19.1669	48.6957	83.7651	135.6883	215.3625	261.2665
	S – F – S	24.7159	61.6608	109.8434	155.5346	214.4833	326.7519
	F – F – F	13.7350	28.3146	50.8362	56.6484	102.5516	143.0332
	F – C – F	5.7368	21.8189	38.7042	57.2720	94.8100	142.3632
	F – F – S	22.8380	44.9948	91.4736	96.5110	175.8910	208.6840
2.0	C – C – C	163.7501	254.1473	352.2230	422.2694	539.3807	732.9222
	C – C – S	123.8866	205.4347	311.4786	372.9249	506.1320	651.1432
	C – C – F	40.2148	81.5326	133.0432	183.8180	289.6611	381.5738

ρ_r	边界条件	λ_1	λ_2	λ_3	λ_4	λ_5	λ_6
2.0	S－S－S	85.2430	160.6638	255.5872	305.0081	460.1616	605.1987
	S－C－S	103.0593	181.3079	284.4010	342.9196	477.5769	626.6143
	S－C－F	22.1321	56.2290	96.7236	156.6794	248.6792	301.6845
	S－F－S	28.5394	71.1998	126.8363	179.5959	247.6639	377.3006
	F－F－F	15.8599	32.6949	58.7006	65.4120	118.4164	165.1605
	F－C－F	6.6243	25.1943	44.6917	66.1320	109.4771	164.3869
	F－F－S	26.3710	51.9555	105.6247	111.4413	203.1014	240.9675
2.5	C－C－C	169.4975	263.0674	364.5854	437.0904	558.3120	758.6465
	C－C－S	128.2349	212.6451	322.4110	386.0140	523.8964	673.9973
	C－C－F	41.6263	84.3942	137.7128	190.2697	299.8277	394.9665
	S－S－S	88.2349	166.3028	264.5579	315.7134	476.3125	626.4402
	S－C－S	106.6765	187.6715	294.3830	354.9555	494.3391	648.6074
	S－C－F	22.9089	58.2025	100.1184	162.1785	257.4075	312.2732
	S－F－S	29.5411	73.6988	131.2880	185.8995	256.3565	390.5432
	F－F－F	16.4165	33.8424	60.7609	67.7078	122.5726	170.9573
	F－C－F	6.8568	26.0786	46.2603	68.4532	113.3196	170.1566
	F－F－S	27.2966	53.7791	109.3319	115.3527	210.2299	249.4250
3.0	C－C－C	173.6832	269.5639	373.5889	447.8844	572.0996	777.3814
	C－C－S	131.4016	217.8964	330.3730	395.5466	536.8340	690.6417
	C－C－F	42.6542	86.4784	141.1136	194.9684	307.2319	404.7202
	S－S－S	90.4139	170.4097	271.0912	323.5099	488.0751	641.9102
	S－C－S	109.3109	192.3061	301.6528	363.7212	506.5468	664.6248
	S－C－F	23.4746	59.6398	102.5909	166.1836	263.7642	319.9848
	S－F－S	30.2706	75.5188	134.5302	190.4903	262.6873	400.1877
	F－F－F	16.8219	34.6782	62.2614	69.3799	125.5995	175.1791
	F－C－F	7.0261	26.7226	47.4027	70.1436	116.1180	174.3586
	F－F－S	27.9707	55.1072	112.0319	118.2013	215.4216	255.5846

除了表 7.6～表 7.32 所揭示的 k、E_r 和 ρ_r 的影响规律以外,我们还可以注意到另一个参数,即 μ,它也对功能梯度三角形板的无量纲频率具有重要影响,对于图 7.2(a) 所示的三角形板来说,当 μ 增大时无量纲频率也是逐渐减小的。

下面利用三角形板的计算结果来给出无量纲频率对应的三维模态形状。

图 7.3 ~ 图 7.6 绘制了与前六个最小的本征值对应的三角形板的三维模态。各向同性等边三角形板(功能梯度板情况下对应于 $k=0$)在 C - C - C 和 C - F - F 边界条件下的三维模态形状分别如图 7.3 和图 7.4 所示。图 7.5 和图 7.6 则分

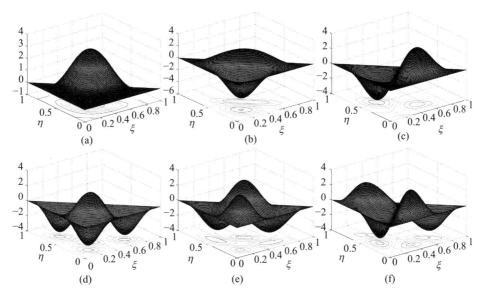

图 7.3 C - C - C 边界条件下等边三角形板($k=0$)的前六阶三维模态形状(见彩图)

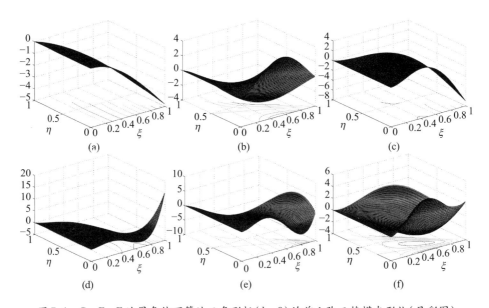

图 7.4 C - F - F 边界条件下等边三角形板($k=0$)的前六阶三维模态形状(见彩图)

别针对的是 C－C－C 和 C－F－F 边界条件下,等边三角形功能梯度板($k=1$, $E_r=2.0$,$\rho_r=1.0$)的前六个模态。类似地,对于各种边界条件、各种构型的功能梯度三角形板,我们也可以很容易地绘制出对应的模态形状。

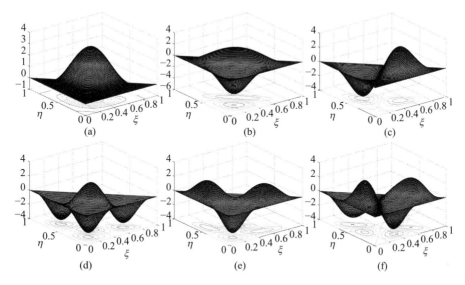

图 7.5　C－C－C 边界条件下功能梯度等边三角形板($k=1$,$E_r=2.0$,$\rho_r=1.0$)的
前六阶三维模态形状(见彩图)

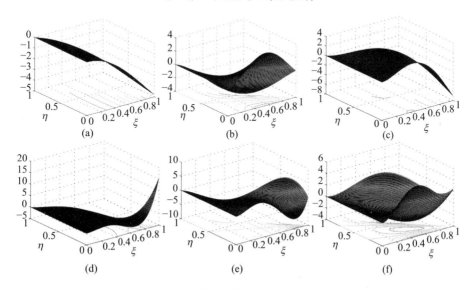

图 7.6　C－F－F 边界条件下功能梯度等边三角形板($k=1$,$E_r=2.0$,$\rho_r=1.0$)的
前六阶三维模态形状(见彩图)

7.5 本章小结

本章主要考察各种边界条件下功能梯度三角形板的自由振动问题,给出了自由振动本征频率和对应的三维模态形状。值得指出的是,瑞利－里茨方法是一种计算效率相当高的分析技术,可以很轻松地处理任意边界状态。我们希望这里给出的结果能够为后续研究人员的分析工作提供有益的参考。根据本章给出的数值结果和相关讨论,我们可以总结出功能梯度三角形板自由振动的一些结论:

(1)这里所采用的方法中将简单的代数多项式作为容许函数,可以用来计算任意边界下三角形板的频率和模态。几何构型和边界条件可以通过五个参数来控制,即 p,q,r,μ,θ。

(2)这一方法能够轻松地拓展到其他构型的分析中,只需选择恰当的容许函数即可。不仅如此,经过适当的修正后还可以用于变厚度情形以及其他复杂情形的分析。

(3)多项式数量的增大对于无量纲频率的收敛性是至关重要的,而 k、E_r 和 ρ_r 会对频率有着显著的影响。随着 k 和 E_r 的增加,本征频率会下降,而当增大 ρ_r 时本征频率则会增大。除了这些参数以外,参数 μ 也对功能梯度三角形板(图 7.2(a))的振动特性存在明显影响,随着该参数的增大,频率值将会减小。

(4)对于 $k=0$ 的情况或者 $E_r=1.0$ 且 $\rho_r=1.0$ 的组合情况,功能梯度板的行为类似于各向同性情况。

(5)除了剪切变形效应(在经典板理论中是忽略的)以外,这里的分析也可以拓展用于其他变形板理论。

第8章 一些相关的复杂因素及其影响

正如前文中曾经指出的,功能梯度材料这一概念是源于抵抗剧烈温度波动的需要而提出的。在实际应用中,结构元件可能处于各种复杂的环境条件中,例如热环境、弹性基础以及压电效应等,这些因素会对各向同性板以及功能梯度板的振动特性分析产生显著的影响。为此,这里首先对这一领域的一些相关研究做一介绍。

我们先来讨论一下关于弹性基础对板的振动特性的影响这一方面的研究工作。Lam 等人[126]曾考察过放置于双参数弹性基础上的 Lévy 板,分析了弹性弯曲、屈曲和振动问题。Yang 和 Shen[94]研究得到了带有初始预应力的功能梯度矩形薄板在分布式脉冲型横向载荷作用下的动力响应,其中考虑了有无弹性基础的情况。Hosseini – Hashemi 和 Arsanjani[38]针对对边简支的 Mindlin 板,给出了精确的封闭形式的特征方程。Akhavan 等人[39]考虑了带有 Pasternak 型弹性基础的 Mindlin 矩形板,研究得到了面内载荷作用下的自由振动精确解。Hosseini – Hashemi 等人[127]针对不同形式的边界条件情况,对带有 Pasternak 型弹性基础的垂向 Mindlin 矩形板进行了自由振动分析。Baferani 等人[128]研究了放置在双参数弹性基础上的功能梯度矩形板,基于三阶剪切变形理论进行了振动分析。Hosseini – Hashemi 等人[129]在三阶剪切变形理论框架下考察了 Lévy 型矩形板的横向振动问题。Thai 和 Choi[130]在研究弹性基础上的功能梯度板的自由振动时,采用了一种精化的剪切变形理论。Fallah 等人[131]则针对放置在弹性基础上的功能梯度中厚矩形板,进行了自由振动分析。

下面我们再来介绍热环境中有关结构元件的力学行为方面的研究工作。Reddy 和 Chin[132]基于一阶剪切变形理论(FSDT)分析了功能梯度圆柱和板的动态热弹性响应(采用了热力耦合方法)。Shen[133]针对在热环境中受到横向均匀的或正弦型的载荷的功能梯度板(简支边界),进行了非线性弯曲分析。Yang 和 Shen[134]考察了热环境中的带有初始应力的功能梯度板,研究了相应的自由振动和受迫振动问题。读者还可以参阅 Kim[135]、Kitipornchai 等人[136]、Li 等人[137]、Malekzadeh 和 Beni[138]以及 Shi 和 Dong[139]的相关文献,也包括这些文献中所引述的其他文献,其中都考察了功能梯度板的振动问题中所存在的热环境效应。Bouchafa 等人[140]还曾针对热残余应力(源自于指数型功能梯度材料系统的制备过程)的预测问题,给出过一个解析模型。最近,Chakraverty 和 Pradhan[66-67]还研究了功能梯度矩形薄板在复杂因素条件下的自由振动行为。

在本章中,我们将考虑一些复杂因素对功能梯度矩形板的振动特性的影响,这些因素包括 Winkler 或 Pasternak 型弹性基础和热环境。实际上,这些复杂因素主要会使得应变能表达式发生改变,一般是增加了一个特定的项。为此,本章也将采用第三章中给出的瑞利 – 里茨方法来处理这些问题。我们将会认识到,这些复杂因素对于功能梯度矩形板的自由振动是存在重要影响的。在本章的最后,还将简要回顾一下与压电片集成的功能梯度梁和板的振动问题,除了会给出与压电效应相关的平衡方程以外,我们还将讨论这些结构在各类工业领域中的重要性。

8.1 Winkler 和 Pasternak 型基础

本节我们来考察放置于 Winkler 和 Pasternak 型弹性基础上的,功能梯度 Lévy 型薄板的自由振动特性。此处的功能梯度材料特性的变化(厚度方向上)仍然采用的是式(2.1)所示的简单的幂律形式。我们的主要目的是认识各种物理参数和几何参数以及弹性基础对自由振动的影响情况。类似地,本节也将给出本征频率及其对应的三维模态形状,并讨论结果的收敛性以及进行对比验证(与已有文献结果)。

8.1.1 数值建模

对于功能梯度 Lévy 型薄板,当它安装在 Winkler 和 Pasternak 型弹性基础上时,应变能和动能的表达式可以表示为

$$U = \frac{1}{2} \int_\Omega \left[D_{11} \left\{ \left(\frac{\partial^2 w}{\partial x^2} \right)^2 + \left(\frac{\partial^2 w}{\partial y^2} \right)^2 \right\} + 2D_{12} \frac{\partial^2 w}{\partial x^2} \frac{\partial^2 w}{\partial y^2} + 4D_{66} \left(\frac{\partial^2 w}{\partial x \partial y} \right)^2 + \right.$$
$$\left. k_w w^2 + k_p \left\{ \left(\frac{\partial w}{\partial x} \right)^2 + \left(\frac{\partial w}{\partial y} \right)^2 \right\} \right] \mathrm{d}x \mathrm{d}y \tag{8.1}$$

$$T = \frac{1}{2} \int_\Omega I_0 \left(\frac{\partial w}{\partial t} \right)^2 \mathrm{d}x \mathrm{d}y \tag{8.2}$$

其中的 k_w 和 k_p 分别代表的是 Winkler 和 Pasternak 基础的模量,而刚度系数 $D_{ij}(i,j = 1,2,6)$ 为 $(D_{11}, D_{12}, D_{66}) = \int_{-h/2}^{h/2} (Q_{11}, Q_{12}, Q_{66}) z^2 \mathrm{d}z$,此外,惯性系数 $I_0 = \int_{-h/2}^{h/2} \rho(z) \mathrm{d}z$。

这里假定简谐型的位移,即 $w(x,y,t) = W(x,y)\cos\omega t$,其中的 $W(x,y)$ 和 ω 分别代表的是自由振动的最大变形和固有频率。相应地,式(8.1)和式(8.2)可以分别转化为最大应变能($U_{\max}$)和最大动能($T_{\max}$)的形式,即

$$U_{\max} = \frac{1}{2}\int_\Omega \left[D_{11}\left\{ \left(\frac{\partial^2 W}{\partial x^2}\right)^2 + \left(\frac{\partial^2 W}{\partial y^2}\right)^2 \right\} + 2D_{12}\frac{\partial^2 W}{\partial x^2}\frac{\partial^2 W}{\partial y^2} + 4D_{66}\left(\frac{\partial^2 W}{\partial x\partial y}\right)^2 + \right.$$
$$\left. k_w W^2 + k_p\left\{ \left(\frac{\partial W}{\partial x}\right)^2 + \left(\frac{\partial W}{\partial y}\right)^2 \right\} \right]\mathrm{d}x\mathrm{d}y$$

$$T_{\max} = \frac{\omega^2}{2}\int_\Omega I_0 W^2 \mathrm{d}x\mathrm{d}y$$

现在我们针对笛卡儿坐标 x 和 y 引入无量纲参数 $\xi = x/a$ 和 $\eta = y/b$,后者构成了自然坐系。于是,最大应变能和最大动能的表达式就可以改写成如下形式:

$$U_{\max} = \frac{D_c ab}{2a^4}\int_\Omega \left[\bar{D}_{11}\left\{ \left(\frac{\partial^2 W}{\partial \xi^2}\right)^2 + \mu^4\left(\frac{\partial^2 W}{\partial \eta^2}\right)^2 \right\} + 2\bar{D}_{12}\mu^2\frac{\partial^2 W}{\partial \xi^2}\frac{\partial^2 W}{\partial \eta^2} + \right.$$
$$\left. 4\bar{D}_{66}\mu^2\left(\frac{\partial^2 W}{\partial \xi\partial \eta}\right)^2 + K_w W^2 + K_p\left\{ \left(\frac{\partial W}{\partial \xi}\right)^2 + \mu^2\left(\frac{\partial W}{\partial \eta}\right)^2 \right\} \right]\mathrm{d}\xi\mathrm{d}\eta \quad (8.3)$$

$$T_{\max} = \frac{\rho_c h\omega^2 ab}{2}\int_\Omega I_0 W^2 \mathrm{d}\xi\mathrm{d}\eta \quad (8.4)$$

其中的 $D_c = \dfrac{\rho_c h^3}{12(1-\nu^2)}$ 是弯曲刚度,其他的参数为: $\bar{D}_{11} = \dfrac{D_{11}}{D_c}$,$\bar{D}_{12} = \dfrac{D_{12}}{D_c}$,$\bar{D}_{66} = \dfrac{D_{66}}{D_c}$,$\mu = \dfrac{a}{b}$,$K_w = \dfrac{k_w a^4}{D_c}$,$K_p = \dfrac{k_p a^2}{D_c}$。

变形幅值 $W(x,y)$ 也可以表示为一组简单的代数多项式的级数求和形式,其中的每个多项式都是关于 ξ 和 η 的函数,即

$$W(\xi,\eta) = \sum_{i=1}^n c_i\varphi_i(\xi,\eta)$$

式中:c_i 为待定的常数;$\varphi_i(\xi,\eta) = f\psi_i(\xi,\eta)$($i = 1,2,\cdots,n$)为容许函数,此处的 n 为所包含的多项式数量。函数 $f = \xi^p\eta^q(1-\xi)^r(1-\eta)^s$ 主要用于控制不同边界条件,当参数 $p = 0,1$ 或 2 时分别代表边界 $\xi = 0$ 处为自由(F)、简支(S)或固支(C)边界状态。参数 q、r 和 s 也是类似的情况,只是分别针对的是 $\eta = 0$、$\xi = 1$ 和 $\eta = 1$ 等边界。此外,ψ_i 可以根据帕斯卡三角生成,可参见前文中的表3.2。

不妨设泊松比为常数,那么瑞利商(ω^2)就可以通过令最大应变能与最大动能相等来导得,进一步将瑞利商对未知常数求偏导数,也就得到了:

161

$$\frac{\partial \omega^2}{\partial c_i} = 0, \quad i = 1, 2, \cdots, n \tag{8.5}$$

对上式做进一步处理之后,不难获得如下所示的广义本征值问题,即

$$\sum_{j=1}^{n} (a_{ij} - \lambda^2 b_{ij}) c_j = 0, \quad i = 1, 2, \cdots, n \tag{8.6}$$

其中:

$$a_{ij} = \underline{C} \int_{\Omega} \left\{ (\varphi_i^{\xi\xi} \varphi_j^{\xi\xi} + \mu^4 \varphi_i^{\eta\eta} \varphi_j^{\eta\eta}) + 2\nu\mu^2 (\varphi_i^{\xi\xi} \varphi_j^{\eta\eta} + \varphi_i^{\eta\eta} \varphi_j^{\xi\xi}) + 2(1-\nu)\mu^2 \varphi_i^{\xi\eta} \varphi_j^{\xi\eta} + \right.$$

$$\left. K_w \varphi_i \varphi_j + K_p (\varphi_i^{\xi} \varphi_j^{\xi} + \mu^2 \varphi_i^{\eta} \varphi_j^{\eta}) \right\} \mathrm{d}\xi \mathrm{d}\eta$$

$$b_{ij} = \left\{ \frac{1 - 1/\rho_r}{k+1} + \frac{1}{\rho_r} \right\} \iint_{\Omega} \varphi_i \varphi_j \mathrm{d}\xi \mathrm{d}\eta$$

$$\lambda^2 = \frac{\omega^2 a^4 \rho_c h}{D_c}$$

在前式中,$\underline{C} = \left[12\left(1 - \frac{1}{E_r}\right)\left\{\frac{1}{k+3} - \frac{1}{k+2} + \frac{1}{4(k+1)}\right\} + \frac{1}{E_r}\right]$,$E_r = E_c/E_m$ 和 $\rho_r = \rho_c/\rho_m$ 分别为功能梯度组分材料的杨氏模量比与质量密度比,$D_c = E_c h^3 / 12(1-\nu^2)$ 为板中陶瓷组分的弯曲刚度。

在特征值问题式(8.6)中,λ 和 $c_j = [c_1, c_2, c_3, \cdots, c_n]^{\mathrm{T}}$ 分别代表的是无量纲频率与未知常数列矢量。

8.1.2 收敛性与对比分析

这里我们针对功能梯度 Lévy 型薄板的六种不同边界条件进行了计算,这六种边界分别是 SSSS、SCSS、SSSF、SCSC、SCSF 和 SFSF。图 8.1 对板的边界进行了标注,从而明确了各个板边的具体状态,例如如果我们考虑的是 SCSF 边界条件,那么板边①就是简支(S)状态,而板边②~④就分别处于固支(C)、简支(S)和完全自由(F)等状态。对于此处所计算的 Lévy 型薄板,我们令图 8.1 中的板边①和③始终保持简支状态,而板边②和④可以改变,上述的六种不同边界情况就是这样构成的。

在表 8.1 中,我们针对各向同性 Lévy 型薄板(对于功能梯度板情况,$k = 0$)的前六个无量纲频率,进行了收敛性检查和对比分析,其中既考虑了双参数的弹性基础,也考虑了无弹性基础的情形。可以看出,随着位移分量中所包含的多项式数量(n)的增加,无量纲频率是逐渐收敛的。此外,这里还将所得到的计算结果与 Leissa[90] 和 Lam 等[126] 给出的结果进行了对比,我们不难发现它们是相当一致的,无论弹性基础和边界状态如何均是如此。

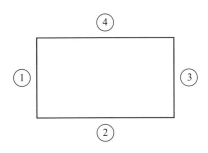

图 8.1 功能梯度 Lévy 型板的边界标注

（源自于：Pradhan，K. K. ，Chakraverty，S. ，Free vibration of FG Lévy plate resting on elastic foundations. Engineering and Computational Mechanics 2015；1500014。）

表 8.1 各向同性 Lévy 方板前六阶无量纲频率值的收敛性与对比验证
（针对有弹性基础和无弹性基础两种情形）

板边(1234)的边界条件	K_w	K_p	数据来源	n	λ_1	λ_2	λ_3	λ_4	λ_5	λ_6
SSSS	0	0	本书	6	19.7449	58.9915	58.9915	92.5635	139.5994	139.9505
				10	19.7449	49.5132	49.5132	92.5635	139.5994	139.9505
				15	19.7392	49.5132	49.5132	79.4007	100.1729	100.1868
				21	19.7392	49.3490	49.3490	79.4007	100.1729	100.1868
				28	19.7392	49.3490	49.3490	78.9633	98.7193	98.7194
			Leissa[90]	—	19.7392	49.3480	49.3480	78.9568	98.6960	98.6980
			Lam 等[126]	—	19.74	—	—	—	—	98.69
	100	100	本书	6	49.6374	93.7017	93.7017	130.6446	175.4651	175.8185
				10	49.6374	86.5505	86.5505	130.6446	175.4651	175.8185
				15	49.6342	86.5505	86.5505	119.6471	141.6475	141.6547
				21	49.6342	86.4300	86.4300	119.6471	141.6475	141.6547
				28	49.6342	86.4300	86.4300	119.2940	140.4129	140.4129
			Lam 等[126]	—	49.63	—	—	—	—	140.39
SCSS	0	0	本书	6	23.6839	59.3808	60.8613	112.9597	143.7141	188.3806
				10	23.6484	52.4178	59.0289	92.4408	117.2825	141.0695
				15	23.6465	51.8317	58.6604	87.4429	103.5119	115.9702
				21	23.6463	51.6878	58.6505	86.2451	101.8059	113.3767
				28	23.6463	51.6754	58.6464	86.1580	100.4370	113.2943

板边(1234)的边界条件	K_w	K_p	数据来源	n	λ_1	λ_2	λ_3	λ_4	λ_5	λ_6
SCSS	0	0	Leissa[90]	—	23.6463	51.6743	58.6464	86.1345	100.2698	113.2281
			Lam等[126]	—	23.65	—	—	—	—	113.23
	100	100	本书	6	52.3986	93.9500	95.4994	150.0129	179.9075	222.0115
				10	52.3095	88.9811	93.7799	130.4488	154.9408	176.9928
				15	52.2900	88.3913	93.6491	126.3429	144.7836	154.5166
				21	52.2868	88.2490	93.6308	125.2959	143.1058	152.6885
				28	52.2864	88.2303	93.6250	125.2078	141.8965	152.6275
			Lam等[126]	—	52.29	—	—	—	—	152.57
SSSF	0	0	本书	6	11.7425	29.7563	51.9222	69.7889	81.2621	133.4299
				10	11.6932	28.1215	41.5901	68.6699	76.9290	118.6152
				15	11.6851	27.8133	41.4342	60.0336	63.5644	92.3070
				21	11.6846	27.7575	41.2203	59.3603	62.4616	92.0709
				28	11.6845	27.7565	41.2019	59.1001	61.8756	90.4624
			Leissa[90]	—	11.6845	27.7563	41.1967	59.0655	61.8606	90.2941
			Lam等[126]	—	11.68	—	—	—	—	90.29
	100	100	本书	6	38.5174	67.2652	85.2154	111.2268	135.6676	168.5720
				10	38.4856	65.7311	77.8585	107.3175	122.1629	168.4878
				15	38.4767	65.0341	65.0341	100.5745	111.4925	133.6523
				21	38.4746	64.9238	77.6025	99.6789	108.4398	133.4568
				28	38.4742	64.9204	77.5879	99.4255	107.6855	132.1688
			Lam等[126]	—	38.47	—	—	—	—	132.05

（本表数据源自于：Pradhan, K. K. , Chakraverty, S. , Free vibration of FG Lévy plate resting on elastic foundations. Engineering and Computational Mechanics 2015；1500014。）

8.1.3　结果与讨论

从前面得到的广义特征值问题（即式（8.6））可以看出，功能梯度 Lévy 型薄板的自由振动特性计算结果会受到四个参数的影响，分别是长宽比（μ）、幂指数（k）、杨氏模量比（E_r）和质量密度比（ρ_r）。下面将详细讨论这些参数对板的无量纲频率的影响情况，其中的位移分量所包含的多项式个数取 28（与 Leissa[90]

164

一致），并考虑了四种不同的弹性基础情形，分别是：

（ⅰ）情形 1：$K_w = 0, K_s = 0$；

（ⅱ）情形 2：$K_w = 100, K_s = 0$；

（ⅲ）情形 3：$K_w = 0, K_s = 100$；

（ⅳ）情形 4：$K_w = 100, K_s = 100$。

1. 长宽比（μ）的影响

长宽比对功能梯度 Lévy 型薄板前六个特征频率的影响如表 8.2～表 8.5 所示，其中考虑了前述弹性基础情形，以及不同形式的边界状态。这些表中的 μ 值包括了 0.1、0.2、0.5、1.0 和 2.0 等，而幂指数 k 则设定为 1。计算中针对的是 Al/Al$_2$O$_3$ 制功能梯度板，因而 E_r 和 ρ_r 则取相应的数值，且与后面的表 8.6～表 8.9 相同。根据表 8.2～表 8.5 可以总结出如下一些重要结果：

（1）$\mu = 1$ 时对应了功能梯度方板，由此可以得到方板的特征频率，而其他的 μ 值则对应了矩形板情况；

（2）无论是何种弹性基础情形，也无论是何种边界状态，我们都可以发现无量纲频率会随着 μ 值的增加而增大，不过在 SFSF 边界状态情况中基本频率值会有些许波动起伏；

（3）双参数弹性基础（情形 4，即，Winkler 和 Pasternak 基础同时起作用）将导致无量纲频率值比其他三种情形更高一些。无弹性基础的功能梯度板（即情形 1）对应的频率是最小的。

表 8.2 μ 对功能梯度 Lévy 板（$K_w = 0, K_s = 0, k = 1$）前六阶无量纲频率值的影响

边界条件	μ	λ_1	λ_2	λ_3	λ_4	λ_5	λ_6
SSSS	0.1	8.2941	8.5406	8.9518	9.6184	10.4612	14.5537
	0.2	8.5405	9.5260	11.1694	13.6727	17.0187	33.1773
	0.5	10.2650	16.4242	26.6937	34.9018	41.0638	42.3643
	1.0	16.4240	41.0608	41.0608	65.7015	82.1395	82.1395
	2.0	41.0600	65.6969	106.7748	139.6073	164.2550	169.4571
SCSS	0.1	8.2984	8.5572	8.9876	9.5946	10.6647	12.1939
	0.2	8.5717	9.6444	11.4175	13.8934	17.8138	23.1721
	0.5	10.7489	17.9171	29.3106	35.1491	41.9858	44.9437
	1.0	19.6749	42.9966	48.7968	71.6878	83.5686	94.2665
	2.0	57.6836	78.7001	116.7609	173.3926	176.9454	195.2297
SSSF	0.1	8.2109	8.3773	8.7046	9.2544	10.2004	13.0633
	0.2	8.2420	8.8839	10.1516	12.1819	15.5865	27.2149

165

边界条件	μ	λ_1	λ_2	λ_3	λ_4	λ_5	λ_6
SSSF	0.5	8.5695	12.2867	19.6585	31.6011	33.1123	37.0897
	1.0	9.7221	23.0948	34.2820	49.1742	51.4836	75.2693
	2.0	13.4249	38.8897	62.6398	79.9821	92.4091	138.5145
SCSC	0.1	8.3022	8.5737	9.0214	9.6588	10.4828	12.4449
	0.2	8.6072	9.7772	11.6861	14.3366	17.7185	24.5630
	0.5	11.3872	19.6749	32.1956	35.4375	42.9978	49.0252
	1.0	24.0886	45.5497	57.6836	78.7005	85.0726	107.4157
	2.0	79.2632	96.3545	130.1092	186.8605	211.4559	230.7359
SCSF	0.1	8.2073	8.3858	8.7229	9.2483	10.4075	11.7653
	0.2	8.2458	8.9473	10.3151	12.3524	15.8423	20.7346
	0.5	8.6745	13.1081	21.4643	33.1526	33.8266	37.5752
	1.0	10.5565	27.5118	34.7022	52.4568	60.2561	75.5222
	2.0	18.9836	42.2273	82.2810	83.0180	110.0703	144.9403
SFSF	0.1	8.1935	8.2673	8.5023	9.0049	9.6974	12.8216
	0.2	8.1651	8.4425	9.3581	11.1318	13.6167	24.1242
	0.5	8.1011	9.7248	14.7165	23.8618	32.6761	34.3452
	1.0	8.0138	13.4254	30.5587	32.4266	38.9103	59.9520
	2.0	7.9148	22.8999	32.0601	53.7084	72.7003	87.7749

（本表数据源自于：Pradhan, K. K. , Chakraverty, S. , Free vibration of FG Lévy plate resting on elastic foundations. Engineering and Computational Mechanics 2015;1500014。）

表 8.3 μ 对功能梯度 Lévy 板($K_w = 100, K_s = 0, k = 1$)前六阶
无量纲频率值的影响

边界条件	μ	λ_1	λ_2	λ_3	λ_4	λ_5	λ_6
SSSS	0.1	13.6278	13.7791	14.0377	14.4719	15.0453	18.1310
	0.2	13.7791	14.4107	15.5460	17.4317	20.1633	34.8949
	0.5	14.9095	19.6641	28.8006	36.5385	42.4636	43.7225
	1.0	19.6640	42.4607	42.4607	66.5853	82.8481	82.8482
	2.0	42.4600	66.5808	107.3209	140.0255	164.6106	169.8018
SCSS	0.1	13.6303	13.7894	14.0606	14.4561	15.1875	16.2977
	0.2	13.7985	14.4892	15.7252	17.6054	20.8388	25.5709
	0.5	15.2467	20.9271	31.2416	36.7748	43.3558	46.2261

边界条件	μ	λ_1	λ_2	λ_3	λ_4	λ_5	λ_6
SCSS	1.0	22.4505	44.3354	49.9805	72.4987	84.2653	94.8847
	2.0	58.6883	79.4394	117.2605	173.7294	177.2755	195.5289
SSSF	0.1	13.5772	13.6785	13.8814	14.2326	14.8651	16.9580
	0.2	13.5961	13.9945	14.8317	16.2887	18.9700	29.2844
	0.5	13.7971	16.3672	22.4361	33.3999	34.8332	38.6338
	1.0	14.5411	25.5008	35.9469	50.3490	52.6069	76.0420
	2.0	17.2381	40.3650	63.5663	80.7097	93.0396	138.9359
SCSC	0.1	13.6327	13.7997	14.0822	14.4988	15.0603	16.4863
	0.2	13.8205	14.5780	15.9213	17.9572	20.7574	26.8377
	0.5	15.7033	22.4505	33.9629	37.0505	44.3366	50.2035
	1.0	26.4042	46.8156	58.6884	79.4399	85.7571	107.9586
	2.0	79.9974	96.9594	130.5577	187.1731	211.7322	230.9892
SCSF	0.1	13.5751	13.6838	13.8929	14.2286	15.0080	15.9795
	0.2	13.5984	14.0349	14.9441	16.4166	19.1807	23.3847
	0.5	13.8626	16.9925	24.0341	34.8715	35.5129	39.1001
	1.0	15.1117	29.5605	36.3478	53.5597	61.2187	76.2924
	2.0	21.8472	43.5898	82.9885	83.7192	110.6002	145.3431
SFSF	0.1	13.5668	13.6114	13.7554	14.0717	14.5246	16.7725
	0.2	13.5496	13.7186	14.3002	15.5190	17.3878	26.4368
	0.5	13.5111	14.5429	18.2619	26.1975	34.4188	36.0072
	1.0	13.4590	17.2384	32.4154	34.1820	40.3848	60.9193
	2.0	13.4003	25.3245	33.8345	54.7861	73.5000	88.4384

（本表数据源自于：Pradhan，K. K.，Chakraverty，S.，Free vibration of FG Lévy plate resting on elastic foundations. Engineering and Computational Mechanics 2015；1500014。）

表 8.4 μ 对功能梯度 Lévy 板（$K_w = 0$，$K_s = 100$，$k = 1$）前六阶
无量纲频率值的影响

边界条件	μ	λ_1	λ_2	λ_3	λ_4	λ_5	λ_6
SSSS	0.1	35.1328	35.6803	36.5786	37.8866	39.5476	45.2362
	0.2	35.6803	37.8070	41.1607	45.7414	51.3987	71.0557
	0.5	39.3427	50.7713	66.8070	78.2470	86.3498	87.4718
	1.0	50.7712	86.3478	86.3478	116.3991	135.2312	135.2312

边界条件	μ	λ_1	λ_2	λ_3	λ_4	λ_5	λ_6
SSSS	2.0	86.3473	116.3958	162.4913	197.7575	223.7408	228.3980
SCSS	0.1	35.1382	35.7013	36.6242	37.8908	39.6978	41.9155
	0.2	35.7068	37.9072	41.3721	45.9035	51.8321	58.9640
	0.5	39.6641	51.8029	68.6912	78.4417	87.0805	89.2395
	1.0	52.9117	87.7742	92.0272	121.0661	136.4214	144.8406
	2.0	98.4973	126.3626	170.6411	226.2614	234.9829	250.3040
SSSF	0.1	34.9945	35.3613	36.0875	37.2107	39.0190	43.3038
	0.2	35.1312	36.5756	39.3390	43.3657	49.7031	64.0780
	0.5	36.0779	44.3190	58.1615	76.1261	76.5798	81.6040
	1.0	39.3039	66.3039	78.1248	98.6982	107.1168	128.0310
	2.0	50.4358	85.8271	128.8996	134.4314	156.6912	201.4463
SCSC	0.1	35.1413	35.7193	36.6508	37.9612	39.5691	42.0653
	0.2	35.7285	38.0023	41.5395	46.2400	51.7812	59.5769
	0.5	40.0155	52.9203	70.6625	78.6446	87.7875	92.2285
	1.0	55.4720	89.4729	98.4977	126.3643	137.5274	155.3614
	2.0	114.2046	139.4251	181.0151	243.2219	259.2071	281.1895
SCSF	0.1	34.9958	35.3768	36.1243	37.2331	38.9625	41.5248
	0.2	35.1379	36.6436	39.5053	43.5265	48.9661	58.1707
	0.5	36.1647	44.9787	59.6039	76.1796	78.1140	82.0454
	1.0	39.9676	70.0250	78.4995	101.4933	114.2805	128.3487
	2.0	54.9188	88.7469	136.5755	146.5920	172.6097	203.6114
SFSF	0.1	34.9485	35.1323	35.6796	36.6830	38.0944	46.8325
	0.2	34.9474	35.6776	37.8003	41.4416	46.4805	72.0597
	0.5	34.9429	39.3115	50.6117	68.1610	75.4416	78.1582
	1.0	34.9359	50.4453	75.3911	84.2015	85.8584	116.1225
	2.0	34.9230	75.2935	82.2905	112.3440	125.4598	160.0090

（本表数据源自于：Pradhan, K. K. , Chakraverty, S. , Free vibration of FG Lévy plate resting on elastic foundations. Engineering and Computational Mechanics 2015；1500014。）

表 8.5　μ 对功能梯度 Lévy 板($K_w = 100, K_s = 100, k = 1$)前六阶
无量纲频率值的影响

边界条件	μ	λ_1	λ_2	λ_3	λ_4	λ_5	λ_6
SSSS	0.1	36.7592	37.2828	38.1434	39.3995	40.9993	46.5106
	0.2	37.2828	39.3229	42.5574	47.0021	52.5238	71.8737
	0.5	40.8016	51.9100	67.6764	78.9906	87.0242	88.1376
	1.0	51.9099	87.0222	87.0222	116.9003	135.6629	135.6629
	2.0	87.0217	116.8970	162.8507	198.0529	224.0019	228.6538
SCSS	0.1	36.7643	37.3029	38.1871	39.4035	41.1441	43.2878
	0.2	37.3082	39.4193	42.7618	47.1599	52.9480	59.9473
	0.5	41.1116	52.9194	69.5371	79.1835	87.7493	89.8922
	1.0	54.0053	88.4378	92.6603	121.5480	136.8493	145.2436
	2.0	99.0890	126.8244	170.9834	226.5196	235.2316	250.5374
SSSF	0.1	36.6270	36.9776	37.6727	38.7499	40.4896	44.6334
	0.2	36.7576	38.1405	40.7980	44.6935	50.8657	64.9840
	0.5	37.6635	45.6191	59.1581	76.8902	77.3395	82.3173
	1.0	40.7642	67.1798	78.8695	99.2887	107.6612	128.4868
	2.0	51.5819	86.5055	129.3523	134.8655	157.0638	201.7363
SCSC	0.1	36.7673	37.3201	38.2126	39.4712	41.0200	43.4329
	0.2	37.3289	39.5107	42.9238	47.4875	52.8982	60.5503
	0.5	41.4507	54.0137	71.4851	79.3845	88.4510	92.8602
	1.0	56.5161	90.1240	99.0895	126.8261	137.9518	155.7373
	2.0	114.7153	139.8438	181.3378	243.4621	259.4326	281.3973
SCSF	0.1	36.6283	36.9924	37.7080	38.7715	40.4351	42.9096
	0.2	36.7640	38.2057	40.9584	44.8495	50.1458	59.1672
	0.5	37.7466	46.2602	60.5768	76.9432	78.8589	82.7548
	1.0	41.4045	70.8549	79.2407	102.0677	114.7909	128.8034
	2.0	55.9732	89.4033	137.0029	146.9903	172.9481	203.8983
SFSF	0.1	36.5830	36.7587	37.2821	38.2436	39.5993	48.0646
	0.2	36.5820	37.2802	39.3165	42.8290	47.7217	72.8665
	0.5	36.5778	40.7716	51.7539	69.0134	76.2126	78.9026
	1.0	36.5711	51.5912	76.1626	84.8929	86.5366	116.6249
	2.0	36.5587	76.0659	82.9979	112.8632	125.9249	160.3740

（本表数据源自于：Pradhan, K. K., Chakraverty, S., Free vibration of FG Lévy plate resting on elastic foundations. Engineering and Computational Mechanics 2015；1500014。）

2. 幂指数(k)的影响

针对 Al/Al$_2$O$_3$ 制功能梯度矩形板,当幂指数逐渐增大时($k=0.1,0.2,$ $0.5,1.0,2.0,5.0$),各种边界状态下计算得到的前六个无量纲频率值的变化如表 8.6 ~ 表 8.9 所列。根据这些计算结果,我们可以得到如下一些结论:

(1)情形 1:不存在弹性基础时,随着幂指数 k 的增大,无量纲频率值逐渐减小;

(2)情形 2:当弹性基础为 Winkler 型时,随着幂指数 k 的增大,特征频率逐渐减小,不过对于 SFSF 边界情况而言,基本频率值会出现一些波动;

(3)情形 3 和情形 4:在这两种弹性基础的影响下,随着幂指数 k 的增大,只有 SCSC 边界下的功能梯度 Lévy 型板的前六阶频率是逐渐减小的,然而对于其他五种边界状态,这些频率值却是在不同模式上随机变动的。

表 8.6 k 对功能梯度 Lévy 板($K_w=0,K_s=0,\mu=2.0$)前六阶
无量纲频率值的影响

边界条件	k	λ_1	λ_2	λ_3	λ_4	λ_5	λ_6
SSSS	0.0	49.3480	78.9579	128.3273	167.7871	197.4100	203.6621
	0.1	47.5844	76.1360	123.7410	161.7906	190.3548	196.3835
	0.2	46.1705	73.8738	120.0643	156.9834	184.6988	190.5484
	0.5	43.3429	69.3495	112.7111	147.3691	173.3872	178.8785
	1.0	41.0600	65.6969	106.7748	139.6073	164.2550	169.4571
	2.0	39.2498	62.8005	102.0673	133.4523	157.0134	161.9861
	5.0	36.5961	58.5545	95.1665	124.4296	146.3977	151.0342
SCSS	0.0	69.3270	94.5857	140.3291	208.3919	212.6619	234.6369
	0.1	66.8494	91.2053	135.3139	200.9443	205.0617	226.2512
	0.2	64.8631	88.4954	131.2934	194.9736	198.9687	219.5286
	0.5	60.8906	83.0756	123.2525	183.0327	186.7831	206.0839
	1.0	57.6836	78.7001	116.7609	173.3926	176.9454	195.2297
	2.0	55.1404	75.2304	111.6132	165.7481	169.1443	186.6224
	5.0	51.4124	70.1440	104.0670	154.5418	157.7084	174.0048
SSSF	0.0	16.1348	46.7396	75.2837	96.1266	111.0619	166.4737
	0.1	15.5581	45.0692	72.5932	92.6911	107.0927	160.5241
	0.2	15.0959	43.7300	70.4362	89.9370	103.9106	155.7545

边界条件	k	λ_1	λ_2	λ_3	λ_4	λ_5	λ_6
SSSF	0.5	14.1713	41.0518	66.1224	84.4289	97.5468	146.2155
	1.0	13.4249	38.8897	62.6398	79.9821	92.4091	138.5145
	2.0	12.8331	37.1751	59.8782	76.4559	88.3350	132.4077
	5.0	11.9654	34.6617	55.8298	71.2867	82.3626	123.4555
SCSC	0.0	95.2625	115.8037	156.3718	224.5784	254.1383	277.3101
	0.1	91.8580	111.6651	150.7833	216.5523	245.0558	267.3994
	0.2	89.1286	108.3472	146.3030	210.1179	237.7744	259.4542
	0.5	83.6700	101.7116	137.3429	197.2495	223.2122	243.5642
	1.0	79.2632	96.3545	130.1092	186.8605	211.4559	230.7359
	2.0	75.7687	92.1065	124.3730	178.6223	202.1332	220.5633
	5.0	70.6459	85.8791	115.9641	166.5455	188.4669	205.6509
SCSF	0.0	22.8155	50.7509	98.8895	99.7752	132.2880	174.1965
	0.1	22.0001	48.9371	95.3553	96.2094	127.5602	167.9710
	0.2	21.3464	47.4831	92.5220	93.3507	123.7701	162.9801
	0.5	20.0390	44.5750	86.8556	87.6336	116.1899	152.9986
	1.0	18.9836	42.2273	82.2810	83.0180	110.0703	144.9403
	2.0	18.1467	40.3656	78.6535	79.3579	105.2175	138.5502
	5.0	16.9198	37.6365	73.3357	73.9925	98.1038	129.1828
SFSF	0.0	9.5125	27.5223	38.5314	64.5495	87.3748	105.4923
	0.1	9.1725	26.5386	37.1544	62.2426	84.2522	101.7222
	0.2	8.9000	25.7501	36.0504	60.3931	81.7488	98.6997
	0.5	8.3549	24.1731	33.8425	56.6944	76.7422	92.6550
	1.0	7.9148	22.8999	32.0601	53.7084	72.7003	87.7749
	2.0	7.5659	21.8903	30.6466	51.3405	69.4951	83.9051
	5.0	7.0544	20.4103	28.5746	47.8694	64.7965	78.2323

（本表数据源自于：Pradhan, K. K., Chakraverty, S., Free vibration of FG Lévy plate resting on elastic foundations. Engineering and Computational Mechanics 2015；1500014。）

171

表 8.7　k 对功能梯度 Lévy 板($K_w = 100, K_s = 0, \mu = 2.0$)前六阶
无量纲频率值的影响

边界条件	k	λ_1	λ_2	λ_3	λ_4	λ_5	λ_6
SSSS	0.0	50.3510	79.5886	128.7163	168.0849	197.6631	203.9075
	0.1	48.6516	76.8075	124.1553	162.1077	190.6244	196.6448
	0.2	47.2947	74.5815	120.5011	157.3176	184.9830	190.8239
	0.5	44.6014	70.1429	113.2011	147.7442	173.7060	179.1876
	1.0	42.4600	66.5808	107.3209	140.0255	164.6106	169.8018
	2.0	40.7978	63.7794	102.6725	133.9158	157.4075	162.3682
	5.0	38.3545	59.6693	95.8564	124.9581	146.8471	151.4699
SCSS	0.0	70.0445	95.1129	140.6850	208.6317	212.8969	234.8499
	0.1	67.6132	91.7666	135.6929	201.1997	205.3119	226.4781
	0.2	65.6680	89.0870	131.6929	195.2429	199.2325	219.7678
	0.5	61.7928	83.7391	123.7007	183.3348	187.0791	206.3523
	1.0	58.6883	79.4394	117.2605	173.7294	177.2755	195.5289
	2.0	56.2528	76.0494	112.1669	166.1214	169.5102	186.9541
	5.0	52.6785	71.0772	104.6982	154.9676	158.1257	174.3831
SSSF	0.0	18.9824	47.7974	75.9449	96.6453	111.5112	166.7737
	0.1	18.5677	46.1945	73.2971	93.2435	107.5711	160.8437
	0.2	18.2470	44.9153	71.1781	90.5192	104.4150	156.0914
	0.5	17.6495	42.3784	66.9541	85.0819	98.1124	146.5935
	1.0	17.2381	40.3650	63.5663	80.7097	93.0396	138.9359
	2.0	16.9883	38.8060	60.9041	77.2620	89.0336	132.8748
	5.0	16.5820	36.5133	56.9979	72.2051	83.1588	123.9882
SCSC	0.0	95.7859	116.2347	156.6912	224.8009	254.3350	277.4903
	0.1	92.4153	112.1240	151.1234	216.7893	245.2652	267.5914
	0.2	89.7161	108.8310	146.6617	210.3677	237.9953	259.6566
	0.5	84.3288	102.2542	137.7452	197.5298	223.4600	243.7913
	1.0	79.9974	96.9594	130.5577	187.1731	211.7322	230.9892
	2.0	76.5820	92.7767	124.8701	178.9688	202.4395	220.8440
	5.0	71.5726	86.6430	116.5309	166.9407	188.8163	205.9711
SCSF	0.0	24.9107	51.7267	99.3938	100.2751	132.6655	174.4833
	0.1	24.2220	49.9755	95.8923	96.7416	127.9622	168.2764

172

边界条件	k	λ_1	λ_2	λ_3	λ_4	λ_5	λ_6
SCSF	0.2	23.6799	48.5769	93.0881	93.9118	124.1938	163.3021
	0.5	22.6328	45.7997	87.4905	88.2628	116.6652	153.3599
	1.0	21.8472	43.5898	82.9885	83.7192	110.6002	145.3431
	2.0	21.2888	41.8724	79.4373	80.1348	105.8048	138.9966
	5.0	20.4468	39.3484	74.2288	74.8778	98.7732	129.6919
SFSF	0.0	13.8017	29.2827	39.8079	65.3195	87.9452	105.9652
	0.1	13.6688	28.4078	38.5117	63.0622	84.8595	102.2257
	0.2	13.5749	27.7153	37.4793	61.2568	82.3889	99.2305
	0.5	13.4344	26.3632	35.4401	57.6623	77.4600	93.2503
	1.0	13.4003	25.3245	33.8345	54.7861	73.5000	88.4384
	2.0	13.4594	24.5581	32.6057	52.5334	70.3809	84.6403
	5.0	13.4743	23.4173	30.7945	49.2267	65.8056	79.0701

（本表数据源自于：Pradhan, K. K. , Chakraverty, S. , Free vibration of FG Lévy plate resting on elastic foundations. Engineering and Computational Mechanics 2015；1500014。）

表 8.8　k 对功能梯度 Lévy 板（$K_w = 0, K_s = 100, \mu = 2.0$）前六阶
无量纲频率值的影响

边界条件	k	λ_1	λ_2	λ_3	λ_4	λ_5	λ_6
SSSS	0.0	85.8489	118.8699	171.1696	211.9691	242.3022	248.0679
	0.1	85.6297	117.9228	168.7892	208.3461	237.7144	243.2437
	0.2	85.5375	117.2744	167.0240	205.6032	234.2092	239.5492
	0.5	85.6763	116.3971	164.0282	200.7185	227.8396	232.8018
	1.0	86.3473	116.3958	162.4913	197.7575	223.7408	228.3980
	2.0	87.4952	117.1653	162.2257	196.4692	221.6150	226.0303
	5.0	88.5604	117.6203	161.1430	193.8951	217.8246	221.8982
SCSS	0.0	101.4516	131.6475	181.5286	248.0430	256.2871	275.8023
	0.1	100.4857	130.0973	178.6782	242.8202	251.1163	269.7513
	0.2	99.8003	128.9680	176.5367	238.7928	247.1438	265.0702
	0.5	98.7658	127.1346	172.7887	231.3288	239.8394	256.3366
	1.0	98.4973	126.3626	170.6411	226.2614	234.9829	250.3040
	2.0	98.9015	126.5184	169.8865	223.2750	232.2528	246.6168
	5.0	98.9471	126.1281	168.1235	218.3189	227.6097	240.6269

边界条件	k	λ_1	λ_2	λ_3	λ_4	λ_5	λ_6
SSSF	0.0	47.9790	84.9364	129.4577	138.7482	161.8780	215.6343
	0.1	48.3180	84.8068	128.9072	137.3613	160.2552	212.2227
	0.2	48.6327	84.7839	128.5743	136.3734	159.0903	209.6513
	0.5	49.4430	85.0546	128.3358	134.8653	157.2778	204.5658
	1.0	50.4358	85.8271	128.8996	134.4314	156.6912	201.4463
	2.0	51.6086	87.0530	130.1887	134.9396	157.1841	200.0365
	5.0	52.8471	88.2111	131.1729	134.9724	157.0511	197.2775
SCSC	0.0	122.0333	148.7463	194.9879	266.7988	289.5932	314.7085
	0.1	120.0267	146.3376	191.4857	261.1501	282.5636	306.9744
	0.2	118.5097	144.5212	188.8211	256.7931	277.0815	300.9378
	0.5	115.8172	141.3144	184.0225	248.7142	266.6846	289.4700
	1.0	114.2046	139.4251	181.0151	243.2219	259.2071	281.1895
	2.0	113.5313	138.6821	179.5647	239.9760	254.2645	275.6764
	5.0	112.1092	137.0636	176.8407	234.6105	246.5411	267.0991
SCSF	0.0	53.5455	88.5609	141.3757	151.1314	181.4436	218.8095
	0.1	53.6543	88.2819	139.8862	149.7278	179.0440	214.9737
	0.2	53.7845	88.1391	138.8161	148.7142	177.2572	212.0611
	0.5	54.2256	88.1696	137.1431	147.1207	174.2024	206.8394
	1.0	54.9188	88.7469	136.5755	146.5920	172.6097	203.6114
	2.0	55.8521	89.8166	136.9770	147.0113	172.2992	202.1171
	5.0	56.7508	90.7526	136.8566	146.7416	171.0121	199.2334
SFSF	0.0	32.8799	73.8986	78.7658	112.1846	128.7988	166.6219
	0.1	33.1855	73.9114	79.2369	111.8194	127.6431	164.6832
	0.2	33.4605	73.9932	79.6785	111.6280	126.8342	163.2700
	0.5	34.1371	74.4382	80.8350	111.6409	125.6606	160.9747
	1.0	34.9230	75.2935	82.2905	112.3440	125.4598	160.0090
	2.0	35.8198	76.5224	84.0428	113.6687	126.1135	160.2074
	5.0	36.7843	77.7333	85.8309	114.8076	126.3762	159.7007

（本表数据源自于：Pradhan，K. K.，Chakraverty，S.，Free vibration of FG Lévy plate resting on elastic foundations. Engineering and Computational Mechanics 2015；1500014。）

174

表 8.9 k 对功能梯度 Lévy 板 ($K_w = 100, K_s = 100, \mu = 2.0$) 前六阶
无量纲频率值的影响

边界条件	k	λ_1	λ_2	λ_3	λ_4	λ_5	λ_6
SSSS	0.0	86.4293	119.2898	171.4615	212.2049	242.5085	248.2694
	0.1	86.2273	118.3575	169.0931	208.5924	237.9303	243.4547
	0.2	86.1495	117.7215	167.3382	205.8586	234.4334	239.7684
	0.5	86.3198	116.8716	164.3653	200.9940	228.0824	233.0394
	1.0	87.0217	116.8970	162.8507	198.0529	224.0019	228.6538
	2.0	88.2005	117.6929	162.6072	196.7843	221.8944	226.3042
	5.0	89.3014	118.1792	161.5514	194.2346	218.1269	222.1950
SCSS	0.0	101.9432	132.0267	181.8038	248.2445	256.4821	275.9835
	0.1	100.9955	130.4915	178.9653	243.0316	251.3207	269.9416
	0.2	100.3253	129.3747	176.8340	239.0127	247.3563	265.2683
	0.5	99.3245	127.5691	173.1087	231.5679	240.0700	256.5524
	1.0	99.0890	126.8244	170.9834	226.5196	235.2316	250.5374
	2.0	99.5260	127.0071	170.2508	223.5523	232.5195	246.8679
	5.0	99.6108	126.6495	168.5149	218.6206	227.8990	240.9006
SSSF	0.0	49.0100	85.5230	129.8433	139.1081	162.1865	215.8660
	0.1	49.3693	85.4102	129.3050	137.7347	160.5753	212.4645
	0.2	49.7012	85.4013	128.9822	136.7581	159.4202	209.9017
	0.5	50.5498	85.7028	128.7663	135.2750	157.6293	204.8361
	1.0	51.5819	86.5055	129.3523	134.8655	157.0638	201.7363
	2.0	52.7954	87.7618	130.6637	135.3979	157.5778	200.3460
	5.0	54.0796	88.9550	131.6743	135.4597	157.4701	197.6112
SCSC	0.0	122.4424	149.0820	195.2442	266.9862	289.7658	314.8674
	0.1	120.4538	146.6881	191.7537	261.3467	282.7453	307.1416
	0.2	118.9522	144.8842	189.0991	256.9976	277.2711	301.1123
	0.5	116.2940	141.7055	184.3229	248.9366	266.8920	289.6611
	1.0	114.7153	139.8438	181.3378	243.4621	259.4326	281.3973
	2.0	114.0757	139.1281	179.9094	240.2340	254.5081	275.9010
	5.0	112.6955	137.5436	177.2129	234.8912	246.8082	267.3457
SCSF	0.0	54.4713	89.1237	141.7289	151.4618	181.7190	219.0379
	0.1	54.6030	88.8617	140.2528	150.0704	179.3305	215.2125

边界条件	k	λ_1	λ_2	λ_3	λ_4	λ_5	λ_6
SCSF	0.2	54.7526	88.7331	139.1940	149.0670	177.5534	212.3087
	0.5	55.2367	88.7951	137.5461	147.4964	174.5197	207.1068
	1.0	55.9732	89.4033	137.0029	146.9903	172.9481	203.8983
	2.0	56.9506	90.5038	137.4286	147.4322	172.6584	202.4234
	5.0	57.9003	91.4759	137.3372	147.1900	171.3970	199.5638
SFSF	0.0	34.3670	74.5722	79.3981	112.6294	129.1865	166.9217
	0.1	34.6985	74.6029	79.8824	112.2777	128.0448	164.9947
	0.2	34.9953	74.6998	80.3351	112.0976	127.2477	163.5915
	0.5	35.7215	75.1779	81.5168	112.1355	126.1002	161.3181
	1.0	36.5587	76.0659	82.9979	112.8632	125.9249	160.3740
	2.0	37.5096	77.3278	84.7768	114.2125	126.6039	160.5936
	5.0	38.5341	78.5764	86.5952	115.3802	126.8966	160.1128

（本表数据源自于：Pradhan，K. K.，Chakraverty，S.，Free vibration of FG Lévy plate resting on elastic foundations. Engineering and Computational Mechanics 2015；1500014。）

3. 杨氏模量比（E_r）的影响

表 8.10～表 8.13 中针对不同的边界状态，揭示了杨氏模量比对功能梯度板前六阶特征频率的影响，其中选取的杨氏模量比包括了 0.1，0.2，0.5，1.0，2.0 和 5.0，而设定的公共参数为：$k=1$，$\mu=2.0$，$\rho_r=1.5$。根据这些表格不难看出，无论弹性基础和边界状态情况如何，随着杨氏模量比的增大，特征频率值也是逐渐减小的。实际上，观察 λ 的表达式也可验证这一结果，它与 E_c 是成反比关系的。

表 8.10　E_r 对功能梯度 Lévy 板（$K_w=0$，$K_s=0$，$k=1$，$\mu=2.0$，$\rho_r=1.5$）前六阶无量纲频率值的影响

边界条件	E_r	λ_1	λ_2	λ_3	λ_4	λ_5	λ_6
SSSS	0.1	126.7774	202.8464	329.6788	431.0529	507.1554	523.2174
	0.2	93.6313	149.8120	243.4839	318.3537	374.5591	386.4217
	0.5	66.2073	105.9331	172.1691	225.1100	264.8533	273.2414
	1.0	54.0580	86.4940	140.5755	183.8016	216.2518	223.1007
	2.0	46.8156	74.9060	121.7420	159.1768	187.2795	193.2108
	5.0	41.8732	66.9980	108.8893	142.3721	167.5079	172.8130
SCSS	0.1	178.1043	242.9951	360.5120	535.3685	546.3384	602.7930

边界条件	E_r	λ_1	λ_2	λ_3	λ_4	λ_5	λ_6
SCSS	0.2	131.5388	179.4638	266.2558	395.3959	403.4976	445.1921
	0.5	93.0119	126.9000	188.2713	279.5871	285.3159	314.7984
	1.0	75.9439	103.6134	153.7229	228.2819	232.9595	257.0318
	2.0	65.7694	89.7319	133.1279	197.6979	201.7488	222.5961
	5.0	58.8259	80.2586	119.0732	176.8264	180.4496	199.0960
SSSF	0.1	41.4510	120.0761	193.4073	246.9536	285.3232	427.6786
	0.2	30.6136	88.6821	142.8408	182.3873	210.7251	315.8616
	0.5	21.6471	62.7077	101.0037	128.9673	149.0052	223.3479
	1.0	17.6748	51.2006	82.4691	105.3014	121.6622	182.3628
	2.0	15.3068	44.3410	71.4204	91.1937	105.3626	157.9308
	5.0	13.6908	39.6598	63.8803	81.5661	94.2391	141.2576
SCSC	0.1	244.7338	297.5052	401.7264	576.9524	652.8932	712.4225
	0.2	180.7479	219.7221	296.6946	426.1076	482.1936	526.1589
	0.5	127.8081	155.3670	209.7948	301.3035	340.9623	372.0505
	1.0	104.3548	126.8566	171.2967	246.0133	278.3946	303.7780
	2.0	90.3739	109.8611	148.3473	213.0538	241.0968	263.0795
	5.0	80.8329	98.2627	132.6859	190.5611	215.6435	235.3054
SCSF	0.1	58.6140	130.3815	254.0517	256.3271	339.8541	447.5190
	0.2	43.2893	96.2931	187.6296	189.3101	250.9989	330.5147
	0.5	30.6102	68.0895	132.6742	133.8625	177.4830	233.7092
	1.0	24.9931	55.5948	108.3280	109.2982	144.9143	190.8228
	2.0	21.6446	48.1465	93.8148	94.6551	125.4995	165.2573
	5.0	19.3596	43.0636	83.9105	84.6621	112.2501	147.8107
SFSF	0.1	58.6140	130.3815	254.0517	256.3271	339.8541	447.5190
	0.2	43.2893	96.2931	187.6296	189.3101	250.9989	330.5147
	0.5	30.6102	68.0895	132.6742	133.8625	177.4830	233.7092
	1.0	24.9931	55.5948	108.3280	109.2982	144.9143	190.8228
	2.0	21.6446	48.1465	93.8148	94.6551	125.4995	165.2573
	5.0	19.3596	43.0636	83.9105	84.6621	112.2501	147.8107

（本表数据源自于：Pradhan，K. K.，Chakraverty，S.，Free vibration of FG Lévy plate resting on elastic foundations. Engineering and Computational Mechanics 2015；1500014。）

表 8.11 E_r 对功能梯度 Lévy 板 $(K_w = 100, K_s = 0, k = 1, \mu = 2.0, \rho_r = 1.5)$ 前六阶无量纲频率值的影响

边界条件	E_r	λ_1	λ_2	λ_3	λ_4	λ_5	λ_6
SSSS	0.1	127.2498	203.1420	329.8607	431.1921	507.2737	523.3321
	0.2	94.2699	150.2120	243.7302	318.5421	374.7193	386.5769
	0.5	67.1074	106.4980	172.5173	225.3764	265.0797	273.4609
	1.0	55.1568	87.1849	141.0017	184.1277	216.5291	223.3694
	2.0	48.0802	75.7028	122.2338	159.5533	187.5997	193.5211
	5.0	43.2824	67.8876	109.4389	142.7929	167.8657	173.1599
SCSS	0.1	178.4409	243.2419	360.6784	535.4806	546.4482	602.8925
	0.2	131.9941	179.7978	266.4810	395.5476	403.6463	445.3269
	0.5	93.6548	127.3720	188.5897	279.8016	285.5261	314.9889
	1.0	76.7299	104.1909	154.1127	228.5446	233.2169	257.2651
	2.0	66.6754	90.3981	133.5778	198.0012	202.0460	222.8654
	5.0	59.8372	81.0028	119.5760	177.1654	180.7818	199.3971
SSSF	0.1	42.8741	120.5748	193.7173	247.1964	285.5334	427.8189
	0.2	32.5145	89.3561	143.2602	182.7160	211.0097	316.0515
	0.5	24.2610	63.6573	101.5960	129.4317	149.4073	223.6163
	1.0	20.7942	52.3594	83.1935	105.8696	122.1544	182.6915
	2.0	18.8228	45.6742	72.2556	91.8492	105.9305	158.3102
	5.0	17.5339	41.1449	64.8128	82.2984	94.8737	141.6817
SCSC	0.1	244.9788	297.7068	401.8757	577.0563	652.9851	712.5067
	0.2	181.0795	219.9950	296.8967	426.2483	482.3180	526.2729
	0.5	128.2767	155.7527	210.0806	301.5026	341.1383	372.2118
	1.0	104.9282	127.3287	171.6466	246.2571	278.6100	303.9754
	2.0	91.0354	110.4059	148.7512	213.3352	241.3455	263.3074
	5.0	81.5718	98.8715	133.1373	190.8757	215.9216	235.5603
SCSF	0.1	59.6288	130.8408	254.2878	256.5611	340.0306	447.6531
	0.2	44.6538	96.9142	187.9492	189.6268	251.2378	330.6962
	0.5	32.5113	68.9651	133.1257	134.3099	177.8208	233.9658
	1.0	27.2884	56.6638	108.8805	109.8458	145.3277	191.1369
	2.0	24.2588	49.3770	94.4522	95.2868	125.9766	165.6200
	5.0	22.2439	44.4350	84.6226	85.3678	112.7834	148.2160

178

边界条件	E_r	λ_1	λ_2	λ_3	λ_4	λ_5	λ_6
SFSF	0.1	26.7808	71.5495	99.5933	166.1920	224.7372	271.2360
	0.2	21.1129	53.3564	73.9244	122.9629	166.1436	200.4571
	0.5	16.8189	38.5156	52.8432	87.2923	117.7364	141.9561
	1.0	15.1190	32.0776	43.6074	71.5539	96.3392	116.0791
	2.0	14.1929	28.3148	38.1602	62.2091	83.6118	100.6765
	5.0	13.6070	25.7950	34.4814	55.8567	74.9449	90.1810

（本表数据源自于：Pradhan，K. K.，Chakraverty，S.，Free vibration of FG Lévy plate resting on elastic foundations. Engineering and Computational Mechanics 2015；1500014。）

表 8.12　E_r 对功能梯度 Lévy 板（$K_w=0$，$K_s=100$，$k=1$，$\mu=2.0$，$\rho_r=1.5$）

前六阶无量纲频率值的影响

边界条件	E_r	λ_1	λ_2	λ_3	λ_4	λ_5	λ_6
SSSS	0.1	148.3046	224.9923	352.2577	453.8069	529.9946	545.7410
	0.2	121.1965	178.6575	273.2797	348.5443	404.9471	416.4102
	0.5	101.5144	143.8634	212.2253	266.0989	306.3248	314.2202
	1.0	94.0427	130.2154	187.5069	232.2006	265.4288	271.7448
	2.0	90.0748	122.8241	173.8346	213.2401	242.4072	247.7895
	5.0	87.6078	118.1676	165.0886	201.0072	227.4786	232.2316
SCSS	0.1	195.8818	262.9715	381.9812	555.3139	568.3775	623.3883
	0.2	154.7164	205.6821	294.6645	422.0020	432.8674	472.6970
	0.5	123.5256	161.8095	226.6480	316.0729	325.5175	352.6027
	1.0	111.1346	144.2126	198.8546	271.7175	280.7484	302.1262
	2.0	104.3448	134.5281	183.3728	246.5493	255.4322	273.4016
	5.0	100.0188	128.3486	173.4123	230.1171	238.9537	254.6044
SSSF	0.1	65.2474	143.2746	226.4470	270.3026	313.7477	453.5410
	0.2	58.7112	118.1245	184.7873	212.9012	247.6833	350.0076
	0.5	54.2235	99.9458	153.9574	169.3122	197.4346	269.2877
	1.0	52.5583	93.0431	141.8138	151.9911	177.3284	236.2155
	2.0	51.6753	89.3661	135.1222	142.5219	166.2347	217.3742
	5.0	51.1246	87.0718	130.8186	136.5127	159.1249	204.7653
SCSC	0.1	258.7179	314.6684	421.5475	598.1576	670.4406	730.8851
	0.2	199.2441	242.4356	323.0150	454.4025	505.6825	550.8858

179

边界条件	E_r	λ_1	λ_2	λ_3	λ_4	λ_5	λ_6
SCSC	0.5	152.7695	186.0532	245.5806	340.1298	373.3945	406.2282
	1.0	133.6808	162.9434	213.5986	292.2635	317.2334	344.7459
	2.0	122.9905	150.0321	195.6408	265.1012	285.0051	309.4343
	5.0	116.0740	141.7006	184.0142	247.3701	263.7620	286.1445
SCSF	0.1	80.7628	153.2430	277.3079	286.3158	366.8961	470.5321
	0.2	69.8605	125.3532	218.0289	227.9098	286.3263	361.0374
	0.5	61.8571	104.9130	172.8815	183.5186	224.1118	275.1201
	1.0	58.6562	97.0137	154.8693	165.5561	198.7615	239.6938
	2.0	56.8652	92.7463	144.9891	155.4657	184.5732	219.8247
	5.0	55.7004	90.0521	138.7004	148.8699	175.3683	206.9722
SFSF	0.1	42.3159	108.6547	120.7989	194.4692	247.3163	312.9922
	0.2	38.9570	97.2947	100.6592	158.9574	195.5870	253.8024
	0.5	36.7798	86.3155	89.3660	132.9477	156.5195	204.6414
	1.0	36.0181	80.9519	86.2836	122.8921	141.0921	182.5251
	2.0	35.6288	78.1232	84.5595	117.4475	132.6958	170.3267
	5.0	35.3921	76.3712	83.4284	113.9987	127.3857	162.5233

（本表数据源自于：Pradhan, K. K. , Chakraverty, S. , Free vibration of FG Lévy plate resting on elastic foundations. Engineering and Computational Mechanics 2015；1500014。）

表8.13 E_r 对功能梯度 Lévy 板（$K_w=100, K_s=100, k=1, \mu=2.0, \rho_r=1.5$）前六阶无量纲频率值的影响

边界条件	E_r	λ_1	λ_2	λ_3	λ_4	λ_5	λ_6
SSSS	0.1	148.7087	225.2588	352.4280	453.9391	530.1078	545.8510
	0.2	121.6905	178.9930	273.4992	348.7164	405.0952	416.5543
	0.5	102.1037	144.2798	212.5079	266.3243	306.5206	314.4111
	1.0	94.6786	130.6754	187.8267	232.4588	265.6548	271.9655
	2.0	90.7385	123.3116	174.1794	213.5213	242.6546	248.0315
	5.0	88.2900	118.6742	165.4517	201.3055	227.7422	232.4898
SCSS	0.1	196.1879	263.1995	382.1383	555.4219	568.4830	623.4845
	0.2	155.1037	205.9736	294.8680	422.1441	433.0060	472.8239
	0.5	124.0104	162.1799	226.9125	316.2627	325.7018	352.7728
	1.0	111.6732	144.6280	199.1561	271.9382	280.9621	302.3248

边界条件	E_r	λ_1	λ_2	λ_3	λ_4	λ_5	λ_6
SCSS	2.0	104.9183	134.9734	183.6997	246.7925	255.6670	273.6209
	5.0	100.6169	128.8152	173.7579	230.3777	239.2047	254.8399
SSSF	0.1	66.1606	143.6928	226.7119	270.5245	313.9389	453.6732
	0.2	59.7244	118.6314	185.1117	213.1828	247.9254	350.1790
	0.5	55.3189	100.5444	154.3466	169.6662	197.7382	269.5104
	1.0	53.6878	93.6858	142.2362	152.3853	177.6664	236.4694
	2.0	52.8237	90.0350	135.5655	142.9423	166.5952	217.6501
	5.0	52.2850	87.7582	131.2764	136.9515	159.5016	205.0581
SCSC	0.1	258.9497	314.8591	421.6898	598.2579	670.5301	730.9672
	0.2	199.5450	242.6829	323.2007	454.5346	505.8012	550.9948
	0.5	153.1617	186.3754	245.8248	340.3062	373.5551	406.3759
	1.0	134.1289	163.3112	213.8793	292.4687	317.4225	344.9199
	2.0	123.4774	150.4315	195.9472	265.3274	285.2155	309.6282
	5.0	116.5898	142.1234	184.3400	247.6126	263.9894	286.3541
SCSF	0.1	81.5024	153.6340	277.5241	286.5253	367.0596	470.6596
	0.2	70.7141	125.8310	218.3040	228.1729	286.5358	361.2035
	0.5	62.8196	105.4833	173.2282	183.8452	224.3794	275.3381
	1.0	59.6703	97.6302	155.2563	165.9181	199.0632	239.9440
	2.0	57.9107	93.3909	145.4023	155.8512	184.8980	220.0975
	5.0	56.7674	90.7160	139.1323	149.2724	175.7101	207.2619
SFSF	0.1	43.7108	109.2055	121.2945	194.7775	247.5588	313.1839
	0.2	40.4679	97.9095	101.2535	159.3344	195.8936	254.0387
	0.5	38.3764	87.0079	90.0349	133.3982	156.9023	204.9344
	1.0	37.6471	81.6897	86.9762	123.3794	141.5167	182.8535
	2.0	37.2748	78.8875	85.2661	117.9573	133.1472	170.6786
	5.0	37.0486	77.1528	84.1445	114.5238	127.8558	162.8920

（本表数据源自于：Pradhan，K. K.，Chakraverty，S.，Free vibration of FG Lévy plate resting on elastic foundations. Engineering and Computational Mechanics 2015；1500014。）

4. 质量密度比（ρ_r）的影响

根据 λ 的表达式可以看出，无量纲频率是与 ρ_r 直接成正比关系的。表8.14～表8.17针对不同的 ρ_r 值，给出了功能梯度 Lévy 型薄板的前六阶无量纲频率情况。计算中采用的 ρ_r 值包括 0.1,0.2,0.5,1.0 和 2.0 等,其他一些主要参数分别为:$k=1,\mu=2.0,E_r=3.0$。从这些表格可以看出,无论何种弹性基础与边界状态,随着 ρ_r 值的增大,无量纲频率值都是逐渐增大的。

表 8.14　ρ_r 对功能梯度 Lévy 板($K_w=0,K_s=0,k=1,\mu=2.0,E_r=3.0$)前六阶无量纲频率值的影响

边界条件	ρ_r	λ_1	λ_2	λ_3	λ_4	λ_5	λ_6
SSSS	0.1	17.1808	27.4896	44.6778	58.4160	68.7293	70.9060
	0.2	23.2629	37.2211	60.4941	79.0956	93.0600	96.0072
	0.5	32.8987	52.6386	85.5515	111.8581	131.6067	135.7747
	1.0	40.2925	64.4688	104.7788	136.9976	161.1846	166.2894
	2.0	46.5258	74.4422	120.9881	158.1912	186.1199	192.0145
	5.0	52.0174	83.2289	135.2688	176.8632	208.0884	214.6787
SCSS	0.1	24.1366	32.9305	48.8563	72.5528	74.0394	81.6901
	0.2	32.6811	44.5881	66.1518	98.2369	100.2498	110.6089
	0.5	46.2180	63.0571	93.5527	138.9279	141.7746	156.4246
	1.0	56.6053	77.2289	114.5782	170.1513	173.6377	191.5802
	2.0	65.3621	89.1763	132.3036	196.4738	200.4996	221.2177
	5.0	73.0771	99.7021	147.9199	219.6644	224.1653	247.3290
SSSF	0.1	5.6174	16.2726	26.2104	33.4670	38.6668	57.9587
	0.2	7.6060	22.0332	35.4891	45.3145	52.3551	78.4764
	0.5	10.7565	31.1597	50.1891	64.0844	74.0413	110.9824
	1.0	13.1740	38.1627	61.4689	78.4870	90.6817	135.9252
	2.0	15.2120	44.0665	70.9781	90.6290	104.7102	156.9529
	5.0	17.0075	49.2678	79.3560	101.3263	117.0695	175.4787
SCSC	0.1	33.1661	40.3177	54.4417	78.1882	88.4796	96.5470
	0.2	44.9072	54.5904	73.7144	105.8673	119.8020	130.7252
	0.5	63.5083	77.2025	104.2479	149.7189	169.4255	184.8734
	1.0	77.7815	94.5534	127.6770	183.3675	207.5031	226.4227
	2.0	89.8144	109.1808	147.4287	211.7345	239.6039	261.4505
	5.0	100.4155	122.0679	164.8303	236.7264	267.8853	292.3105
SCSF	0.1	7.9433	17.6692	34.4289	34.7373	46.0568	60.6475
	0.2	10.7553	23.9242	46.6170	47.0345	62.3612	82.1170
	0.5	15.2103	33.8339	65.9263	66.5168	88.1920	116.1310

边界条件	ρ_r	λ_1	λ_2	λ_3	λ_4	λ_5	λ_6
SCSF	1.0	18.6287	41.4379	80.7429	81.4661	108.0127	142.2309
	2.0	21.5106	47.8484	93.2339	94.0689	124.7224	164.2341
	5.0	24.0496	53.4962	104.2387	105.1723	139.4438	183.6193
SFSF	0.1	3.3118	9.5820	13.4149	22.4732	30.4200	36.7277
	0.2	4.4842	12.9741	18.1639	30.4289	41.1889	49.7296
	0.5	6.3416	18.3482	25.6876	43.0330	58.2499	70.3282
	1.0	7.7669	22.4718	31.4608	52.7044	71.3413	86.1341
	2.0	8.9684	25.9482	36.3278	60.8578	82.3778	99.4591
	5.0	10.0270	29.0110	40.6157	68.0411	92.1012	111.1987

（本表数据源自于：Pradhan，K. K.，Chakraverty，S.，Free vibration of FG Lévy plate resting on elastic foundations. Engineering and Computational Mechanics 2015；1500014。）

表 8.15　ρ_r 对功能梯度 Lévy 板（$K_w = 100, K_s = 0, k = 1, \mu = 2.0, E_r = 3.0$）前六阶无量纲频率值的影响

边界条件	ρ_r	λ_1	λ_2	λ_3	λ_4	λ_5	λ_6
SSSS	0.1	17.7020	27.8183	44.8808	58.5714	68.8615	71.0341
	0.2	23.9686	37.6662	60.7689	79.3060	93.2389	96.1807
	0.5	33.8968	53.2681	85.9403	112.1557	131.8597	136.0200
	1.0	41.5149	65.2398	105.2549	137.3621	161.4945	166.5898
	2.0	47.9372	75.3324	121.5379	158.6121	186.4778	192.3614
	5.0	53.5955	84.2242	135.8835	177.3337	208.4885	215.0665
SCSS	0.1	24.5103	33.2054	49.0421	72.6779	74.1621	81.8013
	0.2	33.1871	44.9604	66.4033	98.4064	100.4159	110.7595
	0.5	46.9337	63.5836	93.9084	139.1677	142.0095	156.6375
	1.0	57.4818	77.8736	115.0138	170.4449	173.9254	191.8410
	2.0	66.3743	89.9207	132.8065	196.8128	200.8318	221.5189
	5.0	74.2087	100.5344	148.4822	220.0434	224.5368	247.6657
SSSF	0.1	7.0525	16.8220	26.5550	33.7375	38.9012	58.1153
	0.2	9.5491	22.7771	35.9556	45.6808	52.6725	78.6885
	0.5	13.5044	32.2117	50.8489	64.6024	74.4901	111.2824
	1.0	16.5395	39.4511	62.2770	79.1215	91.2314	136.2925
	2.0	19.0981	45.5542	71.9113	91.3616	105.3449	157.3771

边界条件	ρ_r	λ_1	λ_2	λ_3	λ_4	λ_5	λ_6
SSSF	5.0	21.3524	50.9312	80.3992	102.1454	117.7792	175.9529
SCSC	0.1	33.4391	40.5425	54.6084	78.3043	88.5823	96.6411
	0.2	45.2768	54.8949	73.9401	106.0246	119.9410	130.8527
	0.5	64.0311	77.6331	104.5671	149.9414	169.6222	185.0536
	1.0	78.4217	95.0807	128.0680	183.6400	207.7439	226.6435
	2.0	90.5536	109.7897	147.8802	212.0492	239.8820	261.7053
	5.0	101.2420	122.7486	165.3351	237.0782	268.1962	292.5955
SCSF	0.1	9.0154	18.1764	34.6920	34.9980	46.2537	60.7972
	0.2	12.2070	24.6110	46.9731	47.3875	62.6279	82.3197
	0.5	17.2633	34.8052	66.4300	67.0160	88.5692	116.4177
	1.0	21.1431	42.6275	81.3598	82.0776	108.4747	142.5820
	2.0	24.4139	49.2220	93.9462	94.7750	125.2557	164.6395
	5.0	27.2956	55.0319	105.0351	105.9617	140.0402	184.0726
SFSF	0.1	5.3991	10.4879	14.0763	22.8742	30.7174	36.9744
	0.2	7.3104	14.2007	19.0594	30.9718	41.5916	50.0636
	0.5	10.3384	20.0829	26.9540	43.8007	58.8194	70.8006
	1.0	12.6619	24.5964	33.0118	53.6447	72.0387	86.7127
	2.0	14.6207	28.4015	38.1188	61.9436	83.1831	100.1272
	5.0	16.3465	31.7538	42.6181	69.2550	93.0016	111.9456

(本表数据源自于:Pradhan, K. K., Chakraverty, S., Free vibration of FG Lévy plate resting on elastic foundations. Engineering and Computational Mechanics 2015;1500014。)

表 8.16 ρ_r 对功能梯度 Lévy 板($K_w = 0, K_s = 100, k = 1, \mu = 2.0, E_r = 3.0$)前六阶无量纲频率值的影响

边界条件	ρ_r	λ_1	λ_2	λ_3	λ_4	λ_5	λ_6
SSSS	0.1	34.5314	46.8109	65.7955	80.3931	91.1743	93.1362
	0.2	46.7557	63.3823	89.0875	108.8527	123.4506	126.1071
	0.5	66.1225	89.6361	125.9887	153.9410	174.5855	178.3423
	1.0	80.9833	109.7813	154.3040	188.5384	213.8227	218.4239
	2.0	93.5114	126.7645	178.1750	217.7054	246.9012	252.2141
	5.0	104.5489	141.7270	199.2057	243.4021	276.0439	281.9840
SCSS	0.1	39.6910	51.0436	69.2511	92.4711	95.9166	102.4217

边界条件	ρ_r	λ_1	λ_2	λ_3	λ_4	λ_5	λ_6
SCSS	0.2	53.7419	69.1134	93.7664	125.2064	129.8717	138.6796
	0.5	76.0025	97.7411	132.6057	177.0686	183.6663	196.1226
	1.0	93.0837	119.7079	162.4081	216.8639	224.9443	240.2001
	2.0	107.4837	138.2267	187.5328	250.4129	259.7434	277.3592
	5.0	120.1705	154.5422	209.6680	279.9701	290.4019	310.0970
SSSF	0.1	19.9963	34.2930	51.6779	54.1901	63.1881	81.9230
	0.2	27.0752	46.4330	69.9722	73.3738	85.5570	110.9243
	0.5	38.2901	65.6661	98.9557	103.7662	120.9959	156.8706
	1.0	46.8956	80.4243	121.1955	127.0871	148.1891	192.1265
	2.0	54.1503	92.8659	139.9445	146.7476	171.1141	221.8485
	5.0	60.5419	103.8273	156.4627	164.0688	191.3114	248.0342
SCSC	0.1	46.3991	56.6222	73.6738	99.4156	106.4248	115.4996
	0.2	62.8247	76.6669	99.7548	134.6094	144.0998	156.3872
	0.5	88.8476	108.4233	141.0746	190.3665	203.7879	221.1648
	1.0	108.8156	132.7909	172.7804	233.1504	249.5882	270.8705
	2.0	125.6494	153.3337	199.5096	269.2188	288.1997	312.7743
	5.0	140.4803	171.4323	223.0585	300.9958	322.2170	349.6923
SCSF	0.1	21.8867	35.5243	55.0915	59.1123	69.8838	82.8255
	0.2	29.6348	48.1001	74.5942	80.0385	94.6231	112.1462
	0.5	41.9099	68.0238	105.4922	113.1915	133.8173	158.5987
	1.0	51.3289	83.3118	129.2010	138.6307	163.8921	194.2429
	2.0	59.2695	96.2002	149.1885	160.0769	189.2463	224.2924
	5.0	66.2653	107.5551	166.7978	178.9714	211.5838	250.7665
SFSF	0.1	13.8174	30.0327	32.6745	44.9782	50.5142	64.6319
	0.2	18.7089	40.6644	44.2414	60.9007	68.3966	87.5120
	0.5	26.4583	57.5082	62.5668	86.1266	96.7274	123.7607
	1.0	32.4047	70.4328	76.6284	105.4831	118.4663	151.5753
	2.0	37.4178	81.3288	88.4828	121.8014	136.7931	175.0240
	5.0	41.8343	90.9284	98.9268	136.1781	152.9394	195.6828

（本表数据源自于：Pradhan，K. K. ，Chakraverty，S. ，Free vibration of FG Lévy plate resting on elastic foundations. Engineering and Computational Mechanics 2015；1500014。）

表 8.17 ρ_r 对功能梯度 Lévy 板($K_w = 100, K_s = 100, k = 1, \mu = 2.0, E_r = 3.0$) 前六阶无量纲频率值的影响

边界条件	ρ_r	λ_1	λ_2	λ_3	λ_4	λ_5	λ_6
SSSS	0.1	34.7936	47.0047	65.9335	80.5061	91.2739	93.2338
	0.2	47.1108	63.6447	89.2744	109.0057	123.5855	126.2392
	0.5	66.6248	90.0072	126.2530	154.1574	174.7763	178.5291
	1.0	81.5983	110.2358	154.6277	188.8035	214.0564	218.6526
	2.0	94.2216	127.2893	178.5487	218.0115	247.1710	252.4783
	5.0	105.3430	142.3138	199.6236	243.7442	276.3456	282.2794
SCSS	0.1	39.9194	51.2214	69.3822	92.5693	96.0113	102.5104
	0.2	54.0511	69.3541	93.9440	125.3395	129.9999	138.7997
	0.5	76.4398	98.0815	132.8568	177.2568	183.8477	196.2925
	1.0	93.6193	120.1248	162.7157	217.0943	225.1665	240.4082
	2.0	108.1022	138.7082	187.8879	250.6790	259.9999	277.5995
	5.0	120.8620	155.0805	210.0651	280.2676	290.6887	310.3656
SSSF	0.1	20.4459	34.5571	51.8535	54.3576	63.3318	82.0339
	0.2	27.6839	46.7905	70.2100	73.6006	85.7516	111.0744
	0.5	39.1509	66.1718	99.2920	104.0869	121.2711	157.0829
	1.0	47.9499	81.0436	121.6073	127.4800	148.5262	192.3865
	2.0	55.3678	93.5811	140.4201	147.2012	171.5032	222.1488
	5.0	61.9031	104.6268	156.9944	164.5759	191.7465	248.3699
SCSC	0.1	46.5946	56.7826	73.7971	99.5071	106.5102	115.5782
	0.2	63.0894	76.8840	99.9217	134.7332	144.2154	156.4937
	0.5	89.2220	108.7303	141.3107	190.5415	203.9514	221.3155
	1.0	109.2741	133.1669	173.0695	233.3647	249.7885	271.0550
	2.0	126.1789	153.7679	199.8434	269.4664	288.4309	312.9874
	5.0	141.0723	171.9178	223.4318	301.2726	322.4755	349.9305
SCSF	0.1	22.2982	35.7793	55.2563	59.2659	70.0138	82.9351
	0.2	30.1919	48.4454	74.8173	80.2464	94.7991	112.2947
	0.5	42.6978	68.5121	105.8077	113.4856	134.0662	158.8087
	1.0	52.2939	83.9098	129.5874	138.9909	164.1969	194.5001
	2.0	60.3839	96.8907	149.6347	160.4928	189.5982	224.5894
	5.0	67.5112	108.3271	167.2967	179.4365	211.9773	251.0986

边界条件	ρ_r	λ_1	λ_2	λ_3	λ_4	λ_5	λ_6
SFSF	0.1	14.4604	30.3338	32.9515	45.1798	50.6939	64.7724
	0.2	19.5795	41.0722	44.6166	61.1738	68.6398	87.7023
	0.5	27.6895	58.0849	63.0973	86.5128	97.0714	124.0297
	1.0	33.9126	71.1392	77.2781	105.9561	118.8876	151.9048
	2.0	39.1589	82.1444	89.2331	122.3475	137.2796	175.4045
	5.0	43.7810	91.8403	99.7656	136.7887	153.4833	196.1082

(本表数据源自于:Pradhan, K. K. , Chakraverty, S. , Free vibration of FG Lévy plate resting on elastic foundations. Engineering and Computational Mechanics 2015;1500014。)

在图 8.2 ~ 图 8.7 中,我们进一步针对 Al/Al_2O_3 制功能梯度 Lévy 型矩形板 (相关参数为:$k = 1, K_w = 100, K_s = 100$),绘制了前六阶特征频率所对应的三维模态形状,其中包括了前述的六种边界状态情形。对于其他参数组合情况,我们也不难绘制出对应的模态。

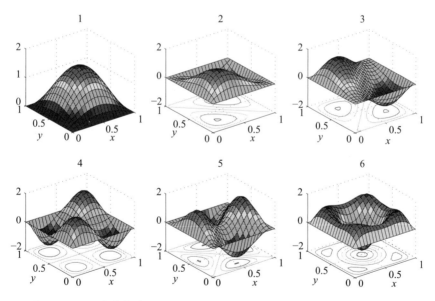

图 8.2 SSSS 边界条件下 Al/Al_2O_3 Lévy 型方板($k = 1, K_w = 100, K_s = 100$)的
前六阶三维模态形状(见彩图)

(数据源自于:Pradhan, K. K. , Chakraverty, S. , Free vibration of FG Lévy plate resting on elastic foundations. Engineering and Computational Mechanics 2015;1500014。)

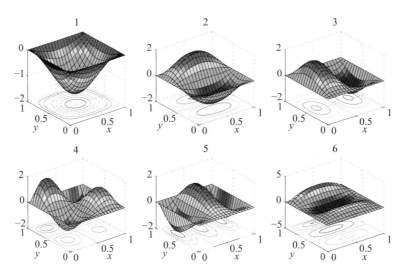

图 8.3 SCSS 边界条件下 Al/Al$_2$O$_3$Lévy 型方板($k = 1$, $K_w = 100$, $K_s = 100$)的
前六阶三维模态形状(见彩图)

(数据源自于:Pradhan, K. K. , Chakraverty, S. , Free vibration of FG Lévy plate resting on elastic founda-
tions. Engineering and Computational Mechanics 2015;1500014。)

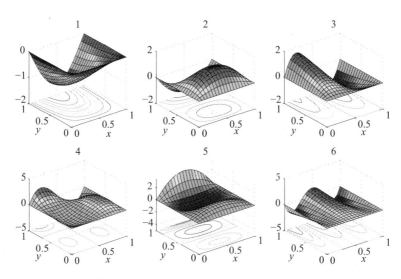

图 8.4 SSSF 边界条件下 Al/Al$_2$O$_3$Lévy 型方板($k = 1$, $K_w = 100$, $K_s = 100$)的
前六阶三维模态形状(见彩图)

(数据源自于:Pradhan, K. K. , Chakraverty, S. , Free vibration of FG Lévy plate resting on elastic founda-
tions. Engineering and Computational Mechanics 2015;1500014。)

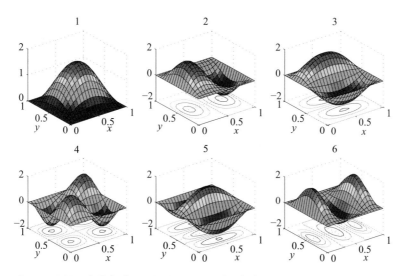

图 8.5　SCSC 边界条件下 Al/Al$_2$O$_3$Lévy 型方板($k = 1, K_w = 100, K_s = 100$)的
前六阶三维模态形状(见彩图)

(数据源自于:Pradhan,K. K. ,Chakraverty,S. ,Free vibration of FG Lévy plate resting on elastic founda-
tions. Engineering and Computational Mechanics 2015;1500014。)

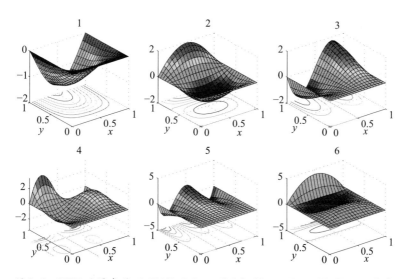

图 8.6　SCSF 边界条件下 Al/Al$_2$O$_3$Lévy 型方板($k = 1, K_w = 100, K_s = 100$)的
前六阶三维模态形状(见彩图)

(数据源自于:Pradhan,K. K. ,Chakraverty,S. ,Free vibration of FG Lévy plate resting on elastic founda-
tions. Engineering and Computational Mechanics 2015;1500014。)

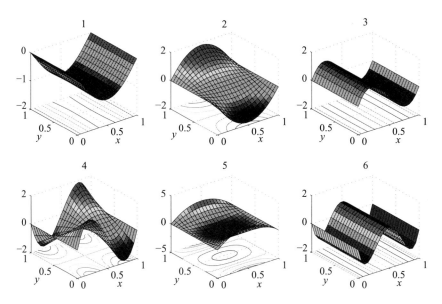

图 8.7　SFSF 边界条件下 Al/Al_2O_3 Lévy 型方板($k=1, K_w=100, K_s=100$)的

前六阶三维模态形状(见彩图)

(数据源自于:Pradhan, K. K. ,Chakraverty, S. ,Free vibration of FG Lévy plate resting on elastic foundations. Engineering and Computational Mechanics 2015;1500014。)

8.2　热环境

这里的分析涉及的是依赖于温度的指数型变化的材料特性(参见式(2.2)),目的是考察热环境对功能梯度板自由振动的影响。此外,功能梯度材料组分特性的指数型变化是沿着厚度方向的。类似地,此处也将给出指数型变化的功能梯度板在热环境下的频率计算结果,讨论其收敛性以及针对特定情形进行对比验证,并进一步分析温度梯度对自由振动特征频率的影响。此处的讨论主要参考了 Chakraverty 和 Pradhan[66] 的工作。

8.2.1　厚度方向上的温度场

此处的主要分析目的是认识和理解处于热环境中的功能梯度板的自由振动特性。为此,我们首先来讨论两种不同的温升情形以及它们对力学特性的影响,应当指出的是,这里只考虑厚度方向上的温度变化,而在板平面内则视为常值。事实上,Li 等[137]、Shi 和 Dong[139] 已经对我们所要讨论的这两种温升情形(厚度方向上)进行过研究。

1. 均匀温升情形

在这种情形中,厚度方向上的温度场可以表示为如下形式:

$$T = T_0 + \Delta T \tag{8.7}$$

式中:T_0 和 ΔT 分别代表的是板的初始均匀温度和温度变化量。

2. 线性温升情形

在这种情形中,板厚度方向上的温度变化是一个关于厚度坐标 z 的线性函数。如果假定 T_c 和 T_m 分别是功能梯度板的上下表面处的温度,那么这种情形的温度场就可以表示为如下形式:

$$T(z) = T_m + \Delta T \left(\frac{z}{h} + \frac{1}{2} \right) \tag{8.8}$$

其中的 $\Delta T = T_c - T_m$ 表示的是温度梯度,而 $T_m = 300\mathrm{K}$ 为初始温度。

正如 Reddy 和 Chin[132]、Shen[133]、Yang 和 Shen[134]、Kim[135]、Kitipornchai 等[136]、Li 等[137]、Malekzadeh 和 Beni[138] 以及 Shi 和 Dong[139] 所指出的,一般而言,材料特性如杨氏模量 E、泊松比 ν 以及热膨胀系数 α 等,都是温度的非线性函数,可以表示为如下形式:

$$P(T) = P_0^T \left(P_{-1}^T T^{-1} + 1 + P_1^T T + P_2^T T^2 + P_3^T T^3 \right) \tag{8.9}$$

式中:$T = T_0 + \Delta T(z)$ 为环境温度;T_0 为室温;P_{-1}^T、P_0^T、P_1^T、P_2^T 和 P_3^T 则是这个三次表达式中的常系数。

从 Reddy 和 Chin[132]、Shen[133]、Yang 和 Shen[134]、Kim[135]、Kitipornchai 等[136]、Li 等[137]、Malekzadeh 和 Beni[138] 以及 Shi 和 Dong[139] 的研究中不难发现,他们对于热环境中的功能梯度板的研究,都是针对幂律型变化的材料特性的。这里我们首次将其拓展到指数型变化的材料特性情形之中,考察热环境的影响。此时的材料特性可以表示为

$$E(z,T) = E_c(T) e^{-\delta\left(1 - \frac{2z}{h}\right)}; \quad \delta = \frac{1}{2}\ln\left(\frac{E_c(T)}{E_m(T)}\right)$$

$$\alpha(z,T) = \alpha_c(T) e^{-\delta\left(1 - \frac{2z}{h}\right)}; \quad \delta = \frac{1}{2}\ln\left(\frac{\alpha_c(T)}{\alpha_m(T)}\right) \tag{8.10}$$

$$\nu(z,T) = \nu_c(T) e^{-\delta\left(1 - \frac{2z}{h}\right)}; \quad \delta = \frac{1}{2}\ln\left(\frac{\nu_c(T)}{\nu_m(T)}\right)$$

从表 8.18 可以观察到,质量密度(ρ)仅在系数 P_0^T(自由应力状态)中才是非零的。因此,在其表达式中,当质量密度做指数变化时不会涉及温度效应。

表 8.18 Si_3N_4 和 SUS304 材料特性(杨氏模量 E、泊松比 ν、热膨胀系数 α、质量密度 ρ)的与温度相关的系数(Kim[135])

材料特性/单位	材料	P_{-1}^T	P_0^T	P_1^T	P_2^T	P_3^T	$P(T=300K$ 时$)$
E/GPa	SUS304	0	201.04	3.079×10^{-4}	-6.534×10^{-7}	0	207.7877
	Si_3N_4	0	348.43	-3.070×10^{-4}	2.160×10^{-7}	-8.946×10^{-11}	322.2715
ν	SUS304	0	0.3262	-2.002×10^{-4}	3.797×10^{-7}	0	0.3178
	Si_3N_4	0	0.2400	0	0	0	0.2400
$\alpha/(1/K)$	SUS304	0	12.330×10^{-6}	8.086×10^{-6}	0	0	1.5321×10^{-5}
	Si_3N_4	0	5.8723×10^{-6}	9.095×10^{-6}	0	0	7.4746×10^{-6}
$\rho/(kg/m^3)$	SUS304	0	8166	0	0	0	8166
	Si_3N_4	0	2370	0	0	0	2370

(本表数据源自于:Chakraverty, S. , Pradhan, K. K. , Free vibration of exponential functionally graded rectangular plates in thermal environment with general boundary conditions. Aerospace Science and Technology 2014; 36:132 – 156。)

8.2.2 数值建模

1. 温度梯度下的状态

首先我们假定自由应力温度为 $T_0 = 300K$,现在设板受到了一个热梯度作用,即 ΔT 的作用,可以是均匀的也可以是线性的温升(Kim[135])。于是,本构关系就可以表示为如下形式:

$$d_{ij} = \frac{\partial u_x}{\partial i}\frac{\partial u_x}{\partial j} + \frac{\partial u_y}{\partial i}\frac{\partial u_y}{\partial j} + \frac{\partial u_z}{\partial i}\frac{\partial u_z}{\partial j}, \quad (i,j = x,y) \tag{8.11}$$

式(8.11)中的 d_{ij} 代表了由于温度梯度而形成的应变分量。于是,相应的热应力就可以以矩阵形式表示,即(Kim[135];Kitipornchai 等[136])

$$\begin{Bmatrix} \sigma_{xx}^T \\ \sigma_{yy}^T \\ \tau_{xy}^T \end{Bmatrix} = - \begin{pmatrix} Q_{11} & Q_{12} & 0 \\ Q_{21} & Q_{22} & 0 \\ 0 & 0 & Q_{66} \end{pmatrix} \begin{pmatrix} 1 & 0 \\ 0 & 1 \\ 0 & 0 \end{pmatrix} \begin{Bmatrix} \alpha(z,T) \\ \alpha(z,T) \end{Bmatrix} \Delta T(z) \tag{8.12}$$

式(8.12)中的简化刚度系数为

$$Q_{11} = Q_{22} = \frac{E(z,T)}{1-\nu^2(z,T)}, Q_{12} = Q_{21} = \frac{\nu(z,T)E(z,T)}{1-\nu^2(z,T)}, Q_{66} = \frac{E(z,T)}{2[1+\nu(z,T)]}$$

在表 8.18 中已经给出了泊松比三次展开式中的系数情况。

192

2. 热环境中的能量表达式

如果将热应力(由于温升,参见式(8.12))导致的应变能记为 U_T,那么有

$$U_T = \frac{1}{2}\int_V (\sigma_{xx}^T d_{xx} + \sigma_{yy}^T d_{yy} + \tau_{xy}^T d_{xy})\,\mathrm{d}V \tag{8.13}$$

其中:

$$\sigma_{xx}^T = -(Q_{11} + Q_{12})\alpha(z,T)\Delta T(z)$$
$$\sigma_{yy}^T = -(Q_{12} + Q_{22})\alpha(z,T)\Delta T(z)$$
$$\tau_{xy}^T = 0$$

以及

$$d_{xx} = z^2\left\{\left(\frac{\partial^2 w}{\partial x^2}\right)^2 + \left(\frac{\partial^2 w}{\partial x\partial y}\right)^2\right\} + \left(\frac{\partial w}{\partial x}\right)^2$$

$$d_{yy} = z^2\left\{\left(\frac{\partial^2 w}{\partial x\partial y}\right)^2 + \left(\frac{\partial^2 w}{\partial y^2}\right)^2\right\} + \left(\frac{\partial w}{\partial y}\right)^2$$

$$d_{xy} = z^2\left(\frac{\partial^2 w}{\partial x^2} + \frac{\partial^2 w}{\partial y^2}\right)\frac{\partial^2 w}{\partial x\partial y} + \frac{\partial w}{\partial x}\frac{\partial w}{\partial y}$$

将这些项代入式(8.13),可得

$$U_T = -\frac{1}{2}\int_\Omega \left[(D_{11}^T + D_{12}^T)\left\{\left(\frac{\partial^2 w}{\partial x^2}\right)^2 + 2\left(\frac{\partial^2 w}{\partial x\partial y}\right)^2 + \left(\frac{\partial^2 w}{\partial y^2}\right)^2\right\} + \right.$$
$$\left. (A_{11}^T + A_{12}^T)\left\{\left(\frac{\partial w}{\partial x}\right)^2 + \left(\frac{\partial w}{\partial y}\right)^2\right\}\right]\mathrm{d}x\mathrm{d}y \tag{8.14}$$

在式(8.14)中,热应力系数的表达式如下:

$$(D_{11}^T, D_{12}^T) = \int_{-h/2}^{h/2}(Q_{11}, Q_{12})z^2\alpha\Delta T\mathrm{d}z$$

$$(A_{11}^T, A_{12}^T) = \int_{-h/2}^{h/2}(Q_{11}, Q_{12})\alpha\Delta T\mathrm{d}z$$

在引入简谐型位移 $w(x,y,t) = W(x,y)\cos\omega t$ 之后,根据式(8.14)就可以得到最大热应变能 $(U_T)_{\max}$,即

$$(U_T)_{\max} = -\frac{1}{2}\int_\Omega \left[(D_{11}^T + D_{12}^T)\left\{\left(\frac{\partial^2 W}{\partial x^2}\right)^2 + 2\left(\frac{\partial^2 W}{\partial x\partial y}\right)^2 + \left(\frac{\partial^2 W}{\partial y^2}\right)^2\right\} + \right.$$
$$\left. (A_{11}^T + A_{12}^T)\left\{\left(\frac{\partial W}{\partial x}\right)^2 + \left(\frac{\partial W}{\partial y}\right)^2\right\}\right]\mathrm{d}x\mathrm{d}y \tag{8.15}$$

由于温升或热环境的影响,借助式(3.19)和式(8.15)就可以得到等效应变能了,即 $U_{\mathrm{eff}} = U_{\max} + (U_T)_{\max}$,其中 $U_{\max} = \frac{1}{2}\int_\Omega \left[D_{11}\left\{\left(\frac{\partial^2 W}{\partial x^2}\right)^2 + \left(\frac{\partial^2 W}{\partial y^2}\right)^2\right\} + \right.$

$$2D_{12}\frac{\partial^2 W}{\partial x^2}\frac{\partial^2 W}{\partial y^2}+4D_{66}\left(\frac{\partial^2 W}{\partial x\partial y}\right)^2]\mathrm{d}x\mathrm{d}y.$$ 对于处于热环境中的功能梯度板来说,基于瑞利 – 里茨法,令 U_{eff} 与最大动能 $T_{\max}$ 相等即可得到瑞利商(ω^2)了。将瑞利商对未知常数 $c_i(i=1,2,3,\cdots,n)$ 求偏导数,继而也就可以导得指数型功能梯度板在热环境下的广义特征值问题,其形式类似于前面的式(3.26)。

8.2.3　结果与讨论

此处的主要目的是揭示指数型功能梯度板在热环境中的自由振动特性。为了验证所得到的结果,需要与已有文献结果进行对比。然而,目前尚未有与热环境下指数型功能梯度板相关的文献资料。不过,在温度依赖的幂律型功能梯度板方面,却可以找到一些相关文献。为此,我们首先针对幂律型功能梯度板在热环境中的自由振动特性进行了计算,并通过表8.19进行收敛性研究,考虑的是CCCC边界条件下此类板的前八个固有频率情况。此外,对于指数型功能梯度板(固支边界,均匀温升和线性温升两种情形),我们还将计算得到的自由振动频率列在了表8.20中,用于检查收敛性。所涉及的材料特性是针对初始自由应力状态的温度($T=300K$)的,参见表8.18。在均匀和线性温升情况中,所设定的幂指数 k 均包括2.0和10.0两种数值。其他的物理参数为 $a=0.2\mathrm{m}$,$h/b=0.1$,而温度梯为 $\Delta T=300K$。在计算前八个无量纲频率时,考虑了两种长宽比(a/b),分别为0.5和1.0。在结果的对比验证中,我们主要采用了 Yang 和 Shen[134] 以及 Li 等人[137] 的结果,进行了均匀温升情况下幂律型功能梯度板的频率对比。

可以看出,这里的计算结果与文献中的结果是存在一定偏差的,这主要是由于此处所采用的经典板理论中忽略了横向剪切变形效应。表格中的 Diff.% 是指此处的计算结果(基于CPT)与文献给出的结果之间的百分比误差。不难发现,对于 $a/b=0.5$ 的情形,这一误差是比较显著的,而对于 $a/b=1$ 的情形则不大明显(除了高阶模态)。无论热环境和所采用的材料变化形态如何,变形函数(W)中包含的多项式数量(n)对于每个模态频率的收敛性都是至关重要的影响因素。此外,还可以注意到,线性温升情况下的频率值要比均匀温升下的频率值更大一些。

表8.19　不同温度条件下($a=0.2\mathrm{m}$,$h/b=0.1$,$T=300K$,$\Delta T=300K$)
功能梯度板(SUS304/Si$_3$N$_4$,CCCC 边界)前八阶固有频率值的收敛性与对比

a/b(温度状态)	k	数据来源	λ_1	λ_2	λ_3	λ_4	λ_5	λ_6	λ_7	λ_8
0.5(均匀温升)	2.0	8 × 8	9.9116	12.8535	18.4206	25.8682	29.0255	52.4124	55.0152	90.4206
		10 × 10	9.9116	12.8418	18.4206	25.8243	27.2368	29.0255	33.8882	52.4124

194

a/b(温度状态)	k	数据来源	λ_1	λ_2	λ_3	λ_4	λ_5	λ_6	λ_7	λ_8
0.5(均匀温升)	2.0	13×13	9.9106	12.8418	18.4095	25.8243	27.2368	28.7053	33.8882	49.8405
		15×15	9.9101	12.8418	18.0820	25.8243	27.2368	28.6941	33.8882	40.0102
		Yang 和 Shen[134]	9.2196	11.6913	15.2957	20.4667	21.2323	21.4468	22.4853	25.4461
		Diff. %	7.5057	9.8407	18.2162	23.5387	28.2800	33.7919	50.7127	57.2351
		Li 等人[137]	9.2111	11.5890	15.5999	19.9043	20.0234	20.7922	21.9073	25.0100
		Diff. %	7.6049	10.8103	15.9109	29.7423	36.0249	38.0042	54.6891	59.9768
	10.0	8×8	9.9029	12.8433	18.4066	25.8473	29.0036	52.3713	54.9737	90.3504
		10×10	9.9029	12.8316	18.4066	25.8034	27.2164	29.0036	33.8643	52.3713
		13×13	9.9020	12.8316	18.3955	25.8034	27.2164	28.6837	33.8643	49.8012
		15×15	9.9016	12.8316	18.0683	25.8034	27.2164	28.6725	33.8643	39.9803
		Yang 和 Shen[134]	7.9839	10.1219	13.3088	17.6295	18.3727	18.9066	19.3778	21.9914
		Li 等人[137]	7.8170	9.8332	13.2410	16.8733	16.9943	17.6538	18.5960	21.2369
1.0(均匀温升)	2.0	8×8	3.6322	7.4211	7.4848	10.9601	13.8504	13.9879	17.0379	23.3609
		10×10	3.6322	7.4092	7.4092	10.9601	13.8504	13.9879	17.0374	17.0374
		13×13	3.6312	7.4092	7.4092	10.9437	13.3312	13.8915	17.0374	17.0374
		15×15	3.6311	7.4092	7.4092	10.9276	13.3066	13.3596	17.0374	17.0374
		Yang 和 Shen[134]	3.6636	7.2544	7.2544	10.3924	11.7054	12.3175	14.4520	—
		Diff. %	-0.8871	2.1339	2.1339	5.1499	14.1319	8.4603	17.8896	—
		Li 等人[137]	3.7202	7.3010	7.3010	10.3348	12.2256	12.3563	14.8112	14.8112
		Diff. %	-2.3950	1.4819	1.4819	5.7359	8.8421	8.1197	15.0305	15.0305
	10.0	8×8	3.6297	7.4159	7.4795	10.9530	13.8403	13.9777	17.0267	23.3436
		10×10	3.6297	7.4039	7.4039	10.9530	13.8403	13.9777	17.0261	17.0261
		13×13	3.6286	7.4039	7.4039	10.9367	13.3216	13.8813	17.0261	17.0261
		15×15	3.6285	7.4039	7.4039	10.9205	13.2969	13.3499	17.0261	17.0261
		Yang 和 Shen[134]	3.1835	6.3001	6.3001	9.0171	10.2372	10.6781	12.6015	12.9948
		Li 等人[137]	3.1398	6.1857	6.1857	8.7653	10.3727	10.4866	12.5971	12.5971

（本表数据源自于：Chakraverty，S.，Pradhan，K. K.，Free vibration of exponential functionally graded rectangular plates in thermal environment with general boundary conditions. Aerospace Science and Technology 2014；36：132－156。）

表 8.20　不同温度条件下($a=0.2\text{m}, h/b=0.1, T=300\text{K}, \Delta T=300\text{K}$)
指数型功能梯度板(SUS304/Si₃N₄,CCCC 边界)前八阶固有频率值的收敛性

a/b(温度状态)	数据来源	λ_1	λ_2	λ_3	λ_4	λ_5	λ_6	λ_7	λ_8
0.5(均匀温升)	8×8	9.9168	12.8597	18.4289	25.8804	29.0383	52.4360	55.0390	90.4605
	10×10	9.9168	12.8480	18.4289	25.8365	27.2488	29.0383	33.9022	52.4360
	13×13	9.9158	12.8480	18.4178	25.8365	27.2488	28.7179	33.9022	49.8631
	15×15	9.9153	12.8480	18.0903	25.8365	27.2488	28.7068	33.9022	40.0276
0.5(线性温升)	8×8	9.9296	12.8750	18.4499	25.9118	29.0712	52.4979	55.1015	90.5662
	10×10	9.9296	12.8633	18.4499	25.8679	27.2794	29.0712	33.9382	52.4979
	13×13	9.9286	12.8633	18.4388	25.8679	27.2794	28.7505	33.9382	49.9223
	15×15	9.9282	12.8633	18.1108	25.8679	27.2794	28.7393	33.9382	40.0727
1.0(均匀温升)	8×8	3.6337	7.4241	7.4878	10.9642	13.8561	13.9936	17.0442	23.3707
	10×10	3.6337	7.4121	7.4121	10.9642	13.8561	13.9936	17.0437	17.0437
	13×13	3.6326	7.4121	7.4121	10.9477	13.3367	13.8972	17.0437	17.0437
	15×15	3.6326	7.4121	7.4121	10.9316	13.3120	13.3651	17.0437	17.0437
1.0(线性温升)	8×8	3.6376	7.4319	7.4958	10.9749	13.8714	14.0088	17.0612	23.3968
	10×10	3.6376	7.4199	7.4199	10.9749	13.8714	14.0088	17.0607	17.0607
	13×13	3.6365	7.4199	7.4199	10.9584	13.3513	13.9125	17.0607	17.0607
	15×15	3.6364	7.4199	7.4199	10.9422	13.3265	13.3796	17.0607	17.0607

(本表数据源自于:Chakraverty,S.,Pradhan,K. K.,Free vibration of exponential functionally graded rectangular plates in thermal environment with general boundary conditions. Aerospace Science and Technology 2014;36:132-156。)

表 8.21　均匀温升条件下($a=0.2\text{m}, T=300\text{K}$)
指数型功能梯度板(SUS304/Si₃N₄,CCCC 边界)的前八阶无量纲频率值

a/b	h/b	ΔT	λ_1	λ_2	λ_3	λ_4	λ_5	λ_6	λ_7	λ_8
0.5	0.1	0	9.7888	12.6982	17.9305	25.7085	27.1141	28.5726	33.7716	39.9238
		300	9.6126	12.4895	17.6933	25.4651	26.8669	28.3191	33.5096	39.6563
		500	9.4931	12.3483	17.5334	25.3015	26.7009	28.1489	33.3338	39.4769
	0.2	0	9.9043	12.8350	18.0822	25.8507	27.2603	28.7210	33.9221	40.0661
		300	9.8465	12.7664	17.9997	25.7515	27.1613	28.6179	33.8122	39.9423
		500	9.8078	12.7205	17.9444	25.6851	27.0951	28.5491	33.7387	39.8596

196

a/b	h/b	ΔT	λ_1	λ_2	λ_3	λ_4	λ_5	λ_6	λ_7	λ_8
0.5	0.25	0	9.9180	12.8514	18.1004	25.8677	27.2778	28.7388	33.9401	40.0832
		300	9.8742	12.7992	18.0361	25.7856	27.1964	28.6536	33.8483	39.9765
		500	9.8448	12.7643	17.9931	25.7308	27.1419	28.5967	33.7869	39.9053
1.0	0.1	0	3.4699	7.2307	7.2307	10.7436	13.1288	13.1854	16.8703	16.8703
		300	3.2831	7.0144	7.0144	10.5126	12.8889	12.9493	16.6329	16.6329
		500	3.1518	6.8662	6.8662	10.3556	12.7265	12.7895	16.4728	16.4728
	0.2	0	3.5981	7.3781	7.3781	10.8995	13.2863	13.3403	17.0236	17.0236
		300	3.5491	7.3153	7.3153	10.8289	13.2081	13.2628	16.9424	16.9424
		500	3.5161	7.2732	7.2732	10.7816	13.1557	13.2109	16.8881	16.8881
	0.25	0	3.6132	7.3956	7.3956	10.9180	13.3051	13.3588	17.0419	17.0419
		300	3.5796	7.3505	7.3505	10.8662	13.2458	13.2999	16.9792	16.9792
		500	3.5570	7.3204	7.3204	10.8316	13.2062	13.2606	16.9373	16.9373

（本表数据源自于：Chakraverty，S.，Pradhan，K. K.，Free vibration of exponential functionally graded rectangular plates in thermal environment with general boundary conditions. Aerospace Science and Technology 2014；36：132 – 156。）

表 8.22　线性温升条件下（$a = 0.2\mathrm{m}$，$T = 300\mathrm{K}$）
指数型功能梯度板（SUS304/Si$_3$N$_4$，CCCC 边界）的前八阶无量纲频率值

a/b	h/b	ΔT	λ_1	λ_2	λ_3	λ_4	λ_5	λ_6	λ_7	λ_8
0.5	0.1	0	9.7888	12.6982	17.9305	25.7085	27.1141	28.5726	33.7716	39.9238
		300	9.7073	12.6016	17.8208	25.5962	27.0000	28.4557	33.6508	39.8008
		500	9.6525	12.5368	17.7472	25.5211	26.9237	28.3775	33.5701	39.7186
	0.2	0	9.9043	12.8350	18.0822	25.8507	27.2603	28.7210	33.9221	40.0661
		300	9.8778	12.8036	18.0445	25.8056	27.2153	28.6742	33.8722	40.0102
		500	9.8601	12.7825	18.0192	25.7756	27.1853	28.6429	33.8389	39.9729
	0.25	0	9.9180	12.8514	18.1004	25.8677	27.2778	28.7388	33.9401	40.0832
		300	9.8980	12.8276	18.0711	25.8306	27.2411	28.7003	33.8987	40.0353
		500	9.8847	12.8117	18.0516	25.8059	27.2165	28.6747	33.8711	40.0033
1.0	0.1	0	3.4699	7.2307	7.2307	10.7436	13.1288	13.1854	16.8703	16.8703
		300	3.3841	7.1307	7.1307	10.6367	13.0178	13.0761	16.7604	16.7604
		500	3.3255	7.0633	7.0633	10.5648	12.9433	13.0028	16.6868	16.6868
	0.2	0	3.5981	7.3781	7.3781	10.8995	13.2863	13.3403	17.0236	17.0236

a/b	h/b	ΔT	λ_1	λ_2	λ_3	λ_4	λ_5	λ_6	λ_7	λ_8
1.0	0.2	300	3.5755	7.3492	7.3492	10.8670	13.2504	13.3048	16.9865	16.9865
		500	3.5603	7.3298	7.3298	10.8453	13.2265	13.2810	16.9616	16.9616
	0.25	0	3.6132	7.3956	7.3956	10.9180	13.3051	13.3588	17.0419	17.0419
		300	3.5977	7.3749	7.3749	10.8943	13.2781	13.3319	17.0134	17.0134
		500	3.5873	7.3611	7.3611	10.8785	13.2600	13.3140	16.9943	16.9943

（本表数据源自于：Chakraverty，S. ，Pradhan，K. K. ，Free vibration of exponential functionally graded rectangular plates in thermal environment with general boundary conditions. Aerospace Science and Technology 2014；36：132 – 156。）

表 8.23　均匀温升条件下（$a = 0.2\text{m}$，$T = 300\text{K}$）
指数型功能梯度板（SUS304/Si$_3$N$_4$，SSSS 边界）的前八阶无量纲频率值

a/b	h/b	ΔT	λ_1	λ_2	λ_3	λ_4	λ_5	λ_6	λ_7	λ_8
0.5	0.1	0	4.7368	7.7528	12.8694	16.7878	19.8426	30.4575	30.8328	37.2910
		300	4.4581	7.4795	12.5934	16.5006	19.5552	30.1819	30.5772	36.9665
		500	4.2622	7.2916	12.4059	16.3064	19.3612	29.9969	30.4057	36.7485
	0.2	0	4.9289	7.9423	13.0567	16.9751	20.0293	30.6239	30.9792	37.4761
		300	4.8569	7.8671	12.9730	16.8795	19.9323	30.5169	30.8718	37.3389
		500	4.8083	7.8166	12.9169	16.8154	19.8673	30.4455	30.8000	37.2472
	0.25	0	4.9515	7.9648	13.0789	16.9974	20.0516	30.6439	30.9967	37.4983
		300	4.9026	7.9124	13.0178	16.9244	19.9771	30.5569	30.9069	37.3834
		500	4.8697	7.8772	12.9769	16.8755	19.9272	30.4989	30.8470	37.3066
1.0	0.1	0	1.7312	4.7541	4.7541	7.7815	9.8815	9.8830	16.8528	16.8528
		300	1.4121	4.4761	4.4761	7.5088	9.6060	9.6075	16.6062	16.6062
		500	1.1513	4.2808	4.2808	7.3213	9.4178	9.4194	16.4398	16.4398
	0.2	0	1.9339	4.9458	4.9458	7.9706	10.0689	10.0704	17.0129	17.0129
		300	1.8655	4.8739	4.8739	7.8954	9.9876	9.9891	16.9297	16.9297
		500	1.8185	4.8253	4.8253	7.8449	9.9330	9.9345	16.8740	16.8740
	0.25	0	1.9568	4.9683	4.9683	7.9929	10.0912	10.0926	17.0321	17.0321
		300	1.9127	4.9194	4.9194	7.9406	10.0324	10.0339	16.9681	16.9681
		500	1.8827	4.8866	4.8866	7.9054	9.9931	9.9945	16.9254	16.9254

（本表数据源自于：Chakraverty，S. ，Pradhan，K. K. ，Free vibration of exponential functionally graded rectangular plates in thermal environment with general boundary conditions. Aerospace Science and Technology 2014；36：132 – 156。）

表 8.24　线性温升条件下($a = 0.2\mathrm{m}$, $T = 300\mathrm{K}$)
指数型功能梯度板($\mathrm{SUS304/Si_3N_4}$, SSSS 边界)的前八阶无量纲频率值

a/b	h/b	ΔT	λ_1	λ_2	λ_3	λ_4	λ_5	λ_6	λ_7	λ_8
0.5	0.1	0	4.7368	7.7528	12.8694	16.7878	19.8426	30.4575	30.8328	37.2910
		300	4.6087	7.6265	12.7416	16.6549	19.7096	30.3302	30.7149	37.1415
		500	4.5214	7.5412	12.6557	16.5658	19.6204	30.2451	30.6362	37.0415
	0.2	0	4.9289	7.9423	13.0567	16.9751	20.0293	30.6239	30.9792	37.4761
		300	4.8956	7.9076	13.0181	16.9313	19.9849	30.5753	30.9305	37.4139
		500	4.8732	7.8843	12.9924	16.9020	19.9552	30.5428	30.8979	37.3724
	0.25	0	4.9515	7.9648	13.0789	16.9974	20.0516	30.6439	30.9967	37.4983
		300	4.9289	7.9406	13.0509	16.9641	20.0177	30.6045	30.9563	37.4465
		500	4.9138	7.9245	13.0322	16.9419	19.9950	30.5783	30.9293	37.4119
1.0	0.1	0	1.7312	4.7541	4.7541	7.7815	9.8815	9.8830	16.8528	16.8528
		300	1.5900	4.6264	4.6264	7.6555	9.7541	9.7556	16.7387	16.7387
		500	1.4885	4.5392	4.5392	7.5703	9.6682	9.6697	16.6621	16.6621
	0.2	0	1.9339	4.9458	4.9458	7.9706	10.0689	10.0704	17.0129	17.0129
		300	1.9023	4.9125	4.9125	7.9358	10.0315	10.0329	16.9749	16.9749
		500	1.8809	4.8902	4.8902	7.9126	10.0064	10.0078	16.9494	16.9494
	0.25	0	1.9568	4.9683	4.9683	7.9929	10.0912	10.0926	17.0321	17.0321
		300	1.9364	4.9457	4.9457	7.9688	10.0642	10.0657	17.0029	17.0029
		500	1.9226	4.9306	4.9306	7.9527	10.0462	10.0476	16.9835	16.9835

（本表数据源自：Chakraverty, S., Pradhan, K. K., Free vibration of exponential functionally graded rectangular plates in thermal environment with general boundary conditions. Aerospace Science and Technology 2014；36：132 – 156。）

长宽比对前八个无量纲频率的影响可参见表 8.21 ~ 表 8.24,这里针对的是指数型功能梯度板($\mathrm{SUS304/Si_3N_4}$),考虑了两种热环境。该功能梯度板的组分材料特性也与表 8.18 一致,边界条件仅针对固支和简支两种情形。表 8.21 和表 8.22 给出的是 CCCC 边界下功能梯度板受均匀温升和线性温升的情况,而表 8.23 和表 8.24 则给出的是 SSSS 边界情况。计算中,对于每种长宽比均设定了初始自由应力状态温度或室温为 300K,而温度梯度(ΔT)的取值包括了 0、300 和 500。此外的一些物理参数分别是：$a/b = 0.5$, 1.0；$h/b = 0.1$, 0.2, 0.25(厚宽比)。通过仔细检查这些表格中的计算结果,我们可以总结出如下与热效应相关的结论：

（1）无论边界状态和热环境怎样,随着厚宽比(h/b)的增加,频率值是逐渐

增大的,而随着温度梯度(ΔT)的增大,频率值则逐渐减小。

(2)对于特定边界和$\Delta T = 0$下的指数型功能梯度板,对应的长宽比和厚宽比的无量纲频率是一致的。对于非零温度梯度情况,线性温升下每个模态的固有频率要比均匀温升下更高一些。

(3)对于功能梯度方板,无论热环境和厚宽比如何,第二个和第三个无量纲频率是一致的,而对于矩形板却不存在这种关系。事实上,这是因为所讨论的指数型功能梯度板的所有边,均同时处于固支或者简支边界状态。

8.3 压电性

近年来,功能梯度材料与能量收集技术在工程应用领域中受到了人们的广泛关注,与此相关的研究工作也越来越多。各种潜在应用场合中都比较需要此类技术,例如生物医学仪器、航空航天、纺织、建筑工程、仿生工程、能源、电子工程以及微机电系统(MEMS)等。功能梯度材料目前已经成为诸多领域的热点,一般属于轻质复合物,能够承受界面处的严苛的温度变化。另一方面,在能量收集领域中,人们通常采用了压电性材料,它们具有一些独特的性质,特别是在基于振动的能量收集技术中,借助压电材料的压电效应是一种常见的方式。实际上早在1880年,Jacques和Pierre Curie就已经发现了特定的结晶物具有异乎寻常的特性,当受到外力作用时,这些晶体将会出现电极化。后来,人们又发现了与此对应的反向特性,也就是如果对此类可生成电压的晶体施加电场作用,那么它们就会根据场的极性发生伸长或缩短。因此,压电效应是可逆的,也就是说压电材料可以展现出正向压电效应(受应力作用会生成电荷),也可展现出逆压电效应(受电场作用会产生应力)。当压电材料受到机械应力作用时,材料内的正负电荷中心就会发生移动,进而导致电场的形成。当这一过程反过来时,外部施加的电场就会使得该材料发生拉伸或压缩。压电材料在振动控制中是非常有用的,既可以作为作动器使用,也可以作为传感器使用,一般来说,此类作动器或传感器可以粘贴在结构表面,也可以嵌入结构中。正因如此,在各类工程应用中它们已经受到了广泛的重视。下面对与此相关的一些前期研究做一简要回顾,同时也将给出与这些研究中的问题相对应的控制方程。

Yang和Zhifei[141]在弹性理论和压电性理论基础上,借助基于状态空间的微分求积法(SSDQM),对不同边界条件下的功能梯度压电材料(FGPM)进行了自由振动研究。Bian等[142]基于状态空间描述考察了带有表面压电作动器和传感器的功能梯度梁,给出了精确的分析。Huang等[143]求解了一般各向异性压电梁的平面应力问题,其中考虑了弹性顺度、压电以及介电隔离率等系数。Li等[144]

进一步考察了热过屈曲功能梯度材料梁（表面粘贴有压电层），研究了温升和电压同时作用下的自由振动特性。Alibeigloo[145]针对带有压电作动器和传感器的功能梯度材料梁，进行了电场和热力载荷作用下的解析研究。Li 等[146]建立了尺度依赖的功能梯度压电梁模型，并借助变分描述分析了静态弯曲和自由振动特性。在不同几何形式的功能梯度压电板方面，目前的研究相对还比较少。Chen 和 Ding[147]针对功能梯度压电矩形板，推导建立了横观各向同性压电性的三维理论方程和两个独立的带有可变系数的状态方程。Yiqi 和 Yiming[148]分析了功能梯度压电板的非线性动力响应和主动振动控制问题。Jandaghian 等[149]针对双面带有均匀分布的压电作动器的功能梯度圆板，考察了相应的简谐型受迫振动特性。

8.3.1 平衡方程

从上述研究综述中可以看出，关于带有压电层的功能梯度梁和板，相关的振动特性研究还是比较少的。为此，本节先介绍与这些功能梯度结构件相关的基本平衡方程。

1. 功能梯度压电梁

如同 Li 等[144]所给出的，这里我们考虑一根长度为 L 而厚度为 h 的 FGPM 梁，该梁在 z 方向上极化，且在该方向上具有渐变的外形。令 $(\varepsilon_x, \varepsilon_z, \varepsilon_{xz})$、$(\sigma_x, \sigma_z, \tau_{xz})$、$(D_x, D_z)$ 以及 (E_x, E_z) 分别表示应变分量、应力分量、电位移分量和电场分量。于是，压电材料的二维本构方程可以写为如下形式：

$$\begin{Bmatrix} \sigma_x \\ \sigma_z \\ \tau_{xz} \end{Bmatrix} = \begin{pmatrix} C_{11} & C_{13} & 0 \\ C_{13} & C_{33} & 0 \\ 0 & 0 & C_{55} \end{pmatrix} \begin{Bmatrix} \varepsilon_x \\ \varepsilon_z \\ \varepsilon_{xz} \end{Bmatrix} - \begin{pmatrix} 0 & Q_{31} \\ 0 & Q_{33} \\ Q_{15} & 0 \end{pmatrix} \begin{Bmatrix} E_x \\ E_z \end{Bmatrix} \qquad (8.16)$$

$$\begin{Bmatrix} D_x \\ D_z \end{Bmatrix} = \begin{pmatrix} 0 & 0 & Q_{15} \\ Q_{31} & Q_{33} & 0 \end{pmatrix} \begin{Bmatrix} \varepsilon_x \\ \varepsilon_z \\ \varepsilon_{xz} \end{Bmatrix} + \begin{pmatrix} G_{11} & 0 \\ 0 & G_{33} \end{pmatrix} \begin{Bmatrix} E_x \\ E_z \end{Bmatrix} \qquad (8.17)$$

其中

$$C_{11} = c_{11} - \frac{c_{12}c_{12}}{c_{22}}, C_{13} = c_{13} - \frac{c_{23}c_{12}}{c_{22}}, C_{33} = c_{33} - \frac{c_{13}c_{13}}{c_{22}},$$

$$Q_{31} = e_{31} - \frac{c_{12}e_{32}}{c_{22}}, Q_{33} = e_{33} - \frac{c_{23}e_{32}}{c_{22}}, Q_{15} = e_{15}, G_{11} = \beta_{11}, G_{33} = \beta_{33} + \frac{e_{32}^2}{c_{22}}$$

上面的 c_{ij} 或 C_{ij}，e_{ij} 或 Q_{ij}，β_{ij} 或 G_{ij} 分别代表的是三维应力或平面应力条件下，压电

材料的等效弹性常数、压电常数和介电常数。

可以将应变和电场的分量以位移分量(u,w)和电势ϕ的形式来表示,即

$$\varepsilon_x = \frac{\partial u}{\partial x}, \varepsilon_z = \frac{\partial w}{\partial z}, \varepsilon_{xz} = \frac{\partial u}{\partial z} + \frac{\partial w}{\partial x}, E_x = -\frac{\partial \phi}{\partial x}, E_z = -\frac{\partial \phi}{\partial z}$$

在不考虑体分布的力和电荷时,动力平衡方程可以表示为如下形式:

$$\frac{\partial \sigma_x}{\partial x} + \frac{\partial \tau_{xz}}{\partial z} = \rho \frac{\partial^2 u}{\partial t^2}$$

$$\frac{\partial \tau_{xz}}{\partial x} + \frac{\partial \sigma_z}{\partial z} = \rho \frac{\partial^2 w}{\partial t^2} \qquad (8.18)$$

$$\frac{\partial D_x}{\partial x} + \frac{\partial D_z}{\partial z} = 0$$

其中的ρ和t分别代表的是质量密度和时间。

2. 功能梯度压电板

正如 Chen 和 Ding[147] 曾指出的,对于横观各向同性的压电介质,在笛卡儿坐标系中(假定z轴垂直于各向同性平面)本构关系可以表示为如下形式:

$$\sigma_x = c_{11} \frac{\partial u}{\partial x} + c_{12} \frac{\partial v}{\partial y} + c_{13} \frac{\partial w}{\partial z} + e_{31} \frac{\partial \phi}{\partial z}$$

$$\tau_{xz} = c_{44} \left(\frac{\partial u}{\partial z} + \frac{\partial w}{\partial x} \right) + e_{15} \frac{\partial \phi}{\partial x}$$

$$\sigma_y = c_{12} \frac{\partial u}{\partial x} + c_{11} \frac{\partial v}{\partial y} + c_{13} \frac{\partial w}{\partial z} + e_{31} \frac{\partial \phi}{\partial z}$$

$$\tau_{yz} = c_{44} \left(\frac{\partial v}{\partial z} + \frac{\partial w}{\partial y} \right) + e_{15} \frac{\partial \phi}{\partial y}$$

$$\sigma_z = c_{13} \frac{\partial u}{\partial x} + c_{13} \frac{\partial v}{\partial y} + c_{33} \frac{\partial w}{\partial z} + e_{33} \frac{\partial \phi}{\partial z}$$

$$\tau_{xy} = c_{66} \left(\frac{\partial u}{\partial y} + \frac{\partial v}{\partial x} \right)$$

$$D_x = e_{15} \left(\frac{\partial u}{\partial z} + \frac{\partial w}{\partial x} \right) - \varepsilon_{11} \frac{\partial \phi}{\partial x}$$

$$D_y = e_{15} \left(\frac{\partial v}{\partial z} + \frac{\partial w}{\partial y} \right) - \varepsilon_{11} \frac{\partial \phi}{\partial y}$$

$$D_z = e_{31} \frac{\partial u}{\partial x} + e_{31} \frac{\partial v}{\partial y} + e_{33} \frac{\partial w}{\partial z} - \varepsilon_{33} \frac{\partial \phi}{\partial z} \qquad (8.19)$$

式中:ϕ和D_i分别为电势和电位移分量;σ_i和τ_{ij}分别为正应力和剪应力;u、v和w分别代表了x、y和z方向上的机械位移分量;c_{ij}、ε_{ij}和e_{ij}分别对应于弹性常数、

介电常数以及压电常数。对于横观各向同性情况,还有 $c_{66} = (c_{11} - c_{12})/2$。当不存在体分布的力和自由电荷时,控制方程将变成如下形式:

$$\frac{\partial \sigma_x}{\partial x} + \frac{\partial \tau_{xy}}{\partial y} + \frac{\partial \tau_{xz}}{\partial z} = \varsigma \frac{\partial^2 u}{\partial t^2}$$

$$\frac{\partial \tau_{xy}}{\partial x} + \frac{\partial \sigma_y}{\partial y} + \frac{\partial \tau_{yz}}{\partial z} = \varsigma \frac{\partial^2 v}{\partial t^2}$$

$$\frac{\partial \tau_{xz}}{\partial x} + \frac{\partial \tau_{yz}}{\partial y} + \frac{\partial \sigma_z}{\partial z} = \varsigma \rho \frac{\partial^2 w}{\partial t^2}$$ (8.20)

$$\frac{\partial D_x}{\partial x} + \frac{\partial D_y}{\partial y} + \frac{\partial D_z}{\partial z} = 0$$

式中:ς 为材料密度,它是 z 的函数。

顺便说明,现有文献中很少涉及功能梯度压电板的其他规则构型和复杂环境条件情况下的平衡方程,因此这里不再对其进行讨论。

8.3.2 压电性的重要性

总的来说,压电效应在诸多应用领域中都是非常有用的,例如声发射和检测、高电压生成、电子频率生成、微天平设计、超精密光学聚焦等。不仅如此,压电效应还是大量科学仪器仪表技术的基础,并且在日常生活中也有很多应用,例如蜂鸣器和打火机点火源等,如图 8.8 所示。

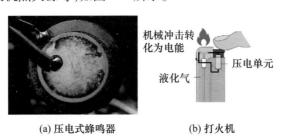

(a) 压电式蜂鸣器　　　　(b) 打火机

图 8.8　压电效应在日常生活中的应用

(注:图片源于 Google。)

目前,各类压电型结构(包括压电型功能梯度结构)在工程设计和结构领域中的地位越来越重要,合理地引入压电性可以为我们带来诸多方面的好处。下面进行简要介绍。

(1) 近些年来人们已经注意到能源的浪费是一个很大的问题,利用能量收集技术来循环利用各种形式的能源将是当前一个重要的解决途径,而在这一方面压电效应恰好可以起到相当重要的作用,人们也经常将压电片引入能量收集装置中,例如,日本在人行道上嵌入了压电片,用于收集人员行走时所产生的能量来发电,从而可以不再使用直接的电能。

（2）功能梯度材料一般是热阻材料,当将其与能量收集材料(压电材料)组合起来使用时,可以为某些工程设计、建筑甚至生物领域带来非常有价值的应用。

（3）在一些 MEMS 中已经采用了能量收集装置,它们把计算机和微小的机械装置进行了有机组合,这些机械装置中一般包括了传感器、阀、齿轮、镜子以及植入半导体芯片中的作动器等。

（4）在结构分析与设计领域中,人们经常需要研究结构在外部激励、负载以及环境作用下所产生的失稳和故障等问题。通过采用各种技术途径来分析考察并消除此类问题是十分重要的,压电材料在这一方面也可为我们提供帮助。

8.4　本章小结

本章主要阐述了各种复杂环境条件下功能梯度板的自由振动问题,分析了 Winkler 和 Pasternak 型弹性基础上的幂律型功能梯度矩形板的振动特性,并考察了热环境中的指数型功能梯度板的振动特性。针对这些情况,主要是借助瑞利 – 里茨方法(也是处理此类问题最为有效的方法之一)来导出相应的广义特征值问题,进而得到了相关结果。

总体而言,弹性基础的模量和温度梯度对功能梯度板的自由振动特性的影响可以归纳如下:

（1）针对 Winkler 型弹性基础的影响,可以观察到无量纲频率值会随着长宽比的增加而增大(对于给定的幂指数),而随着幂指数的增加会减小(对于给定的长宽比)。这一影响规律在任何边界条件以及任何几何构型下都是一致的。

（2）当幂指数 k 逐渐增大时,它对功能梯度板自由振动特性的影响主要取决于弹性基础的情况。如果不带弹性基础,那么特征频率会逐渐降低;如果是 Winkler 型弹性基础,那么除了 SFSF 边界状态以外特征频率也是逐渐降低的,SFSF 边界状态下基本频率值会随着 k 的增加而出现波动起伏。此外,如果带有 Pasternak 或 Winkler-Pasternak 型弹性基础,那么对于 SCSC 边界状态下的 Lévy 板,频率值也会逐渐降低,而其他五种边界状态下则存在一定的波动。

（3）当存在 Winkler 和 Pasternak 型弹性基础时,无量纲频率值会随着 E_r 的增大而逐渐减小,随着 ρ_r 的增大则会逐渐增大。这一规律也可从 λ 的计算式中观察到。

（4）对于热环境中的指数型功能梯度板，根据计算结果可以看出，无论边界状态和热环境如何，频率参数都会随着厚宽比(h/b)的增大而增大，而随着温度梯度(ΔT)的增加会减小。

（5）采用类似的过程，我们也可以考察各复杂因素对不同几何形式的功能梯度板振动特性的影响。

第9章　实例和实验研究

在前面各章中我们已经进行了理论和数值方面的研究,接下来将介绍相关问题的实验研究工作,这也是一个非常重要的方面。本章将针对各向同性和功能梯度结构件振动特性方面的已有研究,侧重讨论其具体实现和实验分析方面的内容。

9.1　具体实现与应用

本节先根据已有文献简要介绍一下功能梯度材料在诸多领域中的具体实现与应用,详列如下:

(1) Jedamzik 等人[150]:给出了一种新的处理过程,能够用于制备化学组分呈连续梯度变化的复合物,主要基于电化学分级处理继而进行多孔预制件的渗透处理。

(2) Bogdanski 等人[151]:通过对功能梯度样件的单一实验考察了镍钛合金的生物相容性,其中组分的变化是分级的,从纯镍组分到纯钛组分,包括50:50混合条件下的 Ti – Ni 形状记忆合金。

(3) Abanto – Bueno 和 Lambros[152]:分析了功能梯度材料抵抗裂纹生长问题,采用了基于数字图像相关性(DIC)的全场测量技术。所考察的功能梯度材料是通过对光敏聚乙烯共聚物进行紫外线照射制备得到的。

(4) Liu 和 DuPont[153]:制备了无裂纹的功能梯度复合材料(TiC/Ti),采用的是激光工程化净成型技术(LENS),组分可以从纯钛到体积占比 95% 的 TiC。

(5) Fu 等人[154]:针对基于 TiNi 薄膜的微作动器及其在快速发展的微机电系统(MEMS)中的应用做了关键性的总结和回顾。

(6) Watari 等人[155]:制备了钛/羟磷灰石(Ti/HAP)和其他类型的功能梯度材料植入物,通过粉末冶金方法使得在圆柱形的纵轴方向上浓度呈现渐变趋势,从而针对生物医学植入应用领域,对力学特性和生物相容性做了优化。

(7) Pompe 等人[156]:研制了一种功能梯度材料,即所谓的羟磷灰石 – I 型胶原蛋白支架,可用于骨体外生长。研究表明可以有多种不同手段来实现,例如针对由羟磷灰石带构成的分层结构(填充有聚合物球体)进行烧结,或者将可生物降解的涤纶与碳化纳米晶羟基磷灰石组合起来。

9.2　实验研究

这里针对与功能梯度结构件模型相关的若干实验研究工作做一回顾:

(1) Li 等人[157]:利用数值和实验相结合的方法,对功能梯度材料模型进行了断裂实验描述。所考察的功能梯度材料是通过对聚合物(乙烯－一氧化碳共聚物,ECO)进行选择性紫外线照射制备得到的。他们通过实验获得了应力和裂纹长度之间的关系,并将其用于有限元分析中,作为裂纹生长的每个增量步中的边界条件。进一步,他们还进行了 ECO 的断裂实验,得到了 CCD 帧序列(同时采用 Sony XC－77 CCD 相机和 Sanyo TLS－7000 VCR 对裂纹萌发和生长等事件进行记录),从而对功能梯度材料中的准静态裂纹生长进行了描述和验证。

(2) Shi 等人[158]:为了解决结构控制上的技术问题(源于较大的模型尺寸),这些研究人员提出了一种精确的有限元模型,进而通过模态分析实验得到了验证。他们首先对一根欧拉－伯努利悬臂梁(带有约束阻尼层)进行了数值仿真,以分析其模型的简化过程、稳定性、可控性以及可观测性。随后进行了模态实验来对该模型加以验证,进而基于这个模型设计了一个实时控制系统。在实时控制实验中,他们借助非接触式电涡流传感器测量了悬臂梁自由端的横向位移。最后,利用所建立的模型对施加控制前后的悬臂梁自由端的横向位移响应进行了预测和比较。

(3) El－Sabbagh 和 Baz[159]:他们针对由约束阻尼层(CLD)和功能梯度黏弹性材料(FGVEM)夹芯构成的梁,利用有限元方法进行了振动理论研究,并将所得到的分析结果与不同构型的平直梁,带传统约束阻尼层的梁,以及约束阻尼层/功能梯度黏弹性材料夹芯构成的梁的实验结果进行了对比分析。这里的实验中采用的是正弦扫频激励,频率范围为 0～400Hz。对于不同的测试构型,实验得到的频率响应都是可以预测出的。基于有限元模型的理论预测结果得到了实验结果的良好的验证。相关细节可以参阅该文献。

(4) Bajaj 等人[160]:在实际应用中,现场使用的混凝土往往缺乏耐久性和均匀性。出于经济性、强度和抗腐蚀的需要,人们已经研发了一种新型的功能梯度梁(FGB)结构件,其中带有一层标准混凝土和一层大掺量粉煤灰混凝土(HV-FAC)。Bajaj 等人通过实验分析了 FGB 的弯曲行为特性,其中考虑了界面的变化(从底面开始分别为 0,25,50,75,100)。在该项研究中,HVFAC 是通过将水泥替换为粉煤灰制备而成的,对于 M20 和 M30 等级的混凝土,所采用的替换量包括了 20% 、35% 和 55% 。由此也得到了更好的特性,FGB 的抗压强度和弯曲强度分别增大了 12.86% 和 3.56% ,最优黏结强度位于深度 50mm 处。

（5）Srinivasa 等人[161]:这些研究人员针对各向同性和分层复合柱状斜板,通过实验和有限元方法对其自由振动进行了研究。分析中采用了 MSC Nastran 的 CQUAD8 单元计算了固有频率,并通过实验进行了验证。实验中,测试样件的一组对边是完全固支的,而另一组对边则保持自由状态。压电加速度计直接粘接在样件的几何中心位置处,然后连接到信号处理单元(快速傅里叶变换分析仪)中,测得的信号在该单元中先经过电荷放大,然后再进入模数转换器中进行处理。对测试样件的激励是通过力锤施加的。通过这一研究,获得了各向同性圆柱状斜板的无量纲频率参数(K_f)的变化情况,另外还针对分层复合圆柱状斜板得到了长宽比和分层堆叠次序对该参数的影响(针对两种斜角,0°和45°)。实验结果表明,对于这两种斜板情况,前三阶固有频率实验值与有限元结果吻合良好。

最后值得提及的是,在上述相关文献的实验设置原理方案中,可以发现采用了一些缩略记法,在了解各种模型的实际应用和实验验证时,可以据此找到一些相关的文献资料。应当注意的是,在功能梯度梁和板的振动方面,目前关于实际应用和实验的文献还是比较少的。因此,研究人员还需要针对功能梯度结构件去进行进一步的实验分析工作,这也是未来研究的一个重要方面。从这一角度来看,本书中各章所给出的针对各种功能梯度梁和板的数值结果,对于将来的实验研究工作来说,完全可以作为一个有益的参考。

参 考 文 献

[1] Basu, B., Balani, K., 2011. Advanced Structural Ceramics. The American Ceramic Society, John Wiley & Sons, Inc., Hoboken, NJ.

[2] Kelly, S. G., 1999. Fundamentals of Mechanical Vibrations, second ed. McGraw – Hill Seriesin Mechanical Engineering, Singapore.

[3] Rao, S. S., 2007. Vibration of Continuous Systems, first ed. John Wiley & Sons, Inc., Hoboken, NJ.

[4] Penny, E., 2004. Differential Equations and Boundary Value Problems, third ed. PearsonEducation (Singapore) Pte. Ltd., Singapore.

[5] Timoshenko, S., Woinowsky – Krieger, S., 1959. Theory of Plates and Shells, second ed. McGraw – Hill, Singapore.

[6] Wang, C. M., Reddy, J. N., Lee, K. H., 2000. Shear Deformation of Beams and Plates: Relationship with Classical Solutions. Elsevier Science Ltd, Oxford.

[7] Reddy, J. N., 2000. Analysis of functionally graded plates. Int. J. Numer. Methods Eng. 47, 663 – 684.

[8] Rao, S. S., 2004. The Finite Element Method in Engineering. Elsevier Science and Technology Books, Miami.

[9] Bhavikatti, S. S., 2005. Finite Element Analysis. New Age International Publishers, NewDelhi.

[10] Chakraverty, S., 2009. Vibration of Plates. CRC Press, Taylor and Francis Group, BocaRaton, FL.

[11] Abrate, S., 2008. Functionally graded plates behave like homogeneous plates. Compos. PartB 39, 151 – 158.

[12] Reddy, J. N., 1984. A refined nonlinear theory of plates with transverse shear deformation. Int. J. Solids Struct. 20(9/10), 881 – 896.

[13] Aydogdu, M., 2009. A new shear deformation theory for laminated composite plates. Compos. Struct. 89, 94 – 101.

[14] Xiao, J. R., Batra, R. C., Gilhooley, D. F., Gillespie Jr., J. W., McCarthy, M. A., 2007. Analysisof thick plates by using a higher – order shear and normal deformable plate theory andMLPG method with radial basis functions. Comput. Methods Appl. Mech. Eng. 197, 979 – 987.

[15] Reddy, J. N., 2011. Microstructure – dependent couple stress theories of functionally gradedbeams. J. Mech. Phys. Solids 59, 2382 – 2399.

[16] Grover, N., Singh, B. N., Maiti, D. K., 2013. A general assessment of a new inversetrigonometric shear deformation theory for laminated composite and sandwich platesusing finite element method. J. Aerosp. Eng. 0 (0), 1 – 14.

[17] Qu, Y., Long, X., Li, H., Meng, G., 2013. A variation formulation for dynamic analysis of composite laminated beams based on a general higher – order shear deformation theory. Compos. Struct. 102, 175 – 192.

[18] Thai, C. H., Ferreira, A. J. M., Bordas, S. P. A., Rabczuk, T., Nguyen – Xuan, H., 2014. Isogeometric analysis of laminated composite and sandwich plates using a new inversetrigonometric shear deformation theory. Eur. J. Mech. A Solids 43, 89 – 108.

[19] Sina, S. A., Navazi, H. M., Haddadpour, H., 2009. An analytical method for free vibrationanalysis of func-

tionally graded beams. Mater. Des. 30,741 – 747.

[20] Xiang,S. ,Wang,K. ,Ai,Y. ,Sha,Y. ,Shi,H. ,2009. Analysis of isotropic,sandwich andlaminated plates by a meshless method and various shear deformation theories. Compos. Struct. 91,31 – 37.

[21] Şimşek,M. ,2010a. Fundamental frequency analysis of functionally graded beams by usingdifferent higher – order beam theories. Nucl. Eng. Des. 240,697 – 705.

[22] Thai,H. T. ,Vo,T. P. ,2012. Bending and free vibration of functionally graded beams usingvarious higher – order shear deformation beam theories. Int. J. Mech. Sci. 62,57 – 66.

[23] Şimşek,M. ,Reddy,J. N. ,2013. Bending and vibration of functionally graded microbeamsusing a new higher order theory and the modified couple stress theory. Int. J. Eng. Sci. 64,37 – 53.

[24] Vo,T. P. ,Thai,H. T. ,Nguyen,T. K. ,Inam,F. ,2013. Static and vibration analysis offunctionally graded beams using refined shear deformation theory. Meccanica 49,155 – 168.

[25] Koizumi,M. ,1993. The concept of FGM. In:Ceramic Transactions,Functionally GradientMaterials,vol. 34, pp. 3 – 10.

[26] Loy,C. T. ,Lam,K. Y. ,Reddy,J. N. ,1999. Vibration of functionally graded cylindrical shells. Int. J. Mech. Sci. 41,309 – 324.

[27] Hirai,T. ,Chen,L. ,1999. Recent and prospective development of functionally gradedmaterials in Japan. Mater. Sci. Forum 308,509 – 514.

[28] Udupa,G. ,Shrikantharao,S. ,Gangadharan,K. V. ,2012,Future applications of carbonnanotube reinforced functionally graded composite materials. In:IEEE – InternationalConference on Advances in Engineering, Science and Management(ICAESM – 2012),pp. 399 – 404.

[29] Shen,H. S. ,2009. Functionally Graded Materials:Nonlinear Analysis of Plates and Shells. CRC Press,Taylor & Francis group,Boca Raton,FL.

[30] Miyamoto,Y. ,Kaysser,W. A. ,Rabin,B. H. ,A. ,K. ,Ford,R. G. ,1999. Functionally GradedMaterials:Design,Processing and Applications. Kluwer Academic,Dordrecht.

[31] Aydogdu,M. ,Taskin,V. ,2007. Free vibration analysis of functionally graded beams withsimply – supported edges. Mater. Des. 28,1651 – 1656.

[32] Şimşek,M. ,Kocatürk,T. ,2009. Free and forced vibration of a functionally graded beamsubjected to a concentrated moving harmonic load. Compos. Struct. 90,465 – 473.

[33] Nie,G. J. ,Zhong,Z. ,Chen,S. ,2013. Analytical solution for a functionally graded beamwith arbitrary graded material properties. Compos. Part B 44,274 – 282.

[34] Mahi,A. ,AddaBedia,E. A. ,Tounsi,A. ,Mechab,I. ,2010. An analytical method fortemperature – dependent free vibration analysis of functionally graded beams with generalboundary conditions. Compos. Struct. 92, 1877 – 1887.

[35] Gorman,D. J. ,1983. A highly accurate analytical solution for free vibration analysis of simplysupported right triangular plates. J. Sound Vib. 89(1),107 – 118.

[36] Gorman,D. J. ,1986. Free vibration analysis of right triangular plates with combinations ofclamped – simply supported boundary conditions. J. Sound Vib. 106(3),419 – 431.

[37] Gorman,D. J. ,1989. Accurate free vibration analysis of right triangular plate with one freeedge. J. Sound Vib. 131(1),115 – 125.

[38] Hosseini – Hashemi,S. ,Arsanjani,M. ,2005. Exact characteristic equations for some classicalboundary con-

ditions of vibrating moderately thick rectangular plates. Int. J. SolidsStruct. 42,819 – 853.

[39] Akhavan, H. , Hashemi, S. H. , Taher, H. R. D. , Alibeigloo, A. , Vahabi, S. ,2009. Exactsolutions for rectangularMindlin plates under in-plane loads resting on Pasternak elasticfoundation. Part II: Frequency analysis. Comput. Mater. Sci. 44,951 – 961.

[40] Hosseini – Hashemi, S. , Salehipour, H. , Atashipour, S. , Sbrulati, R. , 2013. On the exactin – plane and out – of – plane free vibration analysis of thick functionally graded plates: explicit 3 – D elasticity solutions. Compos. Part B 46,108 – 115.

[41] Leissa, A. W. ,1967. Vibration of a simply-supported elliptic plate. J. Sound Vib. 6,145 – 148.

[42] Bhat, R. B. ,1986. Transverse vibrations of a rotating uniform cantilever beam with tip massas predicted by using beam characteristic orthogonal polynomials in the Rayleigh – Ritzmethod. J. Sound Vib. 105, 199 – 210.

[43] Bhat, R. B. ,1987. Flexural vibration of polygonal plates using characteristic orthogonalpolynomials in two variables. J. Sound Vib. 114(1),65 – 71.

[44] Bhat, R. B. ,1985. Natural frequencies of rectangular plates using characteristic orthogonalpolynomials in Rayleigh – Ritz method. J. Sound Vib. 102,493 – 499.

[45] Cupial, P. ,1997. Calculation of the natural frequencies of composite plates by the Rayleigh – Ritz method with orthogonal polynomials. J. Sound Vib. 201(3),385 – 387.

[46] Kim, C. S. , Dickinson, S. M. ,1990. The free flexural vibration of right triangular isotropicand orthotropic plates. J. Sound Vib. 141(2),291 – 311.

[47] Kim, C. S. , Dickinson, S. M. ,1992. The free flexural vibration of isotropic and orthotropicgeneral triangular shaped plates. J. Sound Vib. 152(3),383 – 403.

[48] Singh, B. , Chakraverty, S. ,1991. Transverse vibration of completely – free elliptic and circularplates using orthogonal polynomials in the Rayleigh – Ritz method. Int. J. Mech. Sci. 33,741 – 751.

[49] Singh, B. , Chakraverty, S. ,1992a. On the use of orthogonal polynomials in Rayleigh – Ritzmethod for the study of transverse vibration of elliptic plates. Comput. Struct. 43,439 – 443.

[50] Singh, B. , Chakraverty, S. ,1992b. Transverse vibration of simply – supported elliptic andcircular plates using boundary characteristic orthogonal polynomials in two dimensions. J. Sound Vib. 152,149 – 155.

[51] Rajalingham, C. , Bhat, R. B. ,1993. Axisymmetric vibration of circular plates and itsanalogous elliptic plates using characteristic orthogonal polynomials. J. Sound Vib. 161,109 – 118.

[52] Rajalingham, C. , Bhat, R. B. , Xistris, G. D. ,1994. Vibration of clamped elliptic plates usingexact circular plate modes as shape functions in Rayleigh – Ritz method. Int. J. Mech. Sci. 36,231 – 246.

[53] Singh, B. , Chakraverty, S. , 1992c. Transverse vibration of triangular plates using characteristicorthogonal polynomials in two variables. Int. J. Mech. Sci. 34(12),947 – 955.

[54] Liew, K. M. ,1993. On the use of pb – 2 Rayleigh – Ritz method for free flexural vibration oftriangular plates with curved internal supports. J. Sound Vib. 165(2),329 – 340.

[55] Karunasena, W. , Kitipornchai, S. , Al – Bermani, F. G. A. ,1996. Free vibration of cantileveredarbitrary triangular Mindlin plates. Int. J. Mech. Sci. 38(4),431 – 442.

[56] Singh, B. , Saxena, V. , 1996. Transverse vibration of triangular plates with variable thickness. J. Sound Vib. 194(4),471 – 496.

[57] Singh, B. , Hassan, S. M. ,1998. Transverse vibration of triangular plate with arbitrarythickness variation and

various boundary conditions. J. Sound Vib. 214(1),29 – 55.

[58] Ding,Z. ,1996. Natural frequencies of rectangular plates using a set of static beam functionsin Rayleigh – Ritz method. J. Sound Vib. 189(1),81 – 87.

[59] Ilanko,S. ,2009. Comments on the historical bases of the Rayleigh and Ritz methods. J. Sound Vib. 319, 731 – 733.

[60] Carrera,E. ,Fazzolari,F. A. ,Demasi,L. ,2011. Vibration analysis of anisotropic simply supportedplates by using variable kinetic and Rayleigh – Ritz method. J. Vib. Acoust. 133,1 – 16.

[61] Zhu, T. L. , 2011. The vibrations of pre – twisted rotating Timoshenko beams by theRayleigh – Ritz method. Comput. Mech. 47,395 – 408.

[62] Si,X. H. ,Lu,W. X. ,Chu,F. L. ,2012. Modal analysis of circular plates with radial side cracksand in contact with water on one side based on the Rayleigh – Ritz method. J. SoundVib. 331,231 – 251.

[63] Pradhan,K. K. ,Chakraverty,S. ,2013. Free vibration of Euler and Timoshenko functionallygraded beams by Rayleigh – Ritz method. Compos. Part B 54,175 – 184.

[64] Pradhan,K. K. ,Chakraverty,S. ,2014a. Effects of different shear deformation theories onfree vibration of functionally graded beams. Int. J. Mech. Sci. 82,149 – 160.

[65] Pradhan,K. K. ,Chakraverty,S. , 2015. Free vibration of FG lévy plate resting on elasticfoundations. Eng. Comput. Mech. 1500014.

[66] Chakraverty,S. ,Pradhan,K. K. ,2014a. Free vibration of exponential functionally gradedrectangular plates in thermal environment with general boundary conditions. Aerosp. Sci. Technol. 36,132 – 156.

[67] Chakraverty,S. ,Pradhan,K. K. ,2014b. Free vibration of functionally graded thin rectangularplates resting on Winkler elastic foundation with general boundary conditions usingRayleigh – Ritz method. Int. J. Appl. Mech. 06,1450043.

[68] Pradhan,K. K. ,Chakraverty,S. ,2014b. Free vibration of functionally graded thin ellipticplates with various edge supports. Struct. Eng. Mech. 53(2),337 – 354.

[69] Leissa,A. W. ,1969. Vibration of Plates. Scientific and Technical Information Division,NASA,Washington, DC.

[70] Reddy,J. N. ,1993. An Introduction to the Finite Element Method. McGraw – Hill,Inc. ,New York.

[71] Leissa,A. W. ,Qatu,M. S. ,2011. Vibration of Continuous Systems. McGraw – Hill,New York.

[72] Thai,H. T. ,Park,T. ,Choi,D. H. ,2013. An efficient shear deformation theory for vibrationof functionally graded plates. Arch. Appl. Mech. 83,137 – 149.

[73] Şimşek,M. ,2010b. Vibration analysis of a functionally graded beam under a moving massby using different beam theories. Compos. Struct. 92,904 – 917.

[74] Wattanasakulpong,N. ,Prusty,B. G. ,Kelly,D. W. ,2011. Thermal buckling and elasticvibration of third – order shear deformable functionally graded beams. Int. J. Mech. Sci. 53,734 – 743.

[75] Alshorbagy, A. E. , Eltaher, M. A. , Mahmoud, F. F. , 2011. Free vibration characteristics of afunctionally graded beam by finite element method. Appl. Math. Model. 35,412 – 425.

[76] Shahba,A. , Attarnejad,R. , Marvi, M. T. , Hajilar,S. ,2011. Free vibration and stabilityanalysis of axially functionally graded tapered Timoshenko beams with classical andnon – classical boundary conditions. Compos. Part B 42,801 – 808.

[77] Shahba,A. ,Rajasekaran,S. ,2012. Free vibration and stability of tapered Euler – Bernoullibeams made of

axially functionally graded materials. Appl. Math. Model. 36,3094 – 3111.

[78] Natarajan,S. ,Chakraborty,S. ,Thangavel,M. ,Bordas,S. ,Rabczuk,T. ,2012. Size – dependentfree flexural vibration behavior of functionally graded nanoplates. Comput. Mater. Sci. 65,74 – 80.

[79] Şimşek,M. ,2012. Nonlocal effects in the free longitudinal vibration of axially functionallygraded tapered nanorods. Comput. Mater. Sci. 61,257 – 265.

[80] Eltaher,M. A. ,Emam,S. A. ,Mahmoud,F. F. ,2012. Free vibration analysis of functionallygraded size – dependent nanobeams. Appl. Math. Comput. 218,7406 – 7420.

[81] Eltaher,M. A. ,Khairy,A. ,Sadoun,A. M. ,Omar,F. A. ,2014. Static and buckling analysis offunctionally graded Timoshenko nanobeams. Appl. Math. Comput. 229,283 – 295.

[82] Nguyen,T. K. ,Vo,T. P. ,Thai,H. T. ,2013. Static and free vibration analysis of axially loadedfunctionally graded beams based on the first – order shear deformation theory. Compos. Part B 55,147 – 157.

[83] Huang,Y. ,Yang,L. E. ,Luo,Q. Z. ,2013. Free vibration of axially functionally gradedTimoshenko beams with non – uniform cross – section. Compos. Part B 42,1493 – 1498.

[84] Kahrobaiyan,M. H. ,Rahaeifard,M. ,Tajalli,S. A. ,Ahmadian,M. T. ,2012. A strain gradientfunctionally graded Euler – Bernoulli beam formulation. Int. J. Eng. Sci. 52,65 – 76.

[85] Lei,J. ,He,Y. ,Zhang,B. ,Gan,Z. ,Zeng,P. ,2013. Bending and vibration of functionallygraded sinusoidal microbeams based on the strain gradient elasticity theory. Int. J. Eng. Sci. 72,36 – 52.

[86] Rahmani,O. ,Pedram,O. ,2014. Analysis and modeling the size effect on vibration offunctionally graded nanobeams based on nonlocal Timoshenko beam theory. Int. J. Eng. Sci. 77,55 – 70.

[87] Kien,N. D. ,2014. Large displacement behavior of tapered cantilever Euler – Bernoulli beamsmade of functionally graded material. Appl. Math. Comput. 237,340 – 355.

[88] Komijani,M. ,Reddy,J. N. ,Eslami,E. R. ,2014. Nonlinear analysis of microstructur – dependentfunctionally graded piezoelectric material actuators. J. Mech. Phys. Solids63,214 – 227.

[89] Sharma,D. K. ,Sharma,J. N. ,Dhaliwal,S. S. ,Wali,V. ,2014. Vibration analysis of axisymmetricfunctionally graded viscothermoelastic spheres. Acta Mech. Sin. 30(1),100 – 111.

[90] Leissa,A. W. ,1973. The free vibration of rectangular plates. J. Sound Vib. 31(3),257 – 293.

[91] Singh,B. ,Chakraverty,S. ,1994a. Flexural vibration of skew plates using boundarycharacteristic orthogonal polynomials in two variables. J. Sound Vib. 173(2),157 – 178.

[92] Roque,C. M. C. ,Ferreira,A. J. M. ,Jorge,R. M. N. ,2007. A radial basis function approach forthe free vibration analysis of functionally graded plates using a refined theory. J. SoundVib. 300,1048 – 1070.

[93] Liu,F. L. ,Liew,K. M. ,1999. Analysis of vibrating thick rectangular plates with mixedboundary constraints using differential quadrature element method. J. Sound Vib. 225(5),915 – 934.

[94] Yang,J. ,Shen,H. S. ,2001. Dynamic response of initially stressed functionally gradedrectangular thin plates. Compos. Struct. 54,497 – 508.

[95] Ferreira,A. J. M. ,Batra,R. C. ,Roque,C. M. C. ,Qian,L. F. ,Jorge,R. M. N. ,2006. Naturalfrequencies of functionally graded plates by a meshless method. Compos. Struct. 75,593 – 600.

[96] Matsunaga,H. ,2008. Free vibration and stability of functionally graded plates according toa 2 – D higher – order deformation theory. Compos. Struct. 82,499 – 512.

[97] Geannakakes,G. N. ,1995. Natural frequencies of arbitrarily shaped plates using theRayleigh – Ritz method together with natural co – ordinate regions and normalizedcharacteristic polynomials. J. Sound Vib. 182(3),

441 – 478.

[98] Cheung, Y. K. , Zhou, D. , 1999. The free vibrations of tapered rectangular plates using a newset of beam functions with the Rayleigh – Ritz method. J. Sound Vib. 223(5) ,703 – 722.

[99] Liew, K. M. , Xiang, Y. , Kitipornchai, S. , 1993. Transverse vibration of thick rectangularplates—I. Compressive sets of boundary conditions. Comput. Struct. 49(1) ,1 – 29.

[100] Mazumdar, J. , 1971. Transverse vibration of elastic plates by the method of constantdeflection lines. J. Sound Vib. 18,147 – 155.

[101] Leissa, A. W. , Narita, Y. , 1980. Natural frequencies of simply supported circular plates. J. Sound Vib. 70, 221 – 229.

[102] Chen, L. W. , Hwang, J. R. , 1988. Axisymmetric dynamic stability of transversely isotropicMindlin circular plates. J. Sound Vib. 121,307 – 315.

[103] Cheung, Y. K. , Tham, L. G. , 1988. Free vibration and static analysis of general plate by splinefinite strip. Comput. Mech. 3,187 – 197.

[104] Singh, B. , Chakraverty, S. ,1994b. Use of characteristic orthogonal polynomials in twodimensions for transverse vibration of elliptic and circular plates with variable thickness. J. Sound Vib. 173,289 – 299.

[105] Chakraverty, S. , Petyt, M. ,1997. Natural frequencies for free vibration of nonhomogeneouselliptic and circular plates using two dimensional orthogonal polynomials. Appl. Math. Model. 21,399 – 417.

[106] Liew, K. M. , Han, J. B. , Xiao, Z. M. ,1997. Vibration analysis of circular Mindlin plates usingthe differential quadrature method. J. Sound Vib. 205,617 – 630.

[107] Reddy, J. N. , Wang, C. M. , Kitipornchai, S. , 1999. Axisymmetric bending of functionallygraded circular and annular plates. Eur. J. Mech. A Solids 18,185 – 199.

[108] Liu, C. F. , Lee, Y. T. ,2000. Finite element analysis of three – dimensional vibrations of thickcircular and annular plates. J. Sound Vib. 233,63 – 80.

[109] Zhao, D. , Au, F. T. K. , Cheung, Y. K. , Lo, S. H. ,2003. Three – dimensional vibration analysisof circular and annular plates via the Chebyshev – Ritz method. Int. J. Solids Struct. 40,3089 – 3105.

[110] Wu, T. Y. , Liu, G. R. ,2001. Free vibration analysis of circular plates with variable thicknessby the generalized differential quadrature rule. Int. J. Solids Struct. 38,7967 – 7980.

[111] Wu, T. Y. , Wang, Y. Y. , Liu, G. R. ,2002. Free vibration analysis of circular plates usinggeneralized differential quadrature rule. Comput. Methods Appl. Mech. Eng. 191,5365 – 5380.

[112] Najafizadeh, M. M. , Eslami, M. R. ,2002. Buckling analysis of circular plates of functionallygraded materials under radial compression. Int. J. Mech. Sci. 44,2479 – 2493.

[113] Ma, L. S. , Wang, T. J. ,2003. Nonlinear bending and post – buckling of functionally gradedcircular plate under mechanical and thermal loadings. Int. J. Solids Struct. 40,3311 – 3330.

[114] Hsieh, J. J. , Lee, L. T. ,2006. An inverse problem for a functionally graded elliptic plate withlarge deflection and slightly disturbed boundary. Int. J. Solids Struct. 43,5981 – 5993.

[115] Prakash, T. , Ganpathi, M. ,2006. Axisymmetric flexural vibration and thermoelastic stabilityof FGM circular plates using finite element method. Compos. Part B 37,642 – 649.

[116] Chakraverty, S. , Jindal, R. , Agarwal, V. ,2007. Effect of non – homogeneity on naturalfrequencies of vibration of plates. Meccanica 42,585 – 599.

[117] Mirza, S. , Bijlani, M. , 1985. Vibration of triangular plates of variable thickness. Comput. Struct. 21,

1129 – 1135.

[118] Saliba, H. T. , 1990. Transverse free vibration of simply supported right triangular thin plates:a highly ac- curate simplified solution. J. Sound Vib. 139(2),289 – 297.

[119] Wanji, C. , Cheung, Y. K. , 1998. Refined triangular discrete Kirch off plate element forthin plate bending, vibration and buckling analysis. Int. J. Numer. Methods Eng. 41,1507 – 1525.

[120] Sakiyama, T. , Huang, M. , 2000. Free – vibration analysis of right triangular plates withvariable thick- ness. J. Sound Vib. 234(5),841 – 858.

[121] Zhong, H. Z. , 2000. Free vibration analysis of isosceles triangular Mindlin plates by thetriangular differenti- al quadrature method. J. Sound Vib. 237(4),697 – 708.

[122] Cheng, Z. Q. , Batra, R. C. , 2000. Exact correspondence between eigenvalues of membranesand functionally graded simply supported polygonal plates. J. Sound Vib. 229(4),879 – 895.

[123] Kang, S. W. , Lee, J. M. , 2001. Free vibration analysis of arbitrarily shaped plates with clampededges using wave – type functions. J. Sound Vib. 242(1),9 – 26.

[124] Cheung, Y. K. , Zhou, D. , 2002. Three – dimensional vibration analysis of clamped andcompletely free isos- celes triangular plates. Int. J. Solids Struct. 39,673 – 687.

[125] Belalia, S. A. , Houmat, A. , 2012. Nonlinear free vibration of functionally graded sheardeformable sector plates by a curved triangular p – element. Eur. J. Mech. A Solids 35,1 – 9.

[126] Lam, K. Y. , Wang, C. M. , He, X. Q. , 2000. Canonical exact solutions for Lévy – plates ontwo – parameter foundation using Green's functions. Eng. Struct. 22,364 – 378.

[127] Hosseini – Hashemi, S. , Karimi, M. , Taher, H. R. D. , 2010. Vibration analysis of rectangularMindlin plates on elastic foundations and vertically in contact with stationary fluid bythe Ritz method. Ocean Eng. 37,174 – 185.

[128] Baferani, A. H. , Saidi, A. R. , Ehteshami, H. ,2011. Accurate solution for free vibrationanalysis of function- ally graded thick rectangular plates resting on elastic foundation. Compos. Struct. 93,1842 – 1853.

[129] Hosseini – Hashemi, S. , Fadaee, M. , Taher, H. R. D. , 2011. Exact solutions for free flexuralvibration of Lévy – type rectangular thick plates via third order shear deformation platetheory. Appl. Math. Model. 35, 708 – 727.

[130] Thai, H. T. , Choi, D. H. ,2012. A refined shear deformation theory for free vibration offunctionally graded plates on elastic foundation. Compos. Part B:Eng. 43,2335 – 2347.

[131] Fallah, A. , Aghdam, M. M. , Kargarnovin, M. H. ,2013. Free vibration analysis of moderatelythick function- ally graded plates on elastic foundation using the extended Kantorovichmethod. Arch. Appl. Mech. 83, 177 – 191.

[132] Reddy, J. N. , Chin, C. D. , 1998. Thermomechanical analysis of functionally graded cylindersand plates. J. Therm. Stresses 21,593 – 626.

[133] Shen, H. S. ,2002. Nonlinear bending response of functionally graded plates subjected totransverse loads and in thermal environments. Int. J. Mech. Sci. 44,561 – 584.

[134] Yang, J. , Shen, H. S. ,2002. Vibration characteristics and transient response of sheardeformablefunctionally graded plates in thermal environments. J. Sound Vib. 255(3),579 – 602.

[135] Kim, Y. W. , 2005. Temperature dependent vibration analysis of functionally graded rectangularplates. J. Sound Vib. 284,531 – 549.

[136] Kitipornchai, S. , Yang, J. , Liew, K. M. , 2006. Random vibration of the functionallygraded laminates in thermal environments. Comput. Methods Appl. Mech. Eng. 195, 1075 – 1095.

[137] Li, Q. , Iu, V. P. , Kou, K. P. , 2009a. Three – dimensional vibration analysis of functionallygraded material plates in thermal environment. J. Sound Vib. 324, 733 – 750.

[138] Malekzadeh, P. , Beni, A. A. , 2010. Free vibration of functionally graded arbitrary straightsidedquadrilateral plates in thermal environment. Compos. Struct. 92, 2758 – 2767.

[139] Shi, P. , Dong, C. Y. , 2012. Vibration analysis of functionally graded annular plates withmixed boundary conditions in thermal environment. J. Sound Vib. 331, 3649 – 3662.

[140] Bouchafa, A. , Benzair, A. , Tounsi, A. , Draiche, K. , Mechab, I. , Bedia, E. , 2010. Analyticalmodelling thermal residual stresses in exponential functionally graded material system. Mater. Des. 31, 560 – 563.

[141] Yang, L. , Zhifei, S. , 2009. Free vibration of functionally graded piezoelectric beam viastate – space based differential quadrature. Compos. Struct. 87, 257 – 264.

[142] Bian, Z. G. , Lim, C. W. , Chen, W. Q. , 2006. On functionally graded beams with integratedsurface piezoelectric layers. Compos. Struct. 72, 339 – 351.

[143] Huang, D. J. , Ding, H. J. , Chen, W. Q. , 2007. Piezoelasticity solutions for functionally gradedpiezoelectric beams. Smart Mater. Struct. 16, 687 – 695.

[144] Li, S. , Su, H. , Cheng, C. , 2009b. Free vibration of functionally graded material beams withsurface – bonded piezoelectric layers in thermal environment. Appl. Math. Mech. 30(8), 969 – 982.

[145] Alibeigloo, A. , 2010. Thermoelasticity analysis of functionally graded beam with integratedsurface piezoelectric layer. Compos. Struct. 92, 1535 – 1543.

[146] Li, Y. S. , Feng, W. J. , Cai, Z. Y. , 2014. Bending and free vibration of functionally gradedpiezoelectric beam based on modified strain gradient theory. Compos. Struct. 115, 41 – 50.

[147] Chen, W. Q. , Ding, H. J. , 2002. On free vibration of functionally graded piezoelectricrectangular plate. Acta Mech. 153, 207 – 216.

[148] Yiqi, M. , Yiming, F. , 2010. Nonlinear dynamic response and active vibration control forpiezoelectric functionally graded plate. J. Sound Vib. 329, 2015 – 2028.

[149] Jandaghian, A. A. , Jafari, A. A. , Rahmani, O. , 2014. Vibrational response of functionallygraded circular plate integrated with piezoelectric layers: an exact solution. Eng. SolidMech. 2, 119 – 130.

[150] Jedamzik, R. , Neubrand, A. , Rödel, J. , 2000. Functionally graded materials by electrochemicalprocessing and infiltration: application to tungsten/copper composites. J. Mater. Sci. 35, 477 – 486.

[151] Bogdanski, D. , Köller, M. , Müller, D. , Muhr, G. , Bram, M. , Buchkremer, H. P. , Stöver, D. , Choi, J. , Epple, M. , 2002. Easy assessment of the biocompatibility of Ni – Ti alloysby in vitro cell culture experiments on a functionally graded Ni – NiTi – Ti material. Biomaterials 23, 4549 – 4555.

[152] Abanto – Bueno, J. , Lambros, J. , 2002. Investigation of crack growth in functionally gradedmaterials using digital image correlation. Eng. Fract. Mech. 69, 1695 – 1711.

[153] Liu, W. , DuPont, J. N. , 2003. Fabrication of functionally graded TiC/Ti composites by laserengineered net shaping. Scr. Mater. 48, 1337 – 1342.

[154] Fu, Y. , Du, H. , Huang, W. , Zhang, S. , Hu, M. , 2004. TiNi – based thin films in MEMSapplications: a review. Sens. Actuators A 112, 395 – 408.

[155] Watari, F. , Yokoyama, A. , Omori, M. , Hirai, T. , Kondo, H. , Uo, M. , Kawasaki, T. , 2009. Biocompati-

bility of materials and development to functionally graded implantfor bio-medical application. Compos. Sci. Technol. 64,893 –908.

[156] Pompe,W. ,Worch,H. ,Epple,M. ,Friess,M. ,Gelinsky,M. ,Greil,P. ,Hempel,U. ,Scharnweber,D. , Schulte, K. , 2009. Functionally graded materials for biomedicalapplications. Mater. Sci. Eng. A 362, 40 –60.

[157] Li,H. ,Lambros,J. ,Cheeseman,B. A. ,Santare,M. H. ,2000. Experimental investigationof the quasi – static fracture of functionally graded materials. Int. J. Solids Struct. 37,3715 –3732.

[158] Shi,Y. ,Hua,H. ,Sol,H. ,2004. The finite element analysis and experimental study of beamswith active constrained layer damping treatments. J. Sound Vib. 278,343 –363.

[159] El –Sabbagh,A. ,Baz,A. ,2006. Vibration control of beams using constrained layer dampingwith function-ally graded viscoelastic cores:theory and experiments. Smart Struct. Mater. 6169,1 –12.

[160] Bajaj, K. , Shrivastava, Y. , Dhoke, P. , 2014. Experimental study of functionally graded beamwith fly ash. J. Inst. Eng. India Ser. A 94(4),219 –227.

[161] Srinivasa,C. V. ,Suresh,Y. J. ,Prem Kumar,W. P. ,2014. Experimental and finite elementstudies on free vibration of cylindrical skew panels. Int. J. Adv. Struct. Eng. 6.

[162] Pradhan,K. K. ,Chakraverty,S. ,2015. Generalized power –law exponent based sheardeformation theory for free vibration of functionally graded beams. Appl. Math. Comput. 268,1240 –1258.

217

Vibration of Functionally Graded Beams and Plates,1st edition

SNEHASHISH CHAKRAVERTY and KARAN KUMAR PRADHAN

ISBN:978 – 0 – 12 – 804228 – 1

Copyright © 2016 Elsevier Ltd. All rights reserved.

Authorized Chinese translation published by National Defense Industry Press

《功能梯度梁和板的振动》(第1版)(舒海生　李秋红　卢家豪　黄璐　译)

ISBN:978 – 7 – 118 – 12402 – 6

注意

本书涉及领域的知识和实践标准在不断变化。新的研究和经验拓展我们的理解,因此须对研究方法、专业实践或医疗方法作出调整。从业者和研究人员必须始终依靠自身经验和知识来评估和使用本书中提到的所有信息、方法、化合物或本书中描述的实验。在使用这些信息或方法时,他们应注意自身和他人的安全,包括注意他们负有专业责任的当事人的安全。在法律允许的最大范围内,爱思唯尔、译文的原文作者、原文编辑及原文内容提供者均不对因产品责任、疏忽或其他人身或财产伤害及/或损失承担责任,亦不对由于使用或操作文中提到的方法、产品、说明或思想而导致的人身或财产伤害及/或损失承担责任。

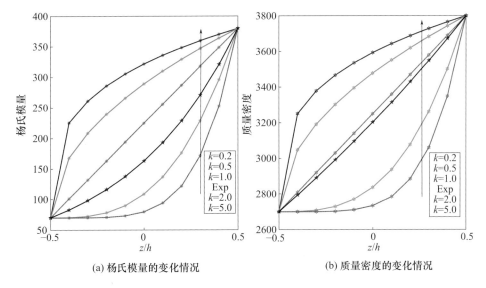

(a) 杨氏模量的变化情况　　　　　　　(b) 质量密度的变化情况

图 2.1　功能梯度梁(或板)的杨氏模量与质量密度的变化(幂律型与指数型变化行为)

(数据源自于:Chakraverty,S.,Pradhan,K. K.,Free vibration of exponential functionally graded rectangular plates in thermal environment with general boundary conditions. Aerospace Science and Technology 2014;36:132 – 156。)

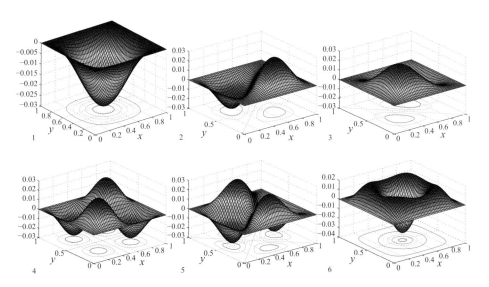

图 5.2　CCCC 边界条件下功能梯度方板($k=0$)的前六阶模态形状

(数据源自于:Chakraverty,S.,Pradhan,K. K.,2014. Free vibration of functionally graded thin rectangular plates resting on Winkler elastic foundation with general boundary conditions using Rayleigh – Ritz method. Int. J. Appl. Mech. 06,1450043。)

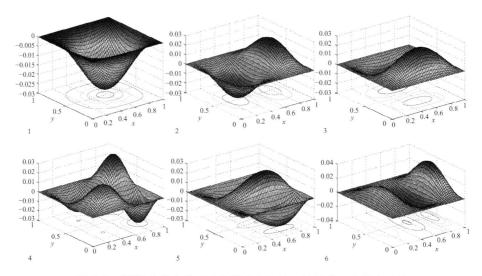

图 5.3　CCCS 边界条件下功能梯度方板($k=0$)的前六阶模态形状

（数据源自于：Chakraverty，S.，Pradhan，K. K.，2014. Free vibration of functionally graded thin rectangular plates resting on Winkler elastic foundation with general boundary conditions using Rayleigh – Ritz method. Int. J. Appl. Mech. 06，1450043。）

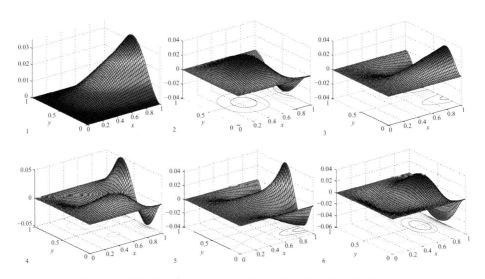

图 5.4　CCCF 边界条件下功能梯度方板($k=0$)的前六阶模态形状

（数据源自于：Chakraverty，S.，Pradhan，K. K.，2014. Free vibration of functionally graded thin rectangular plates resting on Winkler elastic foundation with general boundary conditions using Rayleigh – Ritz method. Int. J. Appl. Mech. 06，1450043。）

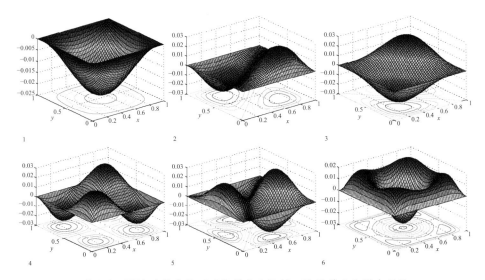

图 5.5 SSSS 边界条件下功能梯度方板($k=0$)的前六阶模态形状

（数据源自于：Chakraverty，S. ，Pradhan，K. K. ，2014. Free vibration of functionally graded thin rectangular plates resting on Winkler elastic foundation with general boundary conditions using Rayleigh – Ritz method. Int. J. Appl. Mech. 06，1450043。）

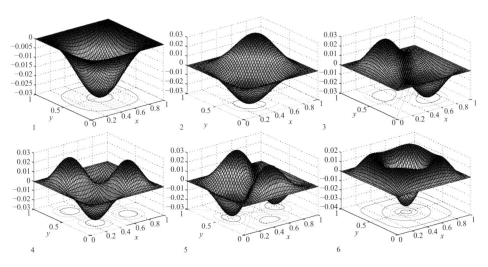

图 5.6 CCCC 边界条件下功能梯度方板($k=0.5$)的前六阶模态形状

（数据源自于：Chakraverty，S. ，Pradhan，K. K. ，2014. Free vibration of functionally graded thin rectangular plates resting on Winkler elastic foundation with general boundary conditions using Rayleigh – Ritz method. Int. J. Appl. Mech. 06，1450043。）

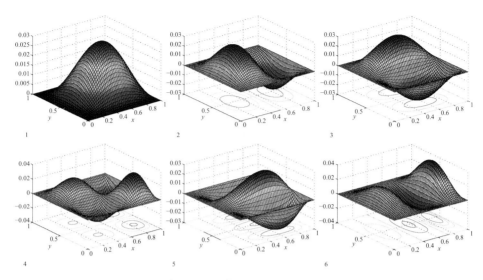

图 5.7　CCCS 边界条件下功能梯度方板(k=0.5)的前六阶模态形状

（数据源自于:Chakraverty,S. ,Pradhan,K. K. ,2014. Free vibration of functionally graded thin rectangular plates resting on Winkler elastic foundation with general boundary conditions using Rayleigh – Ritz method. Int. J. Appl. Mech. 06 ,1450043 。）

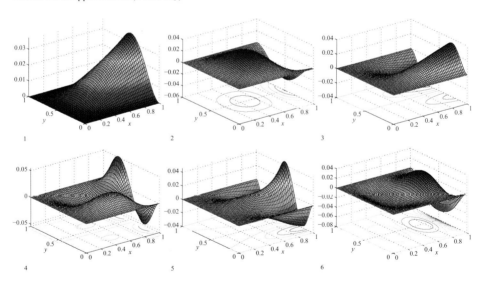

图 5.8　CCCF 边界条件下功能梯度方板(k=0.5)的前六阶模态形状

（数据源自于:Chakraverty,S. ,Pradhan,K. K. ,2014. Free vibration of functionally graded thin rectangular plates resting on Winkler elastic foundation with general boundary conditions using Rayleigh – Ritz method. Int. J. Appl. Mech. 06 ,1450043 。）

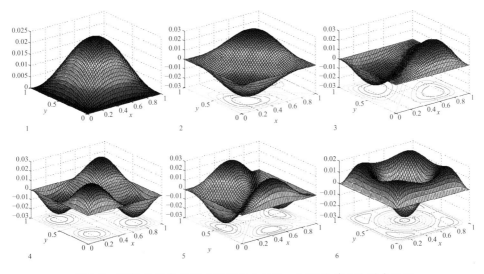

图 5.9　SSSS 边界条件下功能梯度方板(k = 0.5)的前六阶模态形状

（数据源自于：Chakraverty，S.，Pradhan，K. K.，2014. Free vibration of functionally graded thin rectangular plates resting on Winkler elastic foundation with general boundary conditions using Rayleigh – Ritz method. Int. J. Appl. Mech. 06，1450043。）

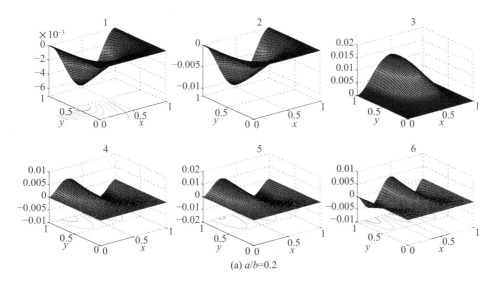

(a) a/b=0.2

5

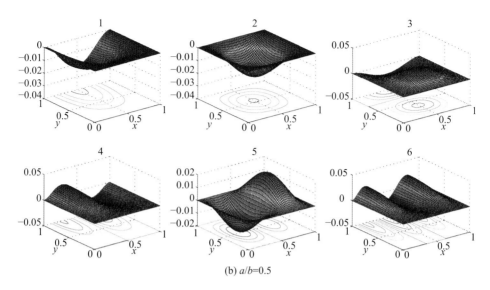

(b) *a/b*=0.5

图 5.10   CCCC 边界条件下功能梯度矩形板的前六阶模态形状

（数据源自于：Chakraverty，S. ，Pradhan，K. K. ，Free vibration of exponential functionally graded rectangular plates in thermal environment with general boundary conditions. Aerospace Science and Technology 2014；36：132 – 156。）

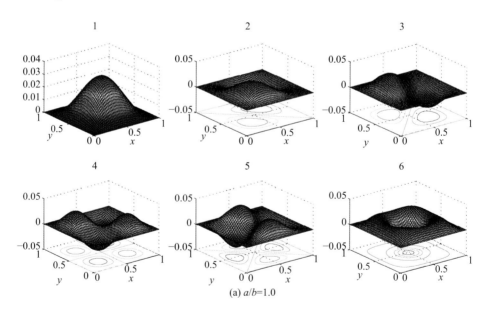

(a) *a/b*=1.0

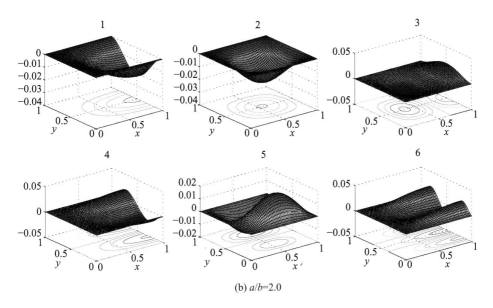

(b) *a/b*=2.0

图 5.11 CCCC 边界条件下功能梯度矩形板的前六阶模态形状

（数据源自于：Chakraverty，S.，Pradhan，K. K.，Free vibration of exponential functionally graded rectangular plates in thermal environment with general boundary conditions. Aerospace Science and Technology 2014；36：132 – 156。）

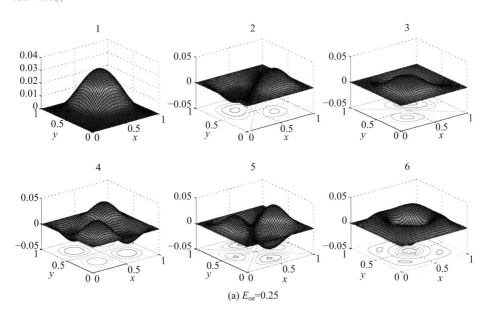

(a) E_{rat}=0.25

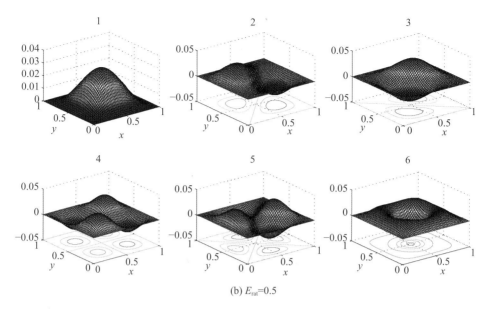

(b) $E_{rat}=0.5$

图 5.12　CCCC 边界条件下功能梯度矩形板的前六阶模态形状($a/b=1.0$)

（数据源自于：Chakraverty，S. ，Pradhan，K. K. ，Free vibration of exponential functionally graded rectangular plates in thermal environment with general boundary conditions. Aerospace Science and Technology 2014;36: 132 – 156。）

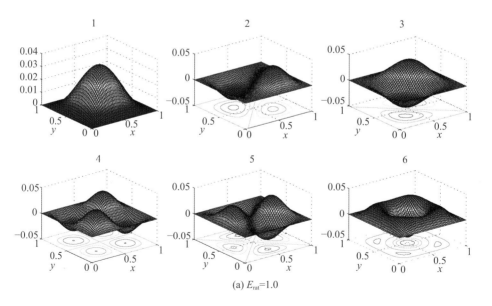

(a) $E_{rat}=1.0$

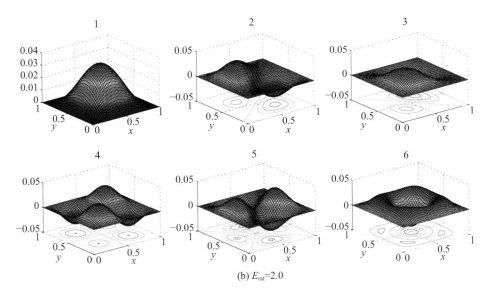

(b) E_{rat}=2.0

图 5.13　CCCC 边界条件下功能梯度矩形板的前六阶模态形状(a/b = 1.0)

（数据源自于：Chakraverty, S., Pradhan, K. K., Free vibration of exponential functionally graded rectangular plates in thermal environment with general boundary conditions. Aerospace Science and Technology 2014;36: 132 – 156。）

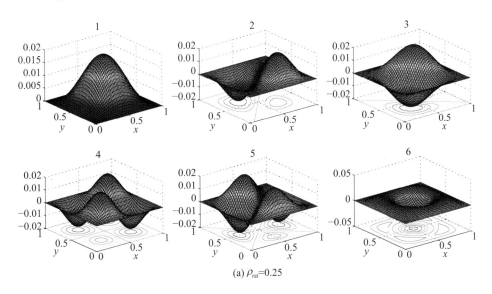

(a) ρ_{rat}=0.25

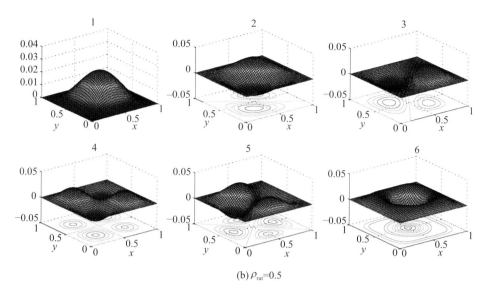

(b) $\rho_{rat}=0.5$

图 5.14　CCCC 边界条件下功能梯度矩形板的前六阶模态形状($a/b=1.0$)

（数据源自于：Chakraverty，S.，Pradhan，K. K.，Free vibration of exponential functionally graded rectangular plates in thermal environment with general boundary conditions. Aerospace Science and Technology 2014；36：132 – 156。）

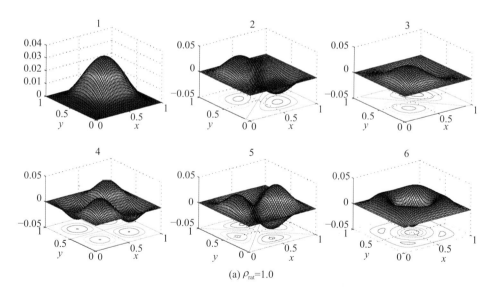

(a) $\rho_{rat}=1.0$

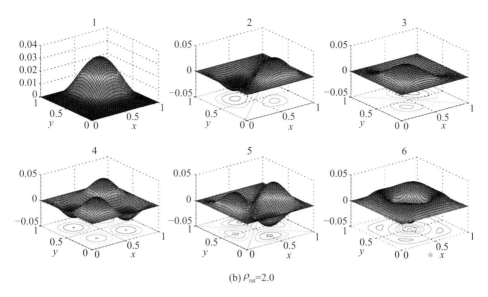

(b) $\rho_{rat}=2.0$

图 5.15　CCCC 边界条件下功能梯度矩形板的前六阶模态形状($a/b=1.0$)

（数据源自于：Chakraverty,S. ,Pradhan,K. K. ,Free vibration of exponential functionally graded rectangular plates in thermal environment with general boundary conditions. Aerospace Science and Technology 2014；36：132 –156。）

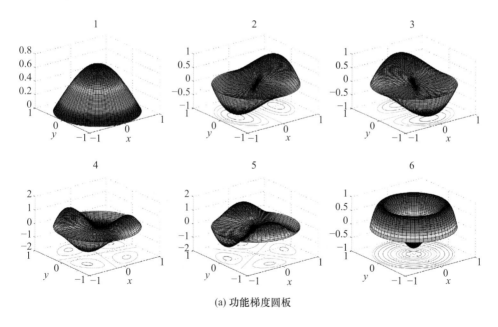

(a) 功能梯度圆板

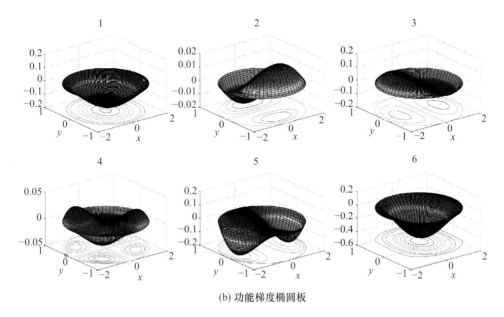

(b) 功能梯度椭圆板

图 6.1　固支边界下的功能梯度圆板与椭圆板($k=1$)的三维模态形状

（数据源自于：Pradhan，K. K.，Chakraverty，S.，2014. Free vibration of functionally graded thin elliptic plates with various edge supports. Structural Engineering and Mechanics 53(2)，337－354。)

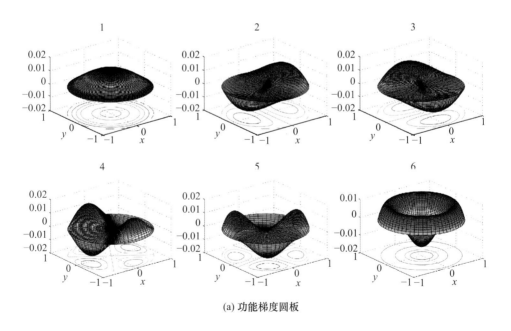

(a) 功能梯度圆板

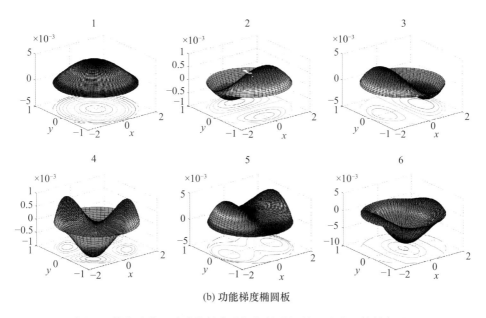

(b) 功能梯度椭圆板

图 6.2　简支边界下的功能梯度圆板与椭圆板($k=1$)的三维模态形状

（数据源自于：Pradhan, K. K. , Chakraverty, S. , 2014. Free vibration of functionally graded thin elliptic plates with various edge supports. Structural Engineering and Mechanics 53(2), 337 - 354。）

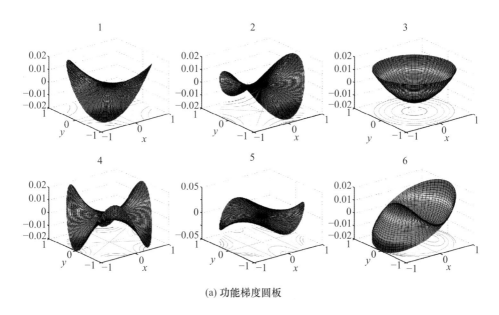

(a) 功能梯度圆板

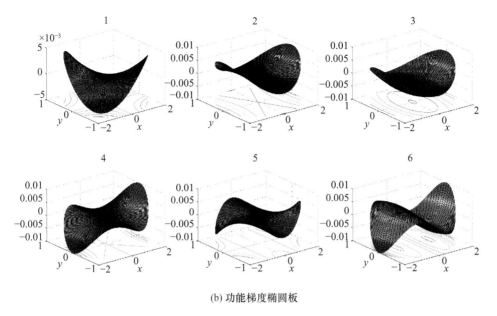

(b) 功能梯度椭圆板

图6.3　自由边界下的功能梯度圆板与椭圆板($k=1$)的三维模态形状

（数据源自于：Pradhan, K. K., Chakraverty, S., 2014. Free vibration of functionally graded thin elliptic plates with various edge supports. Structural Engineering and Mechanics 53(2), 337 – 354。）

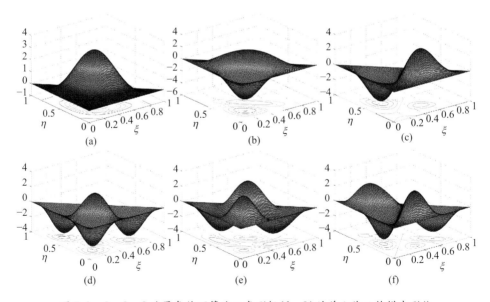

图7.3　C – C – C 边界条件下等边三角形板($k=0$)的前六阶三维模态形状

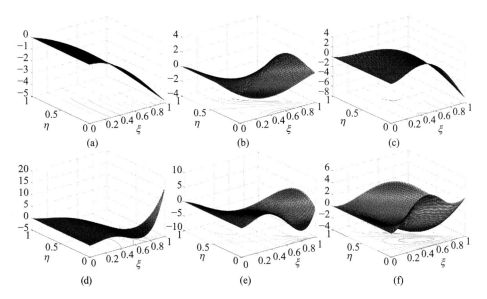

图 7.4　C – F – F 边界条件下等边三角形板($k=0$)的前六阶三维模态形状

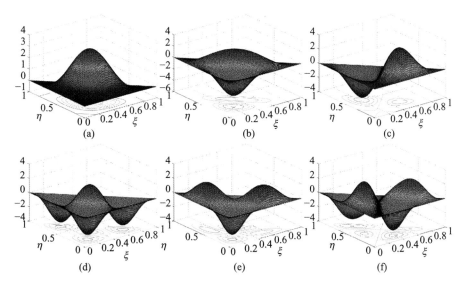

图 7.5　C – C – C 边界条件下功能梯度等边三角形板($k=1$,$E_r=2.0$,$\rho_r=1.0$)的
前六阶三维模态形状

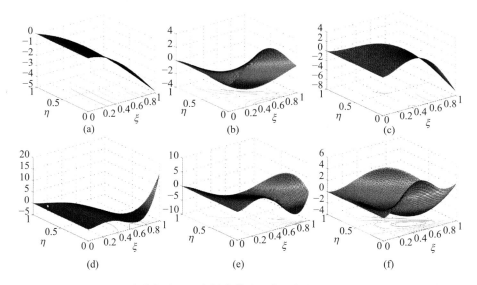

图 7.6　C–F–F 边界条件下功能梯度等边三角形板($k=1,E_r=2.0,\rho_r=1.0$)的
前六阶三维模态形状

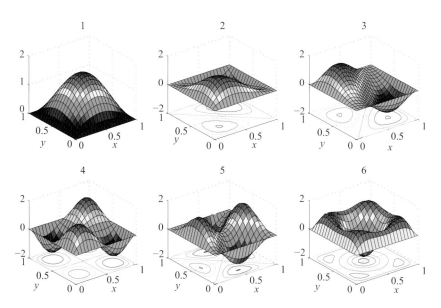

图 8.2　SSSS 边界条件下 Al/Al$_2$O$_3$ Lévy 型方板($k=1,K_w=100,K_s=100$)的
前六阶三维模态形状

（数据源自于：Pradhan,K. K. ,Chakraverty,S. ,Free vibration of FG Lévy plate resting on elastic founda-tions. Engineering and Computational Mechanics 2015;1500014。）

16

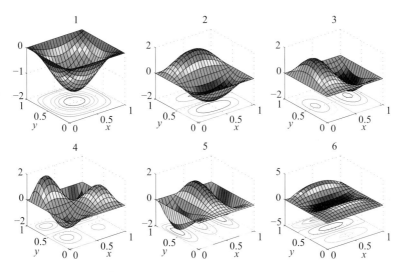

图 8.3　SCSS 边界条件下 Al/Al₂O₃ Lévy 型方板($k=1$, $K_w=100$, $K_s=100$) 的
前六阶三维模态形状

（数据源自于：Pradhan, K. K. , Chakraverty, S. , Free vibration of FG Lévy plate resting on elastic founda-
tions. Engineering and Computational Mechanics 2015；1500014。）

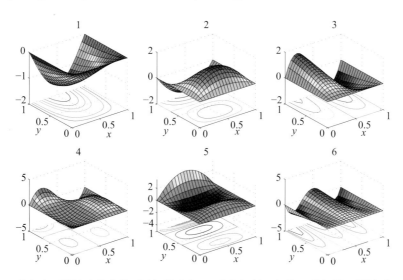

图 8.4　SSSF 边界条件下 Al/Al₂O₃ Lévy 型方板($k=1$, $K_w=100$, $K_s=100$) 的
前六阶三维模态形状

（数据源自于：Pradhan, K. K. , Chakraverty, S. , Free vibration of FG Lévy plate resting on elastic founda-
tions. Engineering and Computational Mechanics 2015；1500014。）

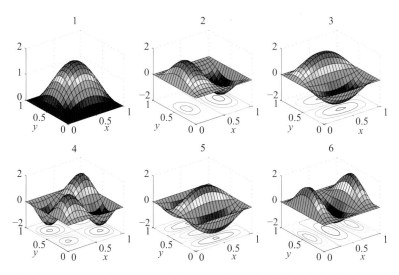

图 8.5 SCSC 边界条件下 Al/Al$_2$O$_3$ Lévy 型方板($k=1$, $K_w=100$, $K_s=100$)的
前六阶三维模态形状

(数据源自于:Pradhan, K. K. , Chakraverty, S. , Free vibration of FG Lévy plate resting on elastic foundations. Engineering and Computational Mechanics 2015 ; 1500014 。)

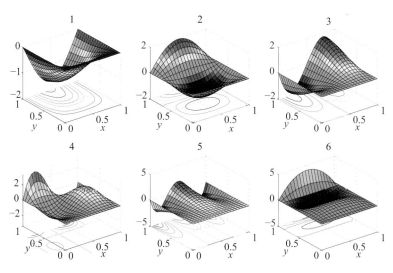

图 8.6 SCSF 边界条件下 Al/Al$_2$O$_3$ Lévy 型方板($k=1$, $K_w=100$, $K_s=100$)的
前六阶三维模态形状

(数据源自于:Pradhan, K. K. , Chakraverty, S. , Free vibration of FG Lévy plate resting on elastic foundations. Engineering and Computational Mechanics 2015 ; 1500014 。)

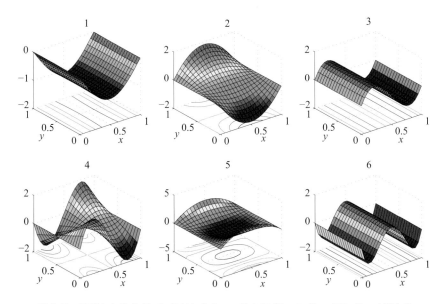

图 8.7　SFSF 边界条件下 Al/Al$_2$O$_3$Lévy 型方板($k=1,K_{\text{w}}=100,K_{\text{s}}=100$)的

前六阶三维模态形状

（数据源自于：Pradhan，K. K. ，Chakraverty，S. ，Free vibration of FG Lévy plate resting on elastic foundations. Engineering and Computational Mechanics 2015；1500014。）